应用型人才培养系列教材

教材+教案+授课资源+考试系统+题库+教学辅助案例

Premiere 视频剪辑案例教程

黑马程序员/编著

中国铁道出版社有限公司
CHINA RAILWAY PUBLISHING HOUSE CO., LTD.

内 容 简 介

Premiere是Adobe公司倾力打造的一款视频剪辑软件，在影视设计、广告设计等领域应用广泛。

本书不仅严格遵循“能力导向、职业实践为主、项目课程为核心”的教材编写要求，而且兼顾理论深度，确保与计算机及设计专业课程无缝对接，实用性强。

在内容编排上，本书全面覆盖剪辑基础、素材导入、特技转场、视频特效、素材合成、字幕制作、音频处理、影片导出以及视频素材拍摄等关键知识点，并以一个综合案例作为结尾，按照实际剪辑流程循序渐进地展开。

此外，本书还配套提供教学大纲、教学设计、教学PPT、测试题、素材，并设有在线答疑服务，旨在助力初学者轻松掌握核心内容。

本书适合作为高等院校影视后期相关专业的教材，也可作为培训资料，是影视后期从业者及视频剪辑爱好者的理想参考书。

图书在版编目（CIP）数据

Premiere 视频剪辑案例教程 / 黑马程序员编著. 北京 : 中国铁道出版社有限公司, 2025. 7. -- (应用型人才培养系列教材). -- ISBN 978-7-113-32182-6

Ⅰ. TP317.53

中国国家版本馆CIP数据核字第2025Z966B6号

书　　名： Premiere视频剪辑案例教程
作　　者： 黑马程序员

策　　划： 翟玉峰　　　　编辑部电话：（010）51873135
责任编辑： 翟玉峰　包　宁
封面设计： 刘　颖
责任校对： 安海燕
责任印制： 赵星辰

出版发行： 中国铁道出版社有限公司（100054，北京市西城区右安门西街8号）
网　　址： https://www.tdpress.com/51eds
印　　刷： 北京盛通印刷股份有限公司
版　　次： 2025年7月第1版　2025年7月第1次印刷
开　　本： 787 mm × 1 092 mm　1/16　**印张：** 16.25　**字数：** 385千
书　　号： ISBN 978-7-113-32182-6
定　　价： 59.80元

前　言

党的二十大报告指出："青年强，则国家强。当代中国青年生逢其时，施展才干的舞台无比广阔，实现前景的梦想无比光明。"国家为当代青年的发展提供了广阔的空间和助力。如何培养能够担当民族复兴大任的当代青年，已成为各大院校殊为关心的问题。在人才培养过程中，尤其是工科类、艺术类人才的培养，大多侧重技术传授，在思想道德建设方面往往有所欠缺，亟待改进与加强。面对每天不绝于眼耳的各类媒体输出，在提高当代青年技术能力的同时，加强思想政治教育，树立正确的价值观已成为亟待解决的问题。针对上述问题，本教材设立两条学习线路——技能学习线路和思政学习线路。

1. 技能学习线路：掌握 Premiere 的操作

随着短视频的兴起，剪辑技术的需求也越来越多，对于个人来说，除了工作需要外，还可以作为业余兴趣爱好，通过后期剪辑能够让拍摄的作品更加有韵味和故事性。对于企业来说，一个好的剪辑作品，可以有效地传播营销类信息、促进消费。在工作中，用到 Premiere 软件的岗位很多，如剪辑师、后期制作等。并且面对热门的行业需求，许多其他行业的从业者也纷纷加入到视频剪辑相关领域中来。本教材通过学习 Premiere 基础知识—导入素材—特技转场—视频效果—素材合成—字幕—音频—导出影片等知识，使学生掌握 Premiere 的操作。

2. 思政学习线路：立德树人，树立正确的价值观

本教材将中华优秀传统文化、创新精神、民族自豪感、知行合一等思政教育内容和任务相融合，在学习知识技能的同时，潜移默化地引导学生树立正确的文化价值观，旨在塑造一批有思想、有能力的当代青年。

编写思路

尽管市场上存在着众多可供参考的图书资料，但其中不乏讲解浅尝辄止、案例与知识点脱节之作。对于从零开始或基础较为薄弱的读者而言，即便完整阅读了一本书，往往也只是掌握软件操作和工具使用的基本技巧，难以将所学真正应用于实际项目中，实现知识的有效转化。本书通过理论、案例和综合案例相结合的方法，帮助想从事影视工作的读者从基础到深入，真正地学以致用。

在编写本教材过程中，我们深入调研了高校教师群体，根据教师们的反馈与建议，对教材内容进行了全面优化，旨在确保知识体系的难度与深度既契合岗位需求，又紧密跟随产业发展趋势，精准对接行业对人才的实际需求。同时，在案例的甄选与设计上，我们力求贴近实战，以提升学生的实践能力和职业素养为目标，为培养专业人才奠定

坚实基础。

本书在《Premiere Pro CC 视频剪辑案例教程》的基础上，共做了三大改善。首先，更新了软件版本，本书使用 Premiere 2022 版本；其次，整合冗余知识点，优化了全书的知识架构，提升了案例质量；最后，在大多数章节融入了思政内容。

本书内容

在结构的编排上本书分为 10 章，其中第 1 章深入浅出地介绍了视频剪辑的基本概念，包括视频与剪辑的认识、帧 / 场的概念，以及 Premiere 软件的概况、界面布局和基本操作。第 2 章至第 8 章细致讲解了 Premiere 从素材导入到编辑、添加字幕与音频，直至导出影片的完整流程，每章节均附有实战案例。第 9 章进一步拓展了视频素材拍摄的知识，涵盖景别选择、运镜技巧、文案编写、拍摄设备、构图方法及剪辑策略等。第 10 章通过“春游记”综合案例，运用第 9 章拍摄的素材，全面检验并巩固前 8 章所学知识。

本教材按节细化知识点，用案例带动读者对知识点的学习，真正做到在练中学，在学中练，只有这样，才能够彻底掌握软件的操作。

在学习过程中，读者一定要亲自实践教材中的案例。如果在实践的过程中遇到一些难以实现的效果，读者也可以参阅相应的案例源文件，并仔细阅读教材的相关步骤。教师在使用本教材时，可以结合教学设计、采用任务式的教学模式，通过不同类型的任务，提升学生软件操作的熟练程度和对知识点的掌握和理解。

文档

配套资源和服务说明

配套服务

为了提升读者的学习或教学体验，我们精心为本书配备了丰富的数字化资源和服务，包括在线答疑、教学大纲、教学设计、教学 PPT、测试题、素材等。通过这些配套资源和服务，我们希望读者的学习或教师的教学变得更加高效。请扫描左侧二维码获取本书配套资源和服务。

致谢

本教材的编写和整理工作由江苏传智播客教育科技股份有限公司完成，全体参编人员在编写过程中付出了辛勤的劳动，除此之外还有很多试读人员参与了本书的试读工作并给出了宝贵的建议，在此向大家表示由衷的感谢。

意见反馈

尽管我们尽了最大的努力，但教材中难免会有不妥之处，欢迎各界专家和读者朋友们提出宝贵意见，我们将不胜感激。您在阅读本教材时，如发现任何问题或有不认同之处均可通过电子邮件与我们取得联系。

请发送电子邮件至：itcast_book@vip.sina.com。

传智教育 黑马程序员

2025 年 3 月　于北京

目 录

第1章 概述

学习目标

知识目标

◎ 了解视频与视频剪辑，能够说出视频与视频剪辑的原理；

◎ 了解帧、场与分辨率的概念，能够说出帧、场、分辨率等专有名词的含义；

◎ 了解常见的视频格式和音频格式，能够说出不同格式的特点；

◎ 熟悉视频剪辑的基本流程，能够叙述视频剪辑的过程；

◎ 熟悉 Premiere 的工作界面，能够说出工作界面中不同区域的功能。

能力目标

◎ 掌握 Premiere 新建项目的方法，能够新建项目；

◎ 掌握新建序列的方法，能够新建自定义序列并修改序列参数；

◎ 掌握 Premiere 的基本操作，能够完成设置项目文件、界面、快捷键等操作。

素质目标

◎ 增强文化自信，形成对中华优秀传统文化价值的深刻理解和认同；

◎ 增强对中华优秀传统文化传承的责任感和使命感，认识到中华优秀传统文化是民族精神的根与魂。

剪辑，本质上是一种讲述故事的方式，而每个故事都遵循着其内在的逻辑性。剪辑的精髓在于，将原本零散的故事片段，巧妙地串联起来，形成一个流畅而完整的故事线。在众多视频剪辑工具中，Premiere堪称行业翘楚。这款由Adobe公司推出的影视编辑软件，功能全面，在影视后期处理领域备受推崇。本章将带领读者了解视频剪辑的基础知识、视频剪辑软件Premiere Pro 2022（全书统称为Premiere）的工作界面及其基本操作，从而为后续学习奠定坚实基础。

1.1 视频剪辑基础知识

在使用Premiere进行素材剪辑处理之前，首先需要了解一些与视频剪辑相关的知识，以便快速、准确地编辑素材。本节将针对视频与视频剪辑、帧/场与分辨率、常见的视频/音频格式、视频剪辑基本流程等知识进行讲解。

1.1.1 认识视频与视频剪辑

视频对我们来说并不陌生，电影院的电影、电视上的广告及电视剧，都是视频的表现形式。那么，视频究竟由什么构成呢？实际上，视频是由一系列静态图像组成的。当这些静态图像高速、连续播放时，它们的画面相似，由于“视觉暂留”效应，人们会感觉画面在运动，从而产生运动效果。静态图像如图1-1所示。

图1-1 静态图像

“视觉暂留”效应是指物体在快速运动时，当人眼所看到的影像消失后，人眼仍能继续保留0.1~0.4 s的影像。

说到视频就不得不提到“视频剪辑”，“视频剪辑”就是将单个或多个视频素材中的某些片段提取出来，并合到一起。例如，分别将①素材中的A片段、②素材中的B片段、③素材中的C片段取出后，把它们拼接成另一个新的视频文件，这个过程称为视频剪辑，如图1-2所示。

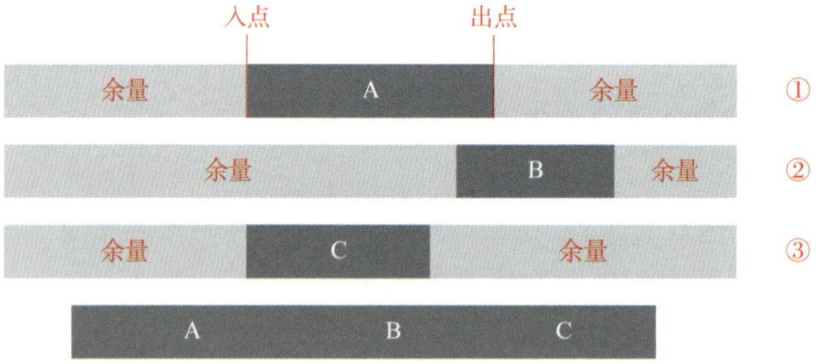

图1-2 视频剪辑

在某些剪辑软件中，提取素材片段后，剩余的部分并不会被删除，而是被隐藏起来，并可以随时调用。这个隐藏的部分称为“余量”。此外，视频的开始位置称为“入点”，而结束位置称为“出点”。

1.1.2 帧、场与分辨率

谈到视频，常常会遇到一些专业术语，这些术语对于理解视频的技术细节至关重要，如帧、场、像素和分辨率等，下面对这些术语进行简单介绍。

1. 帧

帧是视频的基本组成单位，每一帧代表一个静态图像。视频通过快速连续播放一系列帧来新建动态效果。帧的数量直接影响视频的流畅度，即帧速率，其单位是帧/秒。每秒帧数越多，视频中的动作就越流畅。

2. 场

“场”与视频的扫描方式息息相关，视频的扫描方式分为“逐行扫描”和“隔行扫描”。逐行扫描是把每一帧按顺序一行接着一行连续扫描而成，如图1-3所示；“隔行扫描”是把每一帧图像通过两场（通常称为高场和低场）扫描完成，如图1-4所示。

图1-3 逐行扫描

图1-4 隔行扫描

在图1-4中，所有的奇数行（1、3、5、7）为第一场，此处称其为高场，所有偶数行（2、4、6、8）为第二场，此处称为低场。在扫描时，可以设置先扫描奇数行还是偶数行，当扫描完其中一场后，再扫描另一场。此时，由于视觉暂留效应，人眼将会看到平滑的运动而不是闪动的半帧半帧的图像。但是这时会有几乎不会被注意到的闪烁出现，使得人眼容易疲劳。而逐行扫描每次显示整个扫描帧，人眼将看到比隔行扫描更平滑的图像，相对于隔行扫描来说闪烁较小。图1-5所示为隔行扫描和逐行扫描的对比图。

（a）隔行扫描 （b）逐行扫描

图1-5 隔行扫描与逐行扫描对比图

仔细观察图1-5，可以发现隔行扫描有锯齿状，而逐行扫描很平滑。随着显示技术的不断增强，一般情况下，会使用逐行扫描方式。

在一些视频剪辑软件中，场序分为“无场”“低场（下场）优先”“高场（上场）优先”，其中“无场”即是逐行扫描方式，“低场（下场）优先”和“高场（上场）优先”是指隔行扫描中的扫描顺序，即显示一帧时优先显示哪一场。不同的软件有不同的设置方式，值得注意的是，在隔行扫描中，如果场序设置错误，那么视频在播放时可能会出现抖动。

3. 像素和分辨率

像素是组成图像的最小单位，在视频剪辑中有不同的显示方式（即像素长宽比），如方形像素、变形2：1、DV PAL宽银幕等。分辨率是屏幕图像的精密度，是指显示屏所能显示的像素有多少。由于屏幕上的点、线和面都是由像素组成的，显示屏可显示的像素越多，画面就越精细，分辨率对比如图1-6所示。

（a）分辨率为100×100像素　　（b）分辨率为300×300像素

图1-6　分辨率对比

观察图1-6可以发现，分辨率越高，图像越清晰。目前常用的分辨率有2 160 × 4 096像素、1 152 × 2 048像素、1 080 × 1 920像素、720 × 1 280像素等，常用分辨率如图1-7所示。

图1-7　常用分辨率

1.1.3 常见的视频格式

在编辑视频之前，要熟悉各种常见的视频格式，以便在编辑视频时能够灵活使用不同格式的素材，常见的视频格式和特点见表1-1。

表1-1 常见的视频格式和特点

视频格式	特 点
AVI	支持高质量的视频和音频，但文件较大，适用于高质量视频存储
WMV	适用于Windows平台。在同等视频质量下，WMV格式的体积较小，因此很适合在网上播放和传输
MP4	广泛使用的格式，支持高压缩率和多种视频/音频编码，兼容性好，常用于网络视频/移动设备。在Premiere中，选择H.264，可以得到MP4格式的视频
MOV	常用于QuickTime播放器，支持高质量视频和音频，适用于视频编辑和播放。在Premiere中，选择QuickTime，可以得到MOV格式的视频

1.1.4 常见的音频格式

在编辑视频的时候，除了使用视频素材外，还需要为其添加相应的音频文件，常见的音频格式和特点见表1-2。

表1-2 常见的音频格式和特点

音频格式	特 点
MP3	最广泛使用的音频格式，压缩率高，文件较小，兼容性极佳。主要用于音乐播放、网络音频流和便携设备中
WAV	无损音频格式，音质高，但文件较大。常用于专业音频编辑和高质量音频存储
AAC	相对于MP3具有更高的音质和更好的压缩效率，广泛用于流媒体和数字广播
AIFF	与WAV类似的无损音频格式，由苹果公司开发，文件较大。主要用于音频编辑和高质量音频存储

1.1.5 视频剪辑基本流程

为了更好地把控素材处理的各个阶段，确保素材能够快速剪辑和有效合成，提前了解视频剪辑的基本流程是至关重要的。接下来，将从素材导入、素材编辑和输出影片等方面详细介绍视频剪辑的基本流程。

1. 素材导入

视频剪辑的第一步是将素材导入剪辑软件中，为后续的编辑工作做准备。这一过程主要是将视频、音频和其他相关素材从存储设备导入项目中。

2. 素材编辑

导入素材后，接下来是视频剪辑中最核心的部分——素材编辑。素材编辑主要分为基础编辑和进阶编辑两个步骤。

（1）基础编辑

基础编辑是对素材进行初步加工，包括简单的拼接和裁剪。这个阶段主要涉及素材的帧速率调整、素材的插入与分离，以及一些基础工具的使用，目的是为后续的精细化编辑奠定基础。

（2）进阶编辑

在完成基础编辑后，影片的雏形已经形成。进阶编辑则对影片进行更为精细的调整，包括添加视频转场、特效、字幕和音频等，同时还可以进行调色处理。该阶段的重点是提升影片的视觉效果和整体表现，使其更具吸引力和专业感。

3. 输出影片

完成素材的编辑后，可以将最终的影片输出为完整的文件。输出阶段是将已编辑的素材导出为各种文件格式，如MP4、AVI、MOV等。

输出影片的目的是将编辑好的影片保存为一个可播放的文件，使其可以在不同设备上观看或进行进一步的发布和分享。

1.2 视频编辑软件——Premiere

视频后期剪辑能显著提升影片的质量，并增强电影和电视作品的表现力，是创作高质量艺术作品的重要技术手段。要熟练使用Premiere进行视频编辑，首先需要掌握软件的基础知识。本节介绍Premiere的工作界面及基本操作等相关内容。

1.2.1 新建项目

打开Premiere后，可以看到Premiere的主页，如图1-8所示。

图1-8 Premiere的主页

在Premiere的主页中，可以新建项目。关闭主页，选择“文件”→“新建”→“项目”命令（或按【Ctrl+Alt+N】组合键），打开新建文档窗口，如图1-9所示。

在图1-9所示的新建项目窗口中，可以设置项目名称、项目保存位置、项目所需要的素材等。下面逐一介绍新建文档窗口中各区域的功能。

图1-9 新建项目窗口

1. 项目名

用于设置项目名称。

2. 项目位置

用于设置项目保存位置，单击下拉按钮，弹出下拉菜单，如图1-10所示。

图1-10 下拉菜单

在弹出的菜单中选择“选择位置”命令，弹出“项目位置”对话框，如图1-11所示。在“项目位置”对话框中，选择合适的文件夹即可。

3. 磁盘列表

如果在创建项目时想选择计算机中的素材，需要在磁盘列表中选择相应的磁盘。此时，素材列表中会显示该磁盘中的文件夹和文件。

4. 素材列表

在素材列表中可以看到多个素材。当鼠标指针悬停在某个素材上时，左上角会出现一个复选框，如图1-12所示。

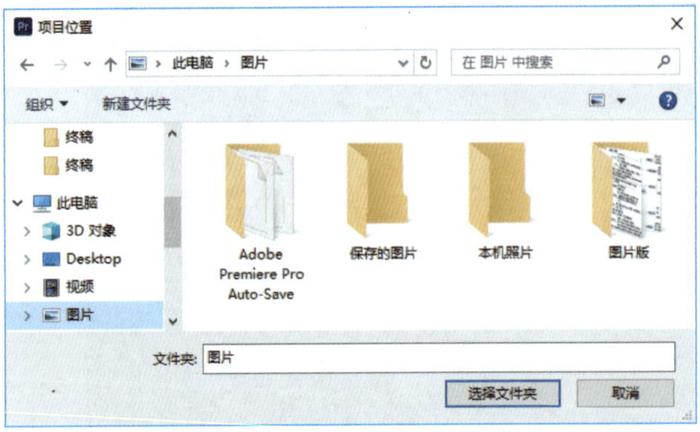

图1-11 “项目位置”对话框

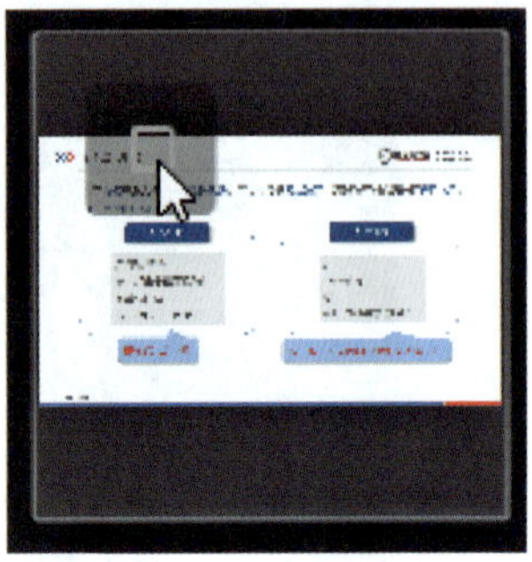

图1-12 复选框

通过勾选复选框，可以轻松选择所需的素材。选中的素材将会自动添加到已选素材列表中，以便于进行后续操作。

5. 导入设置

导入设置区域中包含了“新建素材箱”和“创建新序列”两个常用选项。主要用于在新建项目时决定是否同时新建素材箱和序列。如果勾选指定的选项，系统将在项目创建时自动生成一个新的素材箱或相应的序列，以便更高效地组织和管理项目素材。若不勾选指定的选项，则需要手动创建素材箱和序列，以便根据需要进行后续操作。

6. 已选素材列表

若要在创建项目时选择素材，那么已选的素材将会在此处展示，如图1-13所示。

如果想要清除指定的已选素材，需要右击要清除的素材，在弹出的快捷菜单中选择“清除”命令即可，如图1-14所示。

图1-13 已选素材列表

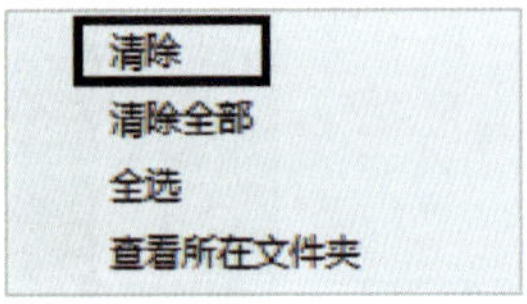

图1-14 选择“清除”命令

选择好素材后，单击“创建”按钮，完成项目的新建。

1.2.2 新建序列

序列是Premiere中的一个工作区域，通过序列可以设置和管理视频的参数，如分辨率、帧速率等。只有建立了序列，视频才能在Premiere中进行编辑。Premiere的初学者可能会对序列一词感到模糊，如果把项目比作超市、视频比作商品，那么序列就是放置商品的货架。

在Premiere中，可以新建多个序列，新建序列的方法有如下两种。

1. 自动生成序列

在Premiere中，当将素材添加到时间轴上时，系统会自动创建一个与素材参数相匹配的序列。这意味着新生成的序列会根据素材的分辨率、帧速率等设置进行调整，以确保编辑过程中素材的显示和播放效果与原始素材相符。这种自动匹配功能可以帮助用户快速开始编辑，但在一些情况下，为了满足特定的输出需求或编辑要求，用户需要手动创建和自定义序列，以获得更精准的控制和优化。

2. 新建自定义序列

选择"文件"→"新建"→"序列"命令（或按【Ctrl+N】组合键），弹出"新建序列"对话框，如图1-15所示。

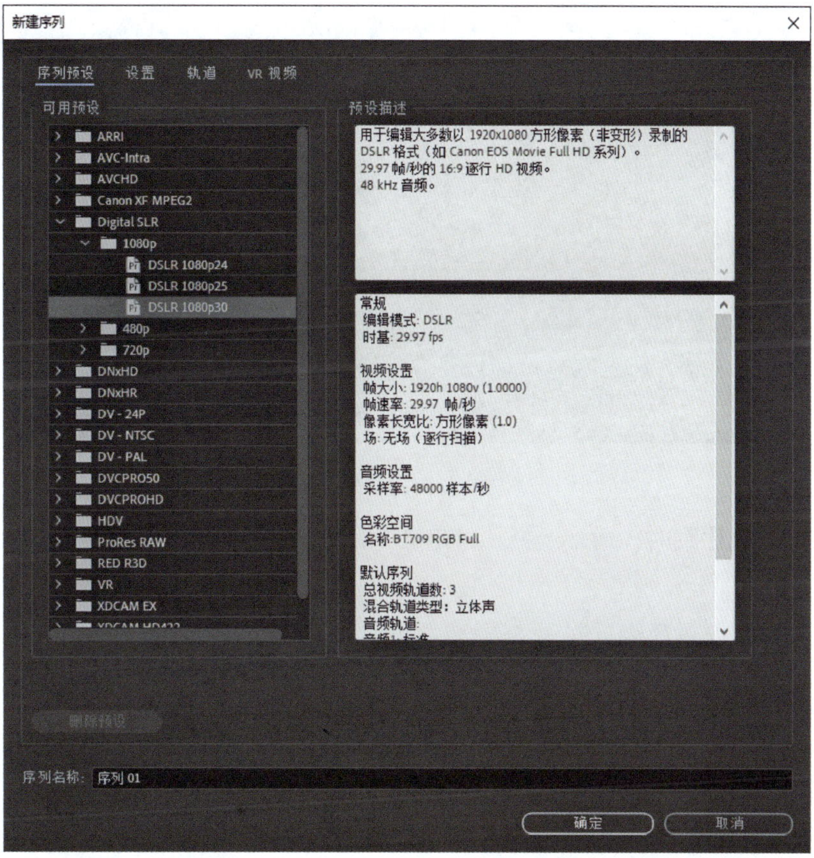

图1-15 "新建序列"对话框"序列预设"选项卡

在"新建序列"对话框中包含了"序列预设""设置""轨道""VR视频"4个选项卡，其中，最常用的选项卡是"设置"，用于设置序列参数。单击"设置"标签，切换到"设置"选项卡，如图1-16所示。

图1-16的设置区域中，矩形框标识的为常用参数，未标识的通常使用软件默认参数，不作更改，下面对常用参数进行简单介绍。

(1) 编辑模式

在"编辑模式"中，可以选择软件中已经预设好的序列，单击"编辑模式"下拉按钮，弹出的下拉菜单如图1-17所示。

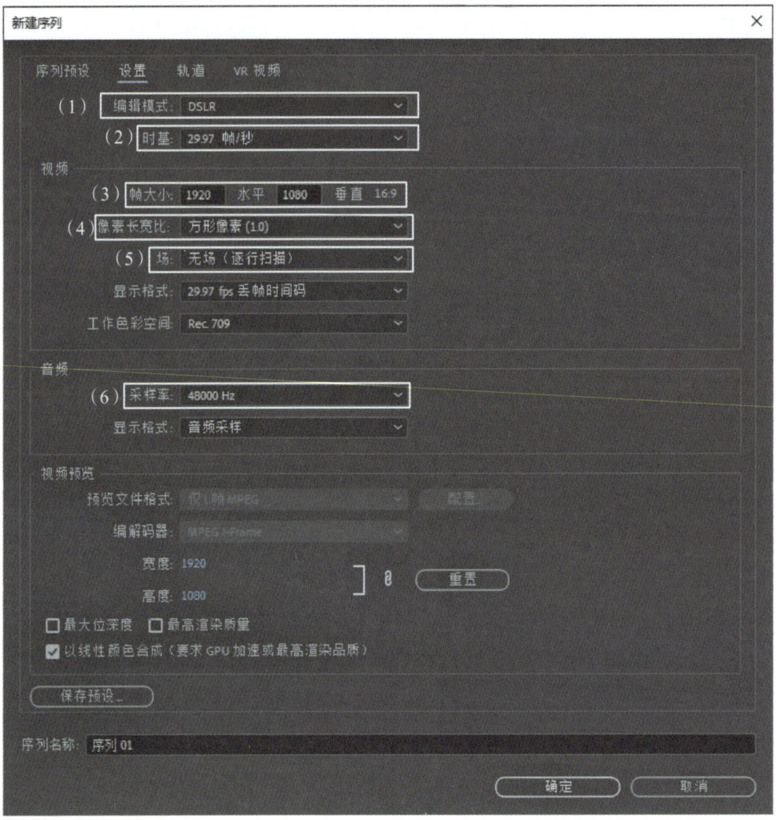

图1-16 “新建序列”对话框“设置”选项卡

在新建自定义序列时，通常选择“自定义”命令。

（2）时基

“时基”用于设置序列的帧速率标准。单击该下拉按钮，弹出的下拉菜单如图1-18所示。

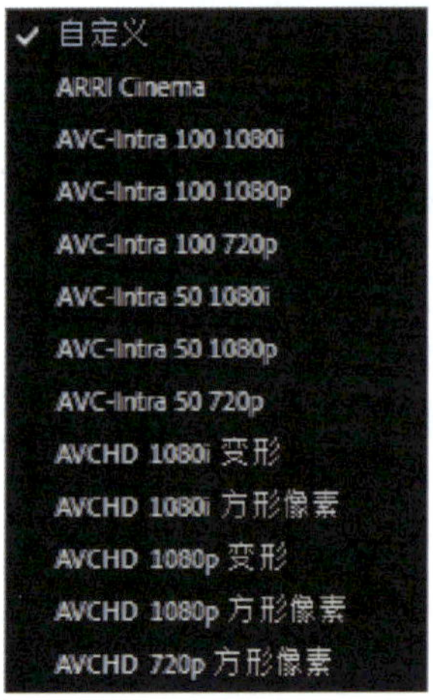

图1-17 “编辑模式”下拉菜单

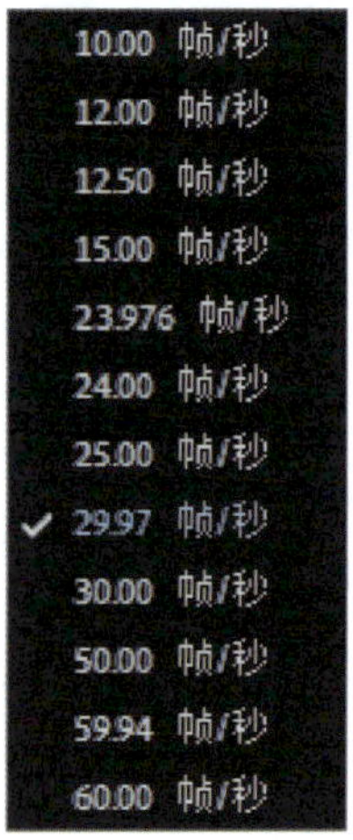

图1-18 “时基”下拉菜单

菜单中包括10.00 帧/秒、12.00 帧/秒、12.50 帧/秒、15.00 帧/秒等命令，用户可以根据需求进行选择。

（3）帧大小

“帧大小”用于设置视频画面的分辨率。目前常用的分辨率包括4 096×2160像素、2 048×1 152像素、1 920×1 080像素和1 280×720像素等。例如，如果在“水平”文本框中输入1 920，并在“垂直”文本框中输入1 080，系统会自动更新右侧的纵横比。

（4）像素长宽比

“像素长宽比”用于设置视频画面中像素的显示形式，单击该下拉按钮，弹出的下拉菜单如图1-19所示，通常情况下选择“方形像素”命令。

（5）场

“场”用于设置场序，单击该下拉按钮，会显示三种扫描方式，依次是“无场（逐行扫描）”“高场优先”“低场优先”，如图1-20所示。

在实际工作中，通常选择“无场（逐行扫描）”命令。

（6）采样率

“采样率”指的是计算机每秒采集的信号样本数量，采样率越高，音质越好。在Premiere中，提供了五种采样率选项，如图1-21所示。

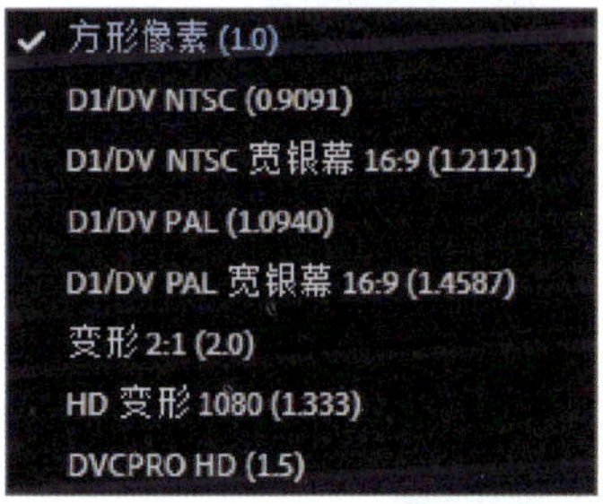

图1-19 “像素长宽比”下拉菜单

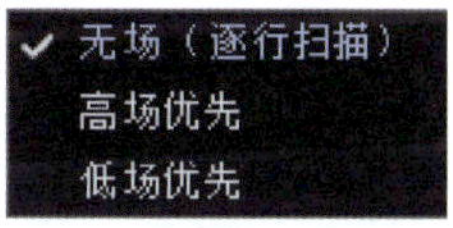

图1-20 三种扫描方式

图1-21 采样率

其中，“48 000 Hz”是用于数字电视、DVD、电影和专业音频的标准采样率。本书将统一采用“48 000 Hz”进行设置。

值得一提的是，新建序列后，可以更改现有的序列，选择“序列”→“序列设置”命令，弹出“序列设置”对话框，如图1-22所示。

在“序列设置”对话框中可以修改时基、帧大小、像素长宽比等参数。

多学一招：保存自定义序列

在“新建序列”对话框中，设置好参数后，单击“保存预设”按钮，弹出“保存序列预设”对话框，如图 1-23 所示。

在对话框中输入序列的名称，单击“确定”按钮后返回“新建序列”对话框，在“序列预设”选项卡中就能看到自定义的序列。

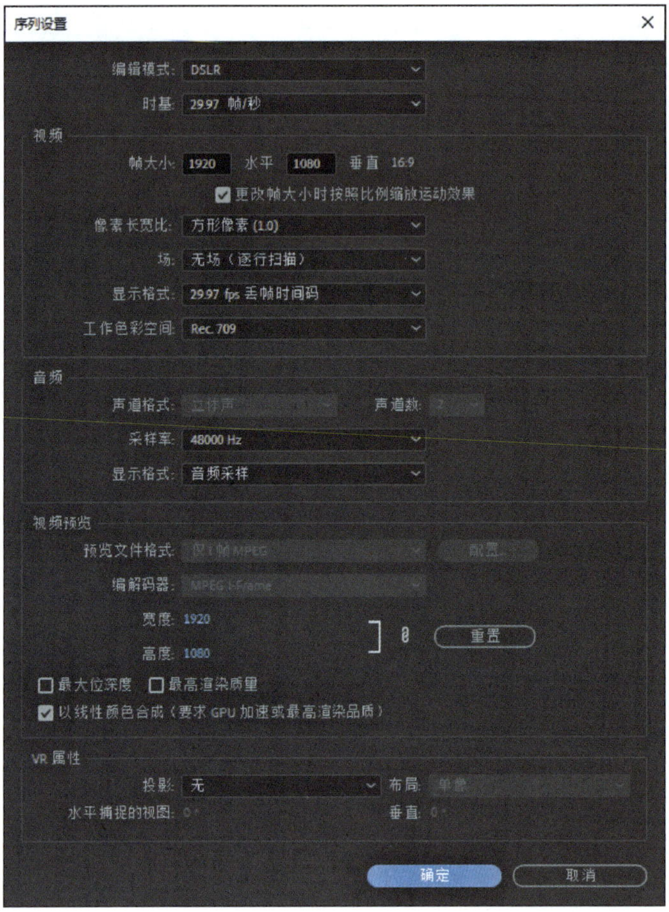

图1-22 “序列设置”对话框

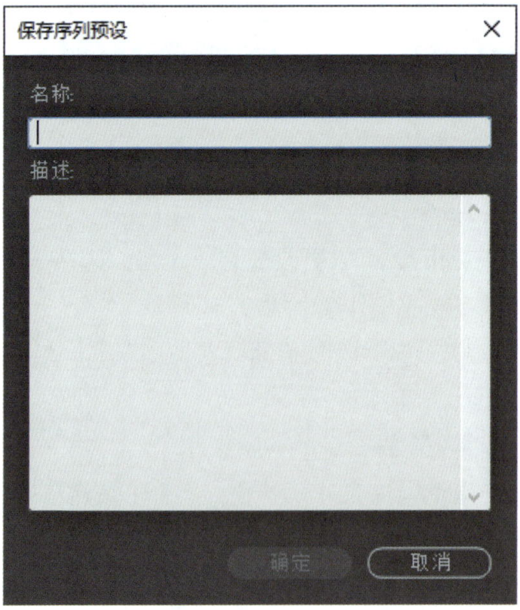

图1-23 “保存序列预设”对话框

1.2.3 Premiere的工作界面

新建项目之后即可看到Premiere默认的工作界面，如图1-24所示。

图1-24 Premiere默认的工作界面

图1-24所示为默认的“学习”工作界面，而通常情况下，使用的是“编辑”工作界面。若要切换到“编辑”工作界面，需要选择“窗口”→“工作区”→“编辑”命令。“编辑”工作界面如图1-25所示。

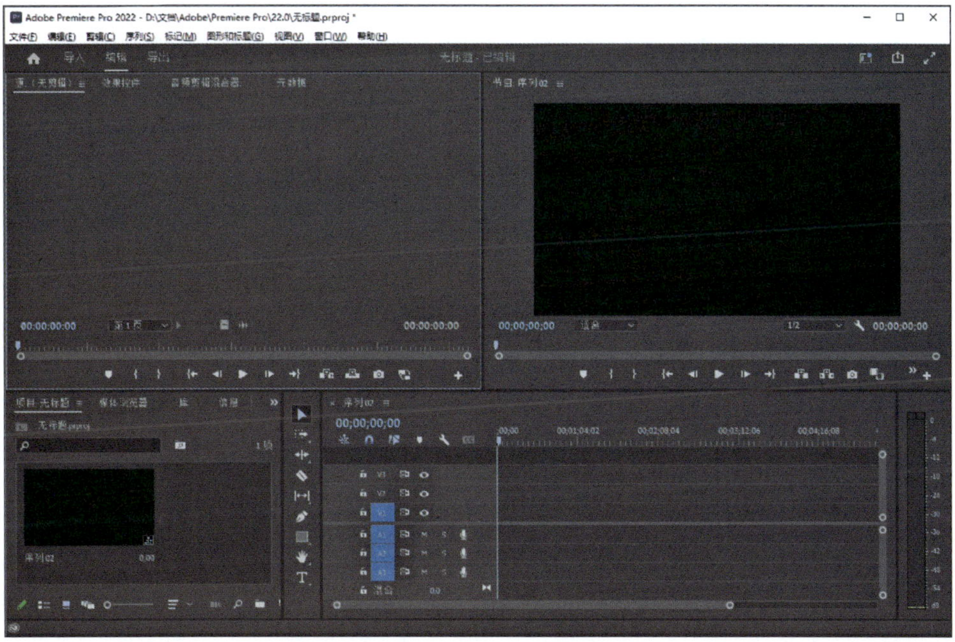

图1-25 “编辑”工作界面

“编辑”工作界面与“学习”工作界面中各模块相同，但是控制区和素材库中的选项比“学习”工作界面更为丰富。下面介绍“编辑”工作界面中的各个模块的功能。

1. 菜单栏

菜单栏为用户提供了大多数命令的功能入口。下面详细讲解Premiere的菜单分类以及如何执行菜单栏中的命令。

（1）菜单分类

Premiere的菜单栏中包含“文件”“编辑”“剪辑”“序列”“标记”“图形和标题”“视图”“窗口”“帮助”九个菜单。菜单栏如图1-26所示。

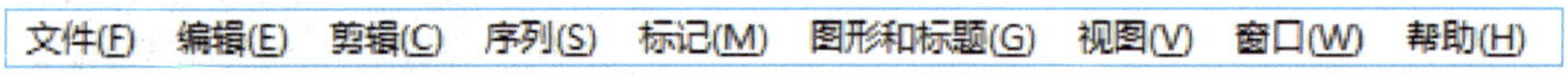

图1-26　菜单栏

图1-26所示的菜单栏中，每个菜单都为用户提供了不同的功能和工具，以便于高效地进行视频编辑工作。下面逐一介绍每个菜单的主要功能和常用命令，其中各菜单的具体说明如下：

- “文件”菜单：提供与文件操作相关的命令，包括新建、打开、存储、导入和导出等功能。
- “编辑”菜单：包含用于编辑文件的常用操作，如撤销、剪切、复制和粘贴等。
- “剪辑”菜单：涉及视频素材的管理和修改命令，如重命名和替换素材等。
- “序列”菜单：用于在“时间轴”面板中进行项目片段的编辑和管理，包括序列设置、渲染入点到出点、添加和删除轨道等操作。
- “标记”菜单：用于对“时间轴”和监视器中的标记进行编辑，如标记入点、标记出点、清除入点、清除出点等。
- “图形和标题”：提供了与文字和图形相关的命令，如新建文字、图形、排列、对齐等。
- “视图”：包含各种对节目监视器的操作命令，如显示模式、添加参考线等。
- “窗口”菜单：用于管理和切换工作区的各个面板，如历史面板、工具面板、效果面板和时间轴面板等。
- “帮助”菜单：提供帮助和支持，用于解决用户在使用过程中遇到的问题。

（2）打开菜单

单击菜单栏中的一个选项即可打开该菜单选项，不同功能的命令之间采用分隔线隔开。其中，带有>标记的命令包含子菜单，如图1-27所示。

（3）选择菜单中的命令

选择菜单中的一个命令即可执行相应功能，例如，选择“文件”→“保存”命令，即可保存当前项目。如果某个选项后面标注有快捷键，那么直接按对应的快捷键即可迅速执行该命令。例如，按【Ctrl+N】组合键，相当于选择“文件”→“新建”→“序列”命令。

值得注意的是，有些命令只提供了带括号的字母，要通过快捷方式执行这样的命令，可按【Alt】键+主菜单后的字母打开主菜单，然后按下命令后面的字母执行该命令。例如，依次按【Alt】键、【F】键、【N】键、【P】键，相当于选择“文件”→“新建”→“项目”命令，如图1-28所示。

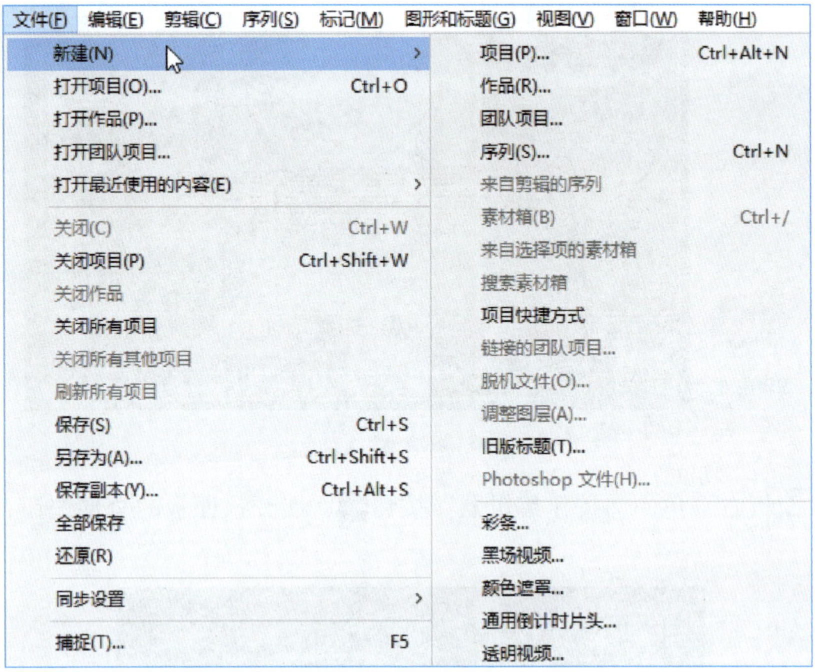

图1-27 子菜单

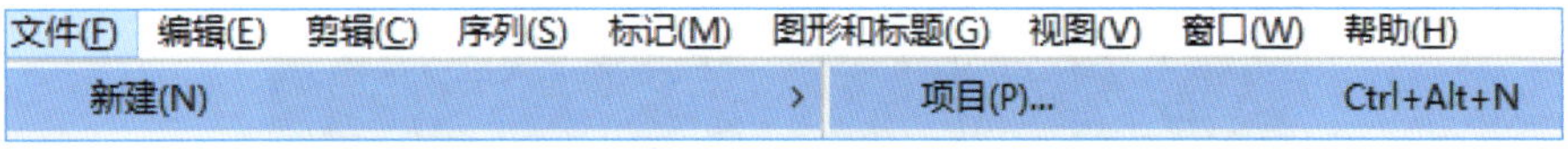

图1-28 选择“文件”→“新建”→“项目”命令

注意：

①如果菜单中的某些命令显示为灰色，表示它们在当前状态下不能使用。

②如果一个命令的右侧有“…”符号，则表示选择该命令时会弹出一个对话框。

2. 控制区

控制区主要用于编辑和播放单独的原始素材文件。该区域包含四个面板，分别是“源”“效果控件”“音频剪辑混合器”“元数据”。其中，常用的是“源”面板和“效果控件”面板，具体介绍如下：

（1）“源”面板

“源”面板用于查看素材的原始效果。初始状态下，面板中不显示画面。要在面板中显示画面，可以将“项目”面板中的素材拖入该面板，或直接双击选中的素材。“源”面板共分为三部分，依次是监视器、当前时间指示器和一些编辑按钮，如图1-29所示。

在“源”面板中，监视器用于实时预览素材；当前时间指示器用于控制素材播放的时间，显示方式为“时:分:秒:帧”；编辑按钮用于选择素材区域和播放素材等。

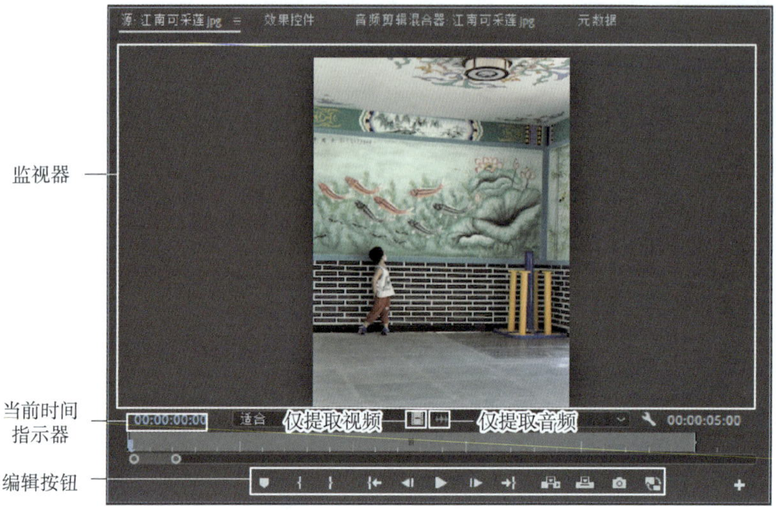

图1-29 “源”面板

单击该面板右下角的“按钮编辑器”按钮，展开该面板的全部按钮，如图1-30所示。

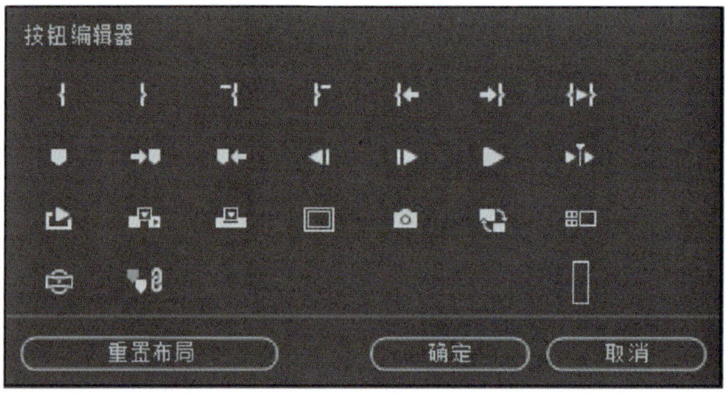

图1-30 全部按钮

可以将它们拖动到按钮区域对它们进行调用，但一般情况下，使用默认按钮即可。

（2）“效果控件”面板

“效果控件”面板主要用于调整素材的位置和不透明度，并根据不同参数设置关键帧。通常与“效果”面板配合使用。在“效果”面板中添加效果后，可以在“效果控件”面板中进行修改或删除操作。例如，当在时间轴中为素材添加“超级键”效果时，可以在“效果控件”面板中调整“超级键”参数，如图1-31所示。

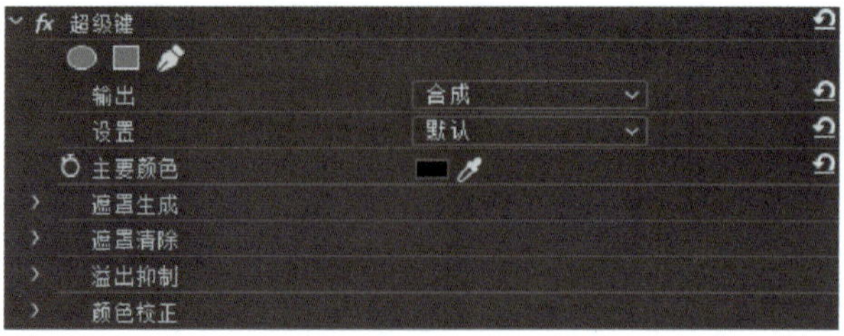

图1-31 “超级键”参数

3. “节目监视器”面板

“节目监视器”面板用于显示在“时间轴”面板中编辑的视频序列，包括素材、图形、特效和切换等效果，如图1-32所示。

图1-32 “节目监视器”面板

节目监视器中包含了“源”面板中的一些编辑按钮，常用的有“提升”和“提取”两个按钮，具体用法会在后续内容中逐一进行讲解。

4. 素材库

素材库主要用于显示和管理素材及项目文件。该区域包含“项目”“媒体浏览器”“库”“信息”“效果”“标记”“历史记录”七个面板。各面板中的内容和选项各不相同。其中，“项目”和“效果”面板较常用，下面对这两个面板进行讲解。

（1）“项目”面板

“项目”面板主要用于组织、管理项目所使用的原始素材和序列。“项目”面板分为素材列表、素材信息和工具按钮三部分，如图1-33所示。

在“项目”面板中，素材列表用于罗列导入的相关素材；素材信息用于查看素材信息，如帧速率、持续时间等参数；工具按钮用于对相关素材进行管理操作。

（2）“效果”面板

在“效果”面板中，可以快速为素材应用音频/视频效果和音频/视频过渡，如图1-34所示。

在“效果”面板的搜索框中，输入过渡或效果的名称，可以快速查找到相关结果。通过这种方式，可以迅速定位并应用所需的过渡和效果，提升编辑效率。

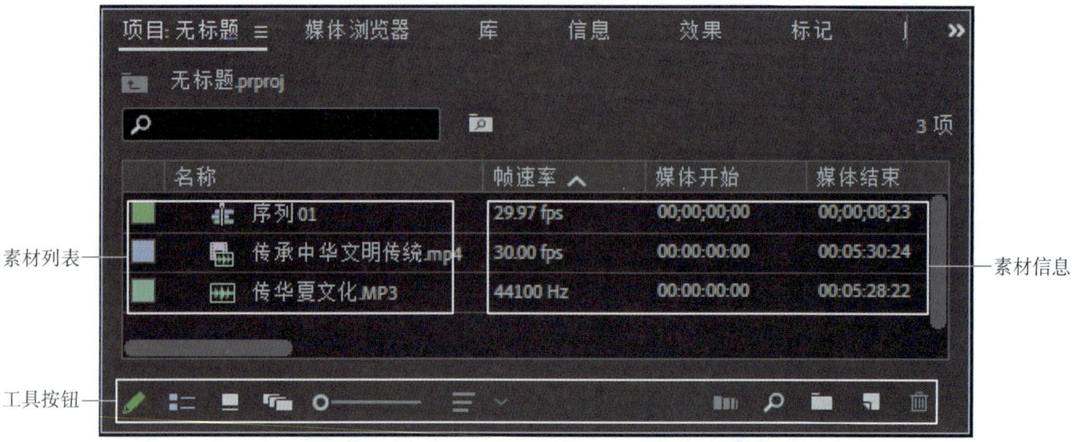

图1-33 “项目”面板

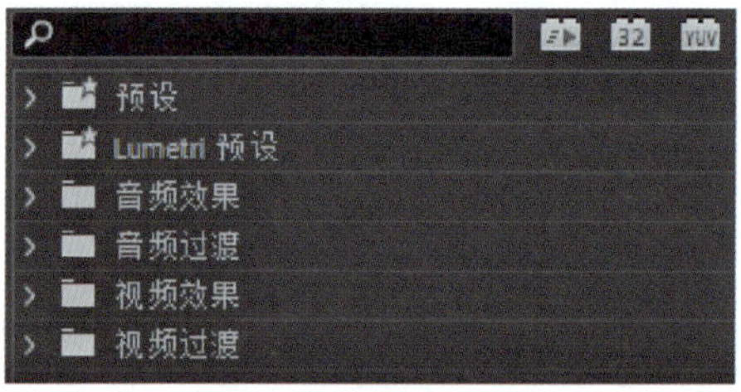

图1-34 “效果”面板

5. 工具栏

工具栏中的工具主要用于对“时间轴”面板中的素材进行编辑，如图1-35所示。

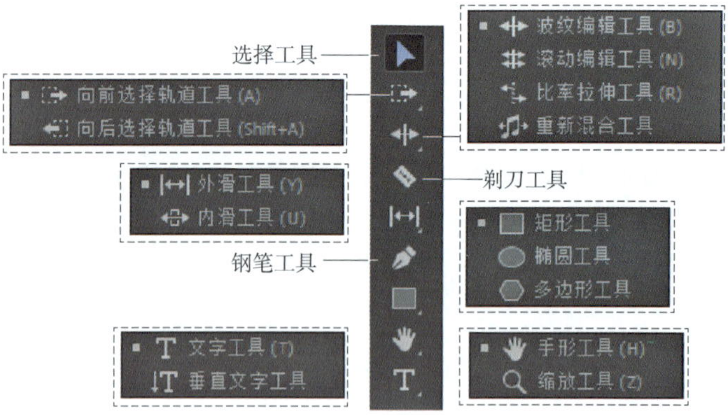

图1-35 工具栏

工具栏中的工具很多，并未全部展示在工具栏中。若工具右侧带有三角形图标◢，即表示有隐藏的同类工具。长按这些工具，即可展开隐藏的工具。

6. “时间轴”面板

“时间轴”面板是用于剪辑和组合各种素材的主要编辑窗口，绝大多数素材编辑工作都在此面板中进行，如图1-36所示。

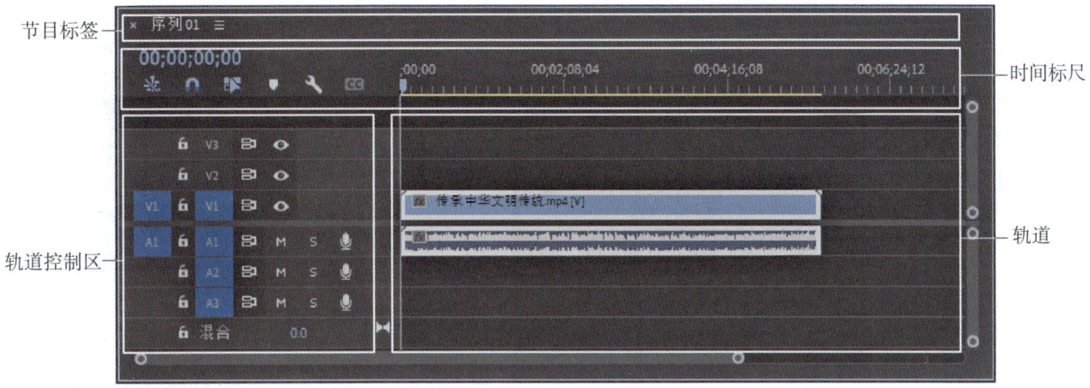

图1-36 “时间轴”面板

在图1-36所示的“时间轴”面板中，包含节目标签、时间标尺、轨道控制区和轨道四个模块，下面对这四个模块进行介绍。

（1）节目标签

用于展示时间轴上所有序列的名称。

（2）时间标尺

用于查看或定位素材的某个时间段，如图1-37所示。

图1-37 时间标尺

其中，“00;00;00;00”显示的格式为“小时;分;秒;帧”，在编辑素材时，可以通过拖动时间滑块进行粗略定位，或者直接输入数值实现精准定位，以精确控制素材的播放位置。

（3）轨道

轨道是编辑素材的主要区域。将素材添加到轨道上后，可以使用各种工具对其进行编辑和排列。每个轨道相当于一个图层，位于上面轨道上的素材会覆盖下面轨道上的素材。轨道包括视频（V）轨道和音频（A）轨道。在实际工作中，可以根据需要添加或删除轨道，以适应不同的编辑需求。

（4）轨道控制区

轨道控制区用于编辑轨道，如添加、删除、调整轨道高度等操作，其中包含了音频轨道控制区和视频轨道控制区两部分，这两部分分别包含了视频和音频的一些按钮，如图1-38所示。

7. 音频主控

音频主控用于查看左声道和右声道的音量。左侧区域代表左声道，右侧区域代表右声道。当视频中有音频时，播放视频，这些区域会显示颜色块的波动，反映音频的动态变化，如图1-39所示。

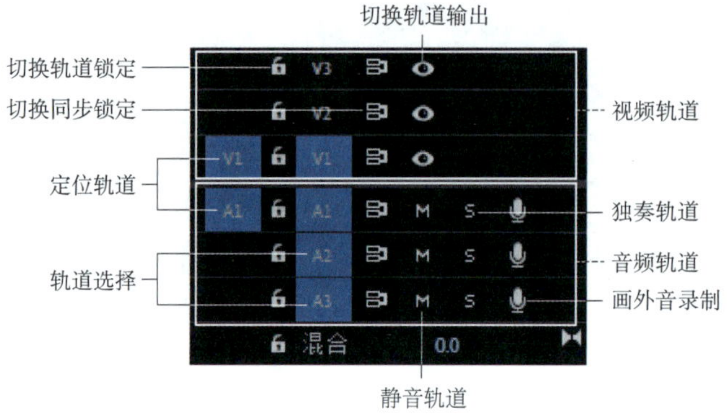

图1-38 轨道控制区

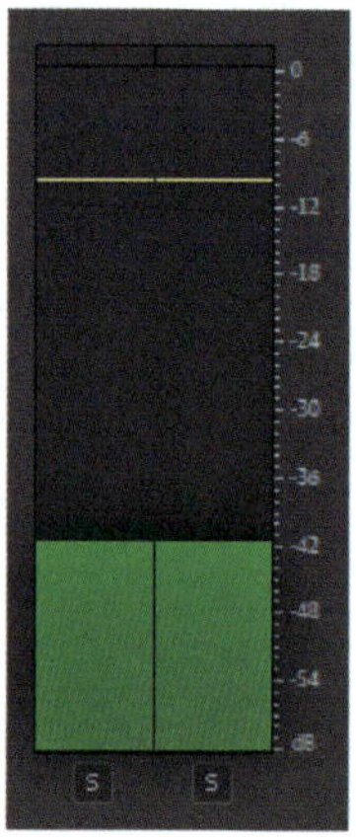

图1-39 音频主控

1.2.4 Premiere基本操作

了解了Premiere的工作界面后，接下来学习Premiere中的基本操作，如项目文件操作、界面操作、设置键盘快捷键、撤销与恢复操作和设置自动保存等，具体介绍如下：

1. 项目文件操作

项目文件的操作是项目管理中至关重要的一环，包括打开项目文件、保存项目文件和关闭项目文件等基本操作，下面对项目文件操作进行讲解。

（1）打开项目文件

选择“文件”→“打开项目”命令（或按【Ctrl+O】组合键），弹出“打开项目”对话框，如图1-40所示。

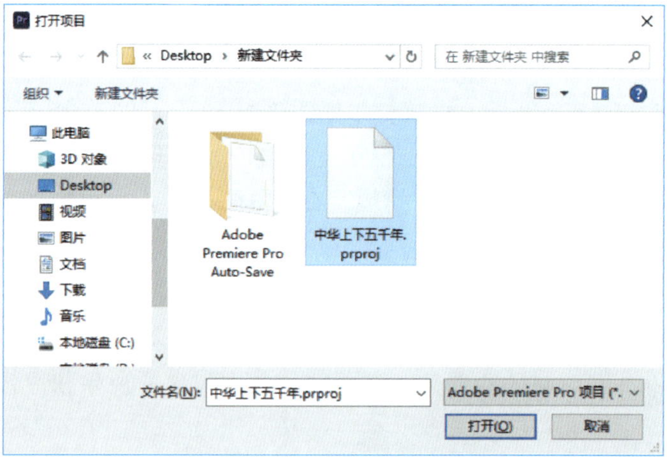

图1-40 “打开项目”对话框

（2）保存项目文件

在新建文件或对现有文件进行编辑后，及时保存文件是确保工作成果不丢失的重要步骤。在Adobe Premiere中，系统提供了多种保存文件的命令，以满足不同的需求和使用场景，如图1-41所示。

其中，常用的保存文件的命令包括“保存”和“另存为”。下面对常用命令进行介绍：

- 保存：选择“文件”→“保存”命令（或按【Ctrl+S】组合键），项目会在原来的基础上进行存储。
- 另存为：选择“文件”→“另存为”命令（或按【Ctrl+Shift+S】组合键），弹出“保存项目”对话框，如图1-42所示。

图1-41 保存文件的选项

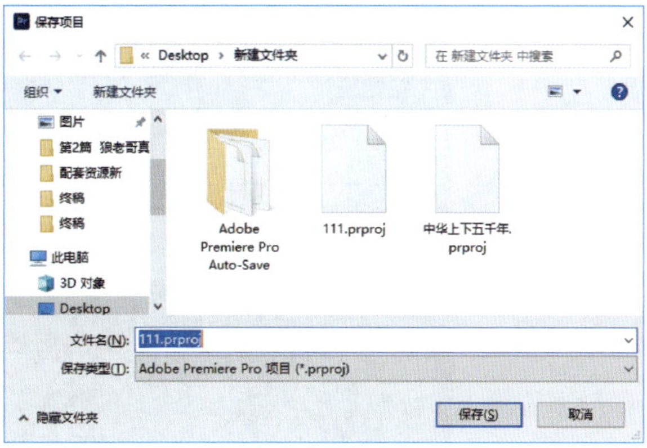

图1-42 “保存项目”对话框

在对话框中设置位置、文件名及保存类型，单击“保存”按钮即可。使用“另存为”命令进行存储，可以在原项目内容不变的基础上存储一份新的项目文件。

（3）关闭项目文件

若想关闭当前的项目文件，选择“文件”→“关闭项目”命令（或按【Ctrl+Shift+W】组合键）即可。若此时的项目被修改后并未保存，则会弹出提示框，如图1-43所示。

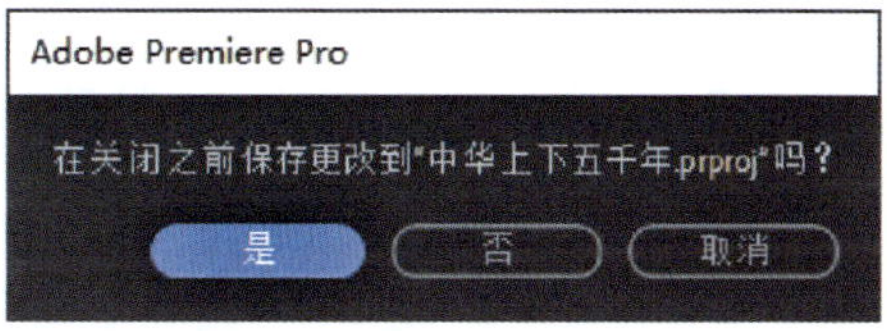

图1-43 提示框

单击“是”按钮，保存项目并继续关闭文件；单击“否”按钮，不保存当前更改，直接关闭项目；单击“取消”按钮，取消关闭操作，保留项目文件以继续编辑。

2. 界面操作

在Premiere中，几乎所有面板都可以任意编组或停放，停放面板时，面板会连接在一起，因此改变一个面板的大小时，其他面板的大小也会随着改变，下面讲解这些相应的操作。

- 调整面板大小：将鼠标指针放置在两个相邻面板之间的边界上，当鼠标指针变成或时，按住鼠标左键拖动鼠标即可调整面板的大小。
- 改变面板位置：选中一个面板，按住鼠标左键的同时拖动鼠标，将其移动到其他区域中，则可将其与其他区域的面板编组。
- 新建浮动面板：右击面板的标题，在弹出的快捷菜单中选择“浮动面板”命令，该面板就会成为一个独立的面板。
- 打开/关闭面板：右击面板的标题，在弹出的快捷菜单中选择“关闭面板”命令，则可关闭该面板。

值得一提的是，若想恢复成面板最初的默认状态，选择“窗口”→“工作区”→“重置为保存的布局”命令（或按【Alt+Shift+0】组合键）即可恢复。

3. 键盘快捷键

使用快捷键可以显著提高工作效率。快捷键不仅可以使用系统默认设置，还可以根据需要进行自定义配置。选择“编辑”→“快捷键”命令（或按【Ctrl+Alt+K】组合键），弹出“键盘快捷键”对话框，如图1-44所示。

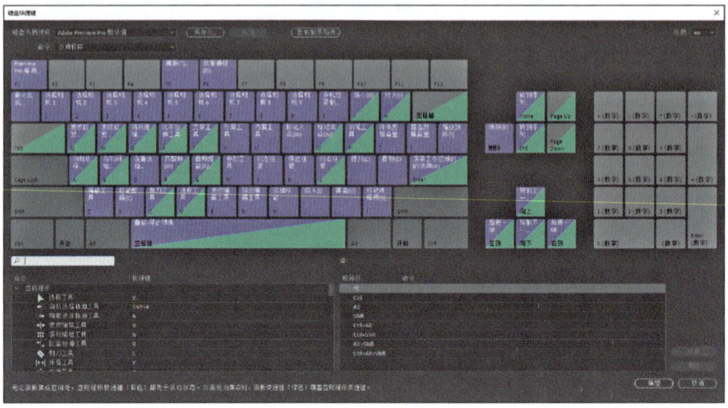

图1-44 “键盘快捷键”对话框

在图1-44中，有颜色的是已经被占用的快捷键，无颜色的是未被占用的快捷键，当鼠标放置在带颜色的快捷键上时，会提示快捷键的相关信息。快捷键的设置方法如下。

（1）添加快捷键

在“命令”栏中，选择一个工具后，将工具拖动到键盘的某个键处即可为该工具添加快捷键。若拖动到非灰色区域，则最下方会提示该快捷键已被占用，如图1-45所示。原命令将不再有快捷键。

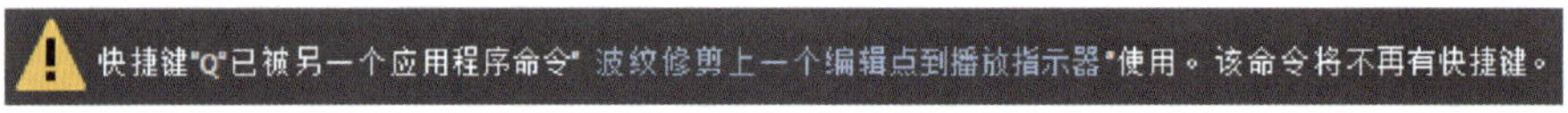

图1-45 快捷键被占用提示

值得一提的是，在将某个工具的快捷键设置为Ctrl+字母、Shift+字母等方式时，需要在拖动时，按住键盘上的【Ctrl】键或【Shift】键等。

（2）删除快捷键

在“快捷键”栏中，选中某个工具的快捷键，单击右上角的叉子即可删除快捷键，如图1-46所示。

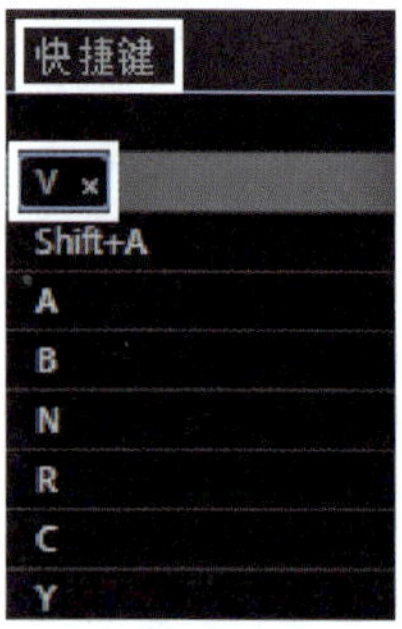

图1-46 删除快捷键

单击“键盘快捷键”对话框中的“确定”按钮即可完成设置。需要注意的是，一个工具或面板可以设置多个快捷键。

（3）初始化快捷键

若想恢复软件最初的默认设置，在对话框上方的“键盘布局预设”下拉列表框中选择“Adobe Premiere Pro默认值”选项即可，如图1-47所示。

4. 撤销与恢复操作

通常情况下，在制作视频剪辑时，需要反复地调整、修改才能完成，因此经常会用到撤销与恢复操作。

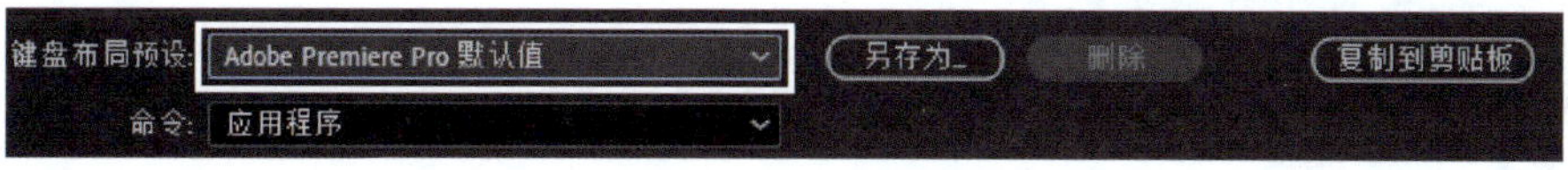

图1-47 初始化快捷键

（1）撤销

在编辑素材时，如果对上一步操作不满意或发生了错误，选择“编辑”→“撤销”命令（或按【Ctrl+Z】组合键），若需要连续撤销之前的多步操作，只需重复选择此命令即可。

（2）恢复

若要取消“撤销”操作，选择“编辑→重做”命令（或按【Ctrl+Shift+Z】组合键）即可。如果连续选择此命令，则可连续恢复前面的多步撤销操作。

5. 设置自动保存

通常情况下，系统会隔一段时间自动保存项目文件，若软件崩溃或计算机死机，使用该功能可以有效地减少损失。选择“编辑”→“首选项”→“自动保存”命令，弹出“首选项”对话框，如图1-48所示。

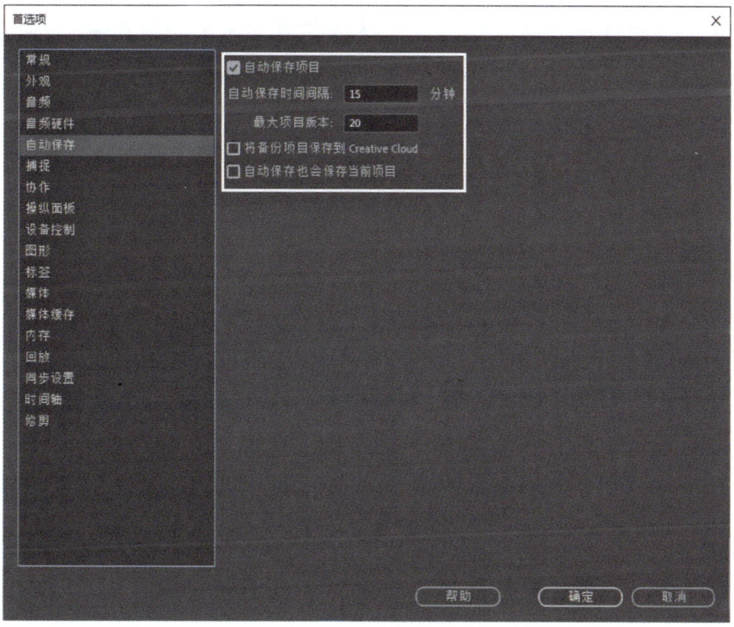

图1-48 “首选项”对话框

在“首选项”对话框中设置相应参数后，单击“确定”按钮即可完成文件的自动保存设置。

拓展案例：自定义序列

通过所学知识，新建一个“时基”为25 帧/秒、“帧大小”为1 920×1 080、“像素长宽比”为方形像素、场序为逐行扫描的自定义序列。

第2章 素材导入及编辑

学习目标

知识目标

◎ 熟悉素材在编辑前的一些准备工作，能够在编辑前做好万全的准备；
◎ 熟悉选择工具的使用方法，能够说出选择工具的不同功能；
◎ 熟悉波纹编辑工具的使用方法，能够说出该工具和选择工具的不同之处；
◎ 了解入点和出点，能够说出入点和出点的作用；
◎ 熟悉提升和提取，能够说出提升和提取的区别；
◎ 熟悉插入和覆盖，能够说出插入和覆盖的区别；
◎ 了解脱机文件，能够说出脱机文件的作用。

能力目标

◎ 掌握导入素材的方法，能够用不同的方法导入素材；
◎ 掌握将素材导入到轨道上的方法，能够将素材添加到轨道；
◎ 掌握轨道的基本设置，能够完成设置轨道的长度、锁定轨道等操作；
◎ 掌握调整素材的尺寸、角度和位置的方法，能够在“节目监视器”中调整素材的尺寸、角度和位置；
◎ 掌握修改当前时间的方法，能够通过不同方法修改当前时间；
◎ 掌握剃刀工具的用法，能够分割素材；
◎ 掌握素材的复制、剪切和删除，能够完成素材的复制、剪切和删除；
◎ 掌握删除波纹的方法，能够删除波纹；
◎ 掌握播放速率的调整方法，能够调整素材的播放速度；
◎ 掌握分离与链接素材的方法，能够分离或链接素材；
◎ 掌握创建通用倒计时片头的方法，能够创建倒计时片头；
◎ 掌握为项目中的素材打包的方法，能够打包素材。

素质目标

◎ 树立传统文化保护意识，认识到创新不应以牺牲中华优秀传统文化为代价，而是要在保护中传承，在传承中创新；

◎ 激发创造力，鼓励从不同角度思考问题，寻找独特的设计视角和切入点。

Premiere是一款视频剪辑软件，其核心功能是视频编辑。在第1章中，学习了视频剪辑的基础知识以及Premiere的基本操作。下面重点讲解素材的导入及基础编辑技巧。

2.1　【案例2-1】制作民族舞卡点视频

民族舞，融汇多元文化与地域风情，以绚烂舞姿勾勒生活画卷，传递深情厚谊与坚定信仰，堪称民族艺术之璀璨瑰宝。卡点视频，则是音乐与画面节奏的完美邂逅，精准把握音频与视觉切换，共创视听盛宴。本节将制作一个民族舞主题的卡点视频，通过本案例的学习，读者能够熟练掌握导入素材、巧妙布局轨道、精准调控图像停留时长，解锁视频编辑新技能。

2.1.1　效果展示

民族舞主题图像的切换与音乐节奏相匹配，展现卡点效果，卡点效果截图示例如图2-1所示。

图2-1　卡点效果截图示例

扫一扫二维码查看案例具体效果。

视频

案例2-1

民族舞卡点

2.1.2　案例分析

本案例共包含9幅图像素材及1个音频素材，根据音频中的节奏，在制作本案例时，我们要将第一个图像素材的停留时间设置为4秒，剩余的8幅图像素材的停留时间设置为19帧，如图2-2所示。这样，在播放视频时，图像会匹配音频素材的节奏，实现卡点效果。

图2-2 设置图像素材的停留时间

2.1.3 必备知识

1. 导入素材

在使用Premiere进行视频剪辑时，主要任务是对已有素材进行编辑。因此，在开始编辑之前，首先需要将素材导入软件中。Premiere支持多种视频、音频和图像格式，提供了广泛的兼容性。Premiere支持的视频、音频及图像格式见表2-1。

表2-1 Premiere支持的视频、音频及图像格式

素材类型	支持的格式
视频	AVI、MP4、MOV、WMV、3GP
音频	MP3、WAV、WMA
图像	JPEG、AI、PSD、GIF、PNG、TIFF

熟悉了Premiere支持的视频、音频及图像格式，接下来讲解导入素材的方法。选择“文件”→“导入”命令（或按【Ctrl+I】组合键），弹出“导入”对话框，如图2-3所示。

另外，在“项目”面板的空白处双击，也会弹出“导入”对话框，在对话框中选择需要导入的素材，单击“打开”按钮即可。

值得一提的是，在对话框中选中一个文件夹，单击“导入文件夹”按钮，即可将文件夹及文件夹内的内容导入软件中。

2. 编辑前的素材准备

素材的基本设置包含调整素材的显示方式、整理素材、查找素材、删除素材、查看素材和素材重命名，具体讲解如下。

（1）调整素材的显示方式

在Premiere中，每类素材都有其不同的显示图标，如图2-4所示。

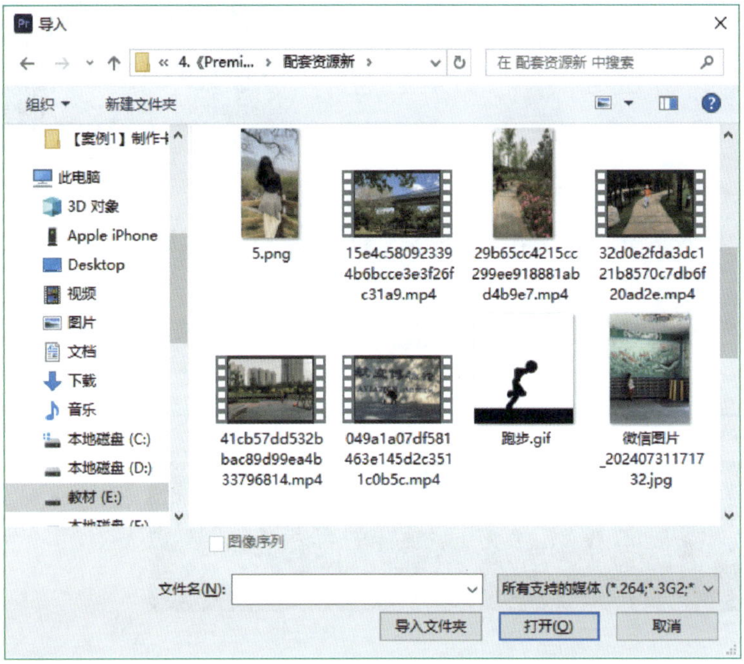

图2-3　“导入”对话框

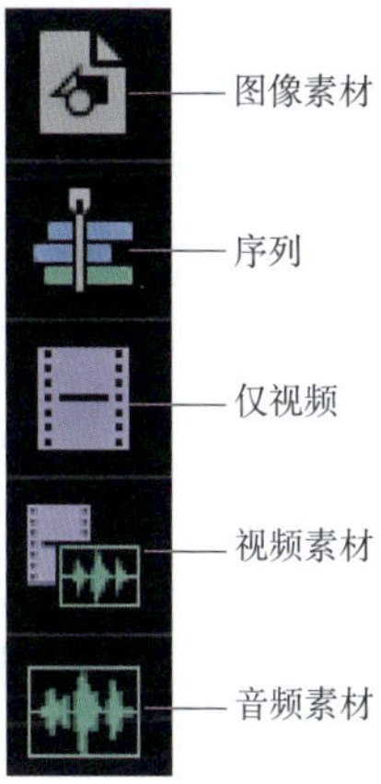

图2-4　不同的显示图标

通过观察图标，可以识别素材的类别，如视频、音频、图像等。调整素材的显示方式和显示大小，有助于更方便地查看和查找所需的素材。下面简单介绍如何调整素材的显示方式。

- 列表视图：单击该按钮后，素材会以列表的方式展示，这种方式是Premiere中默认的显示方式，如图2-5所示。

图2-5　列表视图

- 图标视图：单击该按钮后，素材会以缩略图的方式进行展示，如图2-6所示。

图2-6　图标视图

- 调整图标和缩略图的大小：拖动圆形滑块可以缩小或放大素材列表的显示。

（2）整理素材

单击“项目”面板中的“新建素材箱”按钮，可以新建素材箱，如图2-7所示。

在文本框中输入名称，再将同类视频放进去，便于素材管理。

图2-7 新建素材箱

（3）查找素材

当“项目”面板中素材过多，不方便查找时，可以利用搜索框进行查找，在搜索框中输入素材名称，单击“搜索”按钮，即可成功查找素材。

（4）删除素材

在“项目”面板中选中素材，单击“清除”按钮，即可删除选中素材，若是该素材已经被添加到轨道上，此时会弹出警示框，如图2-8所示。

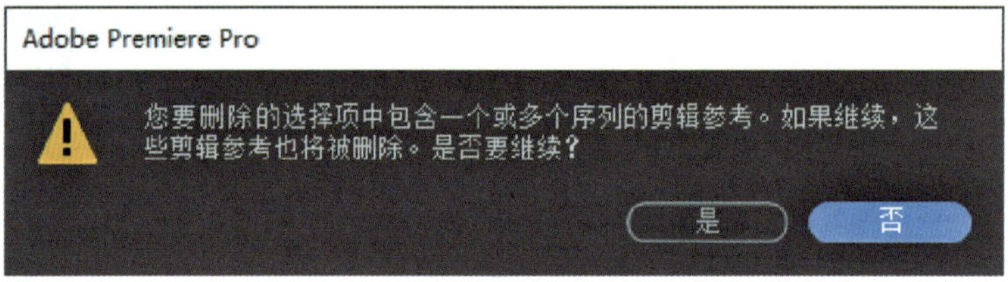

图2-8 警示框

此外，选中素材后，按【Delete】键也可删除选中素材。若想清除轨道上没有使用的素材时，选择“编辑”→“移除未使用资源”命令，即可将未使用的素材批量删除。

（5）查看素材

查看素材有助于了解内容和剪辑效果。单击“源”面板中的“播放/停止”按钮即可查看原素材；单击“节目监视器”面板中的“播放/停止”按钮则可查看编辑后的素材效果。此外，选中某个区域后按空格键可以播放面板中时间滑块之后的内容。例如，如果选择“时间轴”或“节目监视器”面板，播放的将是编辑后的效果；如果选择“源”面板，播放的则是原素材内容。按【Enter】键可以从头播放轨道上的内容。

（6）素材重命名

素材重命名有助于自己在编辑视频时快速找到素材。双击素材名称，素材名称会处于可编辑状态，如图2-9所示。

输入新名称后按【Enter】键可完成素材的重命名。

图2-9 编辑状态

（7）设置图像素材的停留时间

在Premiere中，视频和音频素材有固定的时长，而图像素材的默认时长为5 s。如果需要调整图像素材的显示时间，可以通过设置图像素材的停留时间来实现。设置图像素材的停留时间就是调整其播放时长。

选择“编辑”→“首选项”→“时间轴”命令，弹出“首选项”对话框，设置“静止图像默认持续时间”参数即可，如图2-10所示。

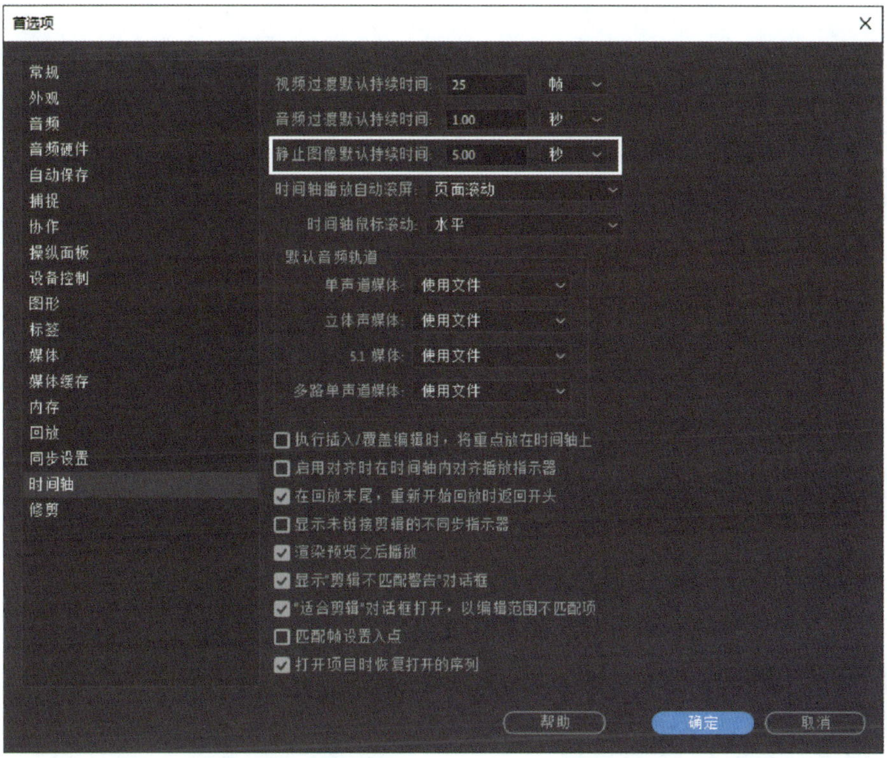

图2-10　“首选项”对话框

另外，选中需要调整的图像素材，选择“剪辑”→“速度/持续时间”命令（或按【Ctrl+R】组合键），弹出“剪辑速度/持续时间”对话框，如图2-11所示。

另外，在“项目”面板或时间轴中右击素材，在弹出的快捷菜单中选择“速度/持续时间”命令，也可弹出“剪辑速度/持续时间”对话框，在对话框中设置“持续时间”，单击“确定”按钮即可完成持续时间的设置。

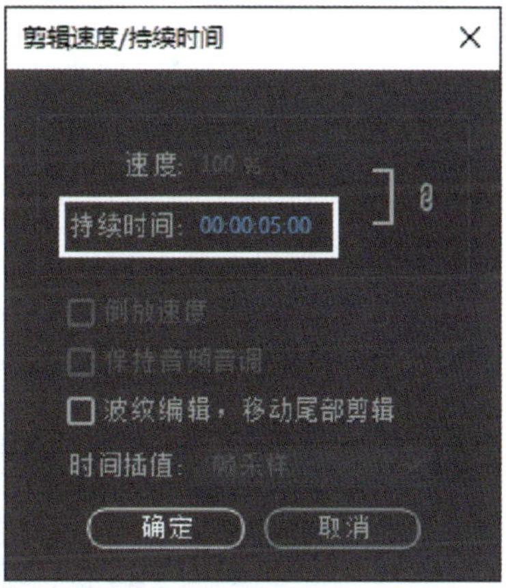

图2-11　“剪辑速度/持续时间”对话框

3. 将素材添加到轨道上

只有将素材放置在相应的轨道上，才能对素材进行编辑。将素材添加到轨道中有两种方法，具体介绍如下。

（1）从“项目”面板中添加

在“项目”面板中，选择要编辑的素材，然后按住鼠标左键并将其拖动到相应的轨道上。当鼠标指针变为形状时，释放鼠标，添加素材成功。其中，视频及图像素材只能放到视频轨道中，音频素材只能放置在音频轨道中。

轨道控制区中有用于定位轨道的按钮，在选中“项目”面板中的素材时，会看到“定位轨道”按钮，它显示在“轨道控制区”的最前方，如图2-12中白框所示。

其中，V1代表视频或图像，A1代表音频。如果只想将视频素材中的视频部分添加到轨道中，只需选中V1。此时，当将素材拖动到轨道上时，音频部分将不会被添加。同理，若只想将视频素材中的音频添加到轨道，那么只选中A1即可。在Premiere中，当选中视频素材时，系统默认同时显示V1和A1；选中音频素材时，系统默认只显示A1；选中图像素材时，则只显示V1。

此外，选中素材后，单击“自动匹配序列”按钮，弹出图2-13所示的“序列自动化”对话框，设置相关参数后，单击“确定”按钮，即可将素材添加到“时间轴”面板中，并自动匹配序列。

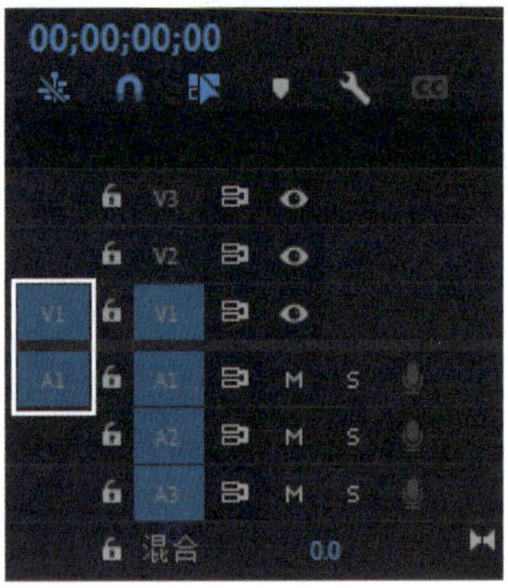

图2-12　定位轨道

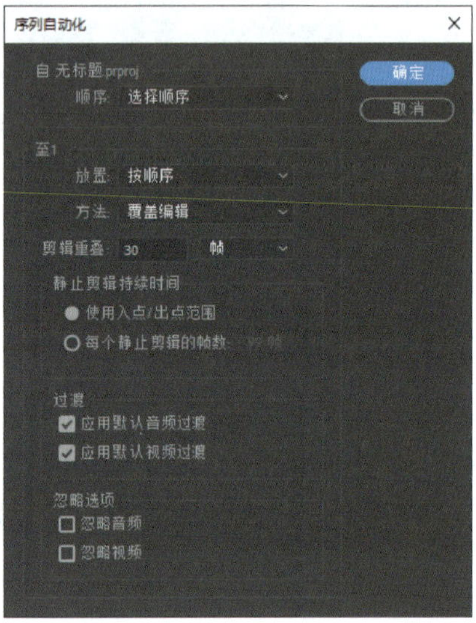

图2-13　“序列自动化”对话框

将素材添加到轨道上后，素材显示的颜色通常与“项目”面板中的标签颜色一致。默认情况下，图像素材显示为淡紫色、音频素材显示为加勒比海蓝色、视频素材显示为紫色、音视频素材显示为鸢尾花色，颜色显示如图2-14所示。

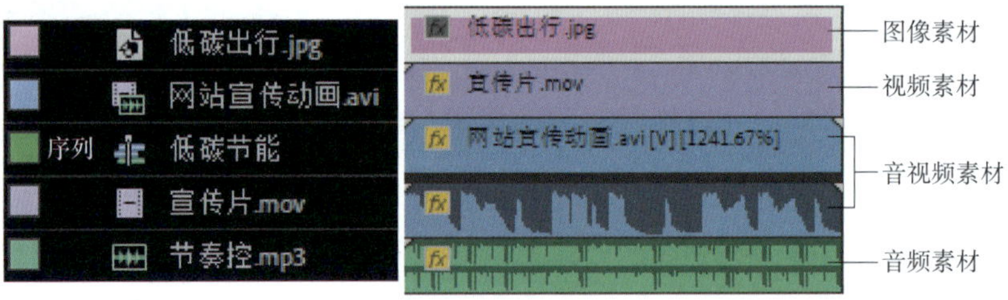

图2-14　颜色显示

若想更改素材的显示颜色，可以右击素材，在弹出的快捷菜单中选择“标签”命令，此时会弹出颜色列表，如图2-15所示。

在颜色列表中选择需要的颜色即可改变素材的显示颜色。

（2）从“源”面板中添加

“源”面板默认不显示素材。若要在“源”面板中显示素材，需要在“项目”面板中双击该素材。此时“源”面板中，素材下方有两个按钮，可以分别调取视频中的音频或视频，具体功能解释如下：

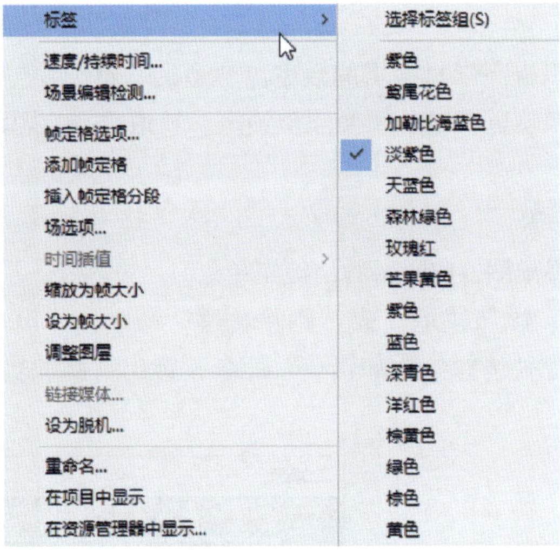

图2-15　颜色列表

- 仅提取视频：将鼠标悬停在该按钮上时，鼠标指针会变成抓手形状，按住鼠标左键拖动该按钮到轨道上，即可提取素材中的视频部分，而音频不会被提取。
- 仅提取音频：与“仅提取视频”按钮使用方法相同，用于将素材的音频提取出来，而视频不被提取。

在添加素材时，可以随意将轨道中的素材移动到其他相应的轨道上，例如，将V1轨道中的素材移动到V2轨道中。此外，将素材添加到轨道后，还可以设置是否对齐轨道中的其他素材。单击“时间轴”面板中的“对齐”按钮，可以启用对齐功能，此时图标会变成蓝色。启用对齐功能后，添加或移动素材时，素材会自动对齐前后相邻的素材。再次单击该按钮可关闭对齐功能，此时素材在轨道上移动时不会自动对齐其他素材。在Premiere中，此选项默认是开启的。

多学一招：将素材批量添加到轨道上

在“项目”面板中，框选要添加到轨道上的素材，然后按住鼠标左键将其拖动到相应轨道上。当鼠标指针变成样式时，松开鼠标即可将选中的素材批量添加到轨道上。请注意，素材添加到轨道上的顺序遵循先选中排在前面、后选中排在后面的原则。例如，若框选的素材为“2.jpg”至“6.jpg”，则从上至下的顺序会是“2.jpg”至“6.jpg”。如果素材没有特定顺序，则会按照软件默认的顺序从上至下排列。

若想以指定的顺序将素材批量添加到轨道，则需要进行跳选。例如，先选中“6.jpg”素材，然后按住【Shift】键的同时选择“2.jpg”素材，第 1 个选中的是“6.jpg”、第 2 个选中的是“2.jpg”，中间的“3.jpg”至“5.jpg”是无顺序的，那么将这些素材添加到轨道上的先后顺序则是“6.jpg”“2.jpg”“3.jpg”“4.jpg”“5.jpg”，如图 2-16 所示。

图2-16　素材排序方式

4. 轨道的基本设置

对轨道进行设置可以提高素材编辑的效率。轨道的基本设置包括添加或删除轨道、调整轨道长短或高低、切换轨道锁定、切换同步锁定、轨道选择、隐藏/显示轨道等操作，具体解释如下：

（1）添加或删除轨道

右击轨道控制区，弹出图2-17所示的快捷菜单。

在快捷菜单中选择“添加轨道”或“删除轨道”命令，弹出“添加轨道”或“删除轨道”对话框。例如，此处选择“添加轨道”命令，弹出“添加轨道”对话框，如图2-18所示。

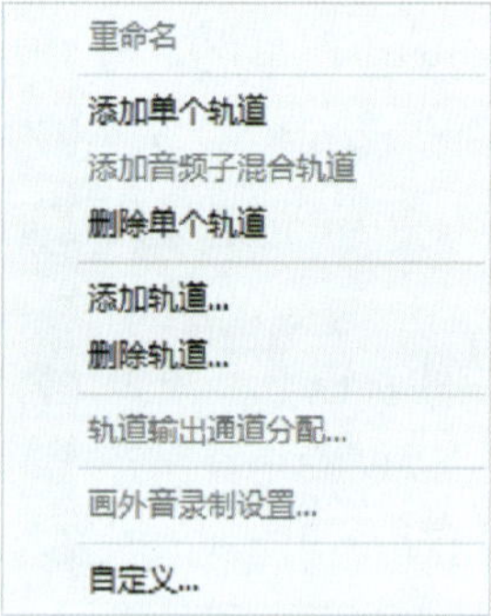

图2-17 快捷菜单

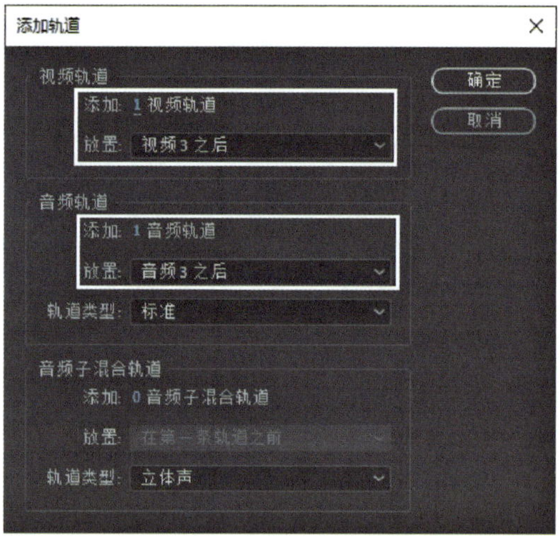

图2-18 “添加轨道”对话框

在对话框中设置参数，单击“确定”按钮后即可添加轨道。除此之外，当把视频素材拖放至最上方或将音频素材拖动至最下方时，软件会自动增加相应的轨道。

（2）调整轨道长度

将素材添加到轨道上之后，素材的显示长度会以一个既定的比例进行显示（默认为最小比例显示），如果素材时长较短，素材会显示很“短”，如图2-19所示。

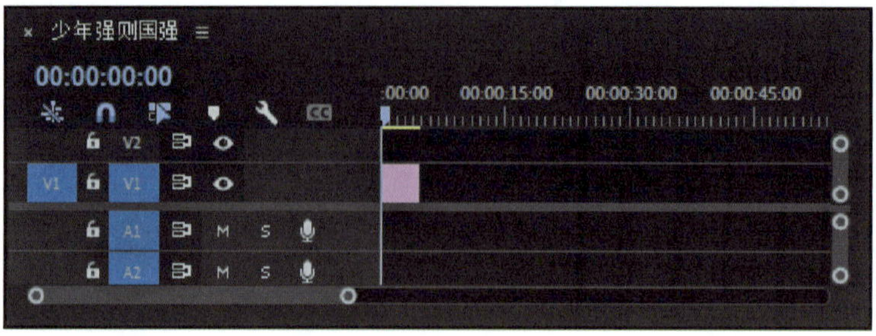

图2-19 素材显示很“短”

这样会影响查看和编辑的效果，因此在编辑素材时，需要调整轨道的长度。调整轨道长度可以通过以下三种方法实现：

- 使用“缩放工具”：选择“缩放工具”（或按【Z】键）后，鼠标指针会变成形状。在轨道上单击以拉长素材的显示区域。如果需要缩短轨道，则按住【Alt】键，此时鼠标指针会变成形状，按住【Alt】键的同时单击轨道，即可将轨道缩短。
- 拖动缩放条：在时间轴面板下方有一个缩放条，如图2-20所示，将鼠标放置在缩放条两端任意处，按住鼠标左键左右拖动即可缩放轨道。

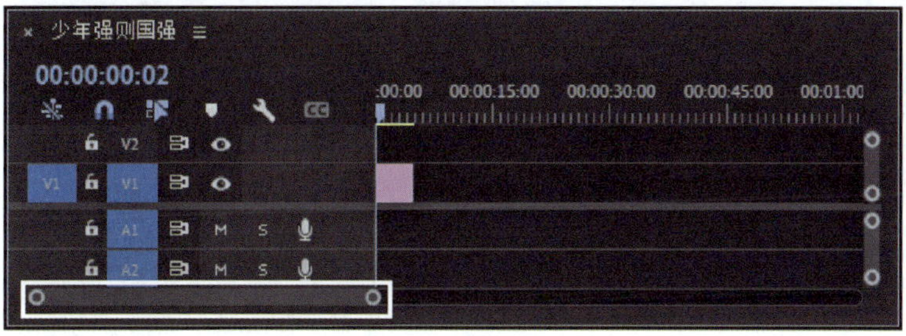

图2-20　缩放条

- 使用快捷键：将鼠标指针悬停在时间轴中，按住【Alt】键的同时上下滚动鼠标可以对轨道进行缩放。

（3）调整轨道高度

同默认的素材显示长度一样，素材的显示高度也会以最小的比例进行显示，调整轨道高度可以通过以下两种方法：

- 利用缩放条：在“时间轴”面板的右侧有两个缩放条，其中上面的缩放条用于调整视频轨道的高度，下面的缩放条用于调整音频轨道的高度，如图2-21所示。将鼠标放置在缩放条两端任意处，按住鼠标左键上下拖动即可调整轨道的高度，调整音频轨道高度如图2-22所示。

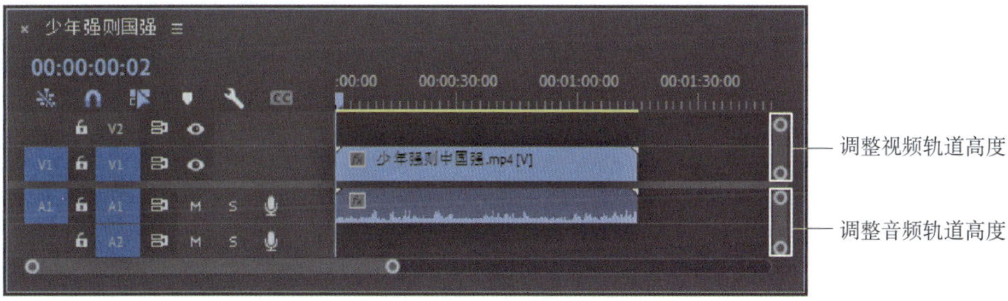

图2-21　缩放条

- 通过快捷键：按住【Ctrl】键的同时按【+】和【-】键可以调整视频轨道的高度；按住【Alt】键的同时按【+】和【-】键可以调整音频轨道的高度。
- 通过双击：双击轨道对应的轨道控制区的空白处，即可快速调整轨道的高度。

当把轨道调高时，可以看到轨道的名称及关键帧设置的相关按钮，关于关键帧及其相关设置，会在后续章节中详细讲解。

如果轨道过长或过高，导致查看不便，可以通过滑动缩放条查看素材。同时，还可以使用“手形工具”进行查看。选择“手形工具”（或按【H】键）后，在时间轴上按住鼠标左键并拖动鼠标即可。

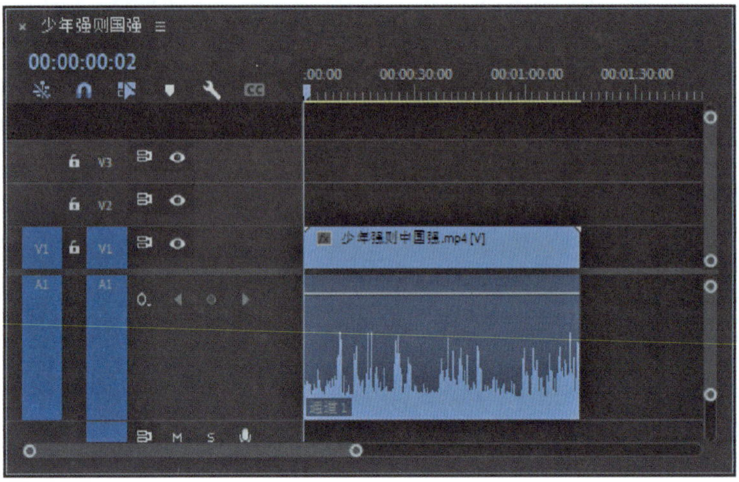

图2-22 调整音频轨道高度

（4）锁定轨道

在Premiere中，通过“切换轨道锁定”按钮可以锁定轨道，防止对其进行编辑，从而有效避免在编辑其他轨道时对已编辑轨道的误操作。单击“切换轨道锁定”按钮，即可开启“切换轨道锁定”，锁定轨道后，“切换轨道锁定”按钮变为蓝色，而被锁定后的轨道会显示不可操作的样式，如图2-23所示。

图2-23 锁定轨道

此时，不可对轨道中的任何素材进行任何操作。再次单击“切换轨道锁定”按钮即可解锁轨道，继续对该轨道中的素材进行操作。

（5）锁定轨道同步

在Premiere中，通过“切换同步锁定”按钮可以控制某个轨道的同步状态。锁定时图标显示为，未锁定时图标显示为。默认的同步状态为锁定，即删除波纹后，轨道中的素材会同步向前，若不想素材同步向前，则需要单击“切换同步锁定”按钮，将其取消锁定。例如，在图2-24所示的时间轴中，未锁定V2轨道的同步，删除V1轨道中的波纹时，V2轨道中的素材不会同步向前，如图2-25所示。

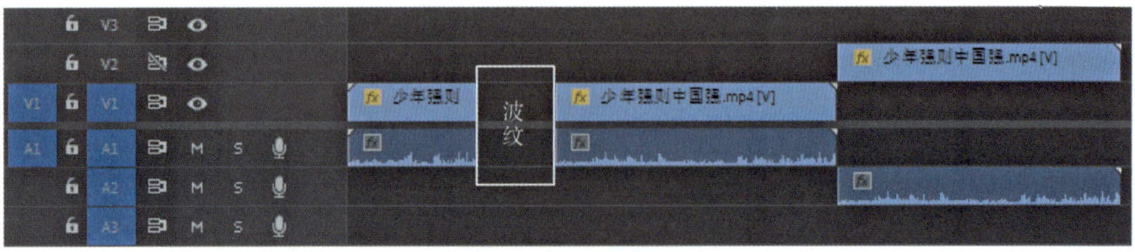

图2-24 时间轴

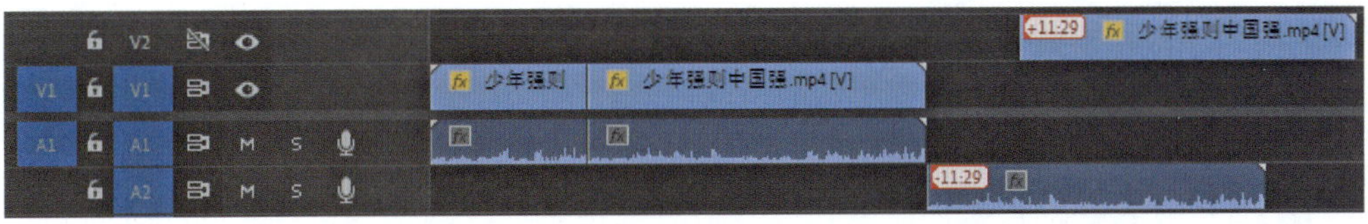

图2-25　V2轨道中的素材不会同步向前

（6）选择轨道

选择轨道是指选中或激活轨道，以便对其进行操作。选择多个轨道后，可以快速地对它们选择一系列操作，如提升、提取等。轨道选择状态如图2-26所示。

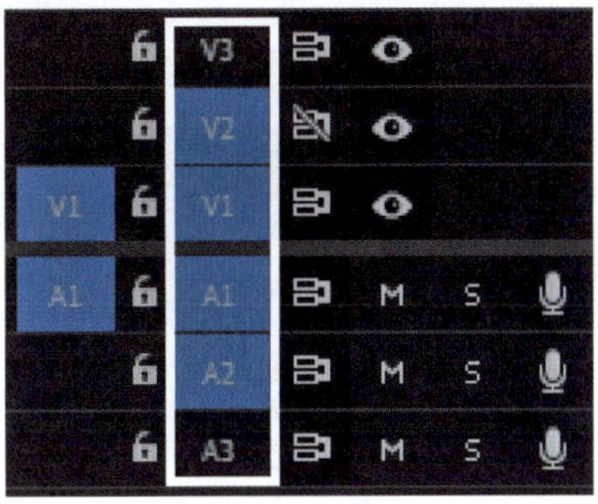

图2-26　轨道选择状态

在轨道选择状态中，蓝色表示选中状态，深灰色表示未选中状态。如果未选中轨道或素材，将无法选择相关操作，如提升、提取等。需要注意的是，选择素材后，操作不会受到影响。

（7）隐藏/显示轨道内容

当项目中的素材较多时，隐藏某一轨道上的内容可以让用户在编辑其他轨道内容时更方便查看效果。单击“轨道控制区”中的按钮，当按钮显示为状态时，即可隐藏该轨道上的素材。需要注意的是，隐藏轨道后，该轨道上的内容不会被导出到影片中。

5. 调整素材的尺寸、角度和位置

为了满足制作需求，通常需要对素材进行基础设置，如调整大小、角度和位置等。在进行这些设置之前，首先需要将时间滑块定位在需要调整的素材上，然后双击“节目监视器”面板中的素材，将其选中。

选中的素材边缘会出现一个带有蓝色点的边框，统称为定界框。蓝色的点分为边点和角点，中央则会出现一个带加号的圆形，称为“锚点”，定界框如图2-27所示。

图2-27　定界框

在图2-27中，锚点代表素材的中心点，调整素材时，是以中心点为基础进行操作的。

在实际操作中，可以根据需要随意移动锚点。下面讲解对素材的基本编辑。

- 改变素材位置：将鼠标指针放置在素材上，按住鼠标左键不放进行拖动，即可移动素材的位置，如图2-28所示。
- 改变素材大小：将鼠标放置在任一边点或角点处，当鼠标指针变成↔形状时，按住鼠标左键拖动，即可放大或缩小素材，如图2-29所示。
- 改变素材角度：将鼠标指针放置在边点或角点处，当鼠标指针变成↰形状时，按住鼠标左键拖动，即可旋转素材，如图2-30所示。

图2-28 改变素材位置

图2-29 改变素材大小

图2-30 旋转素材

当素材放大到一定程度后，由于节目监视器的大小是固定的，所以可能看不到定界框，这时，可以调整缩放级别，在节目监视器中，单击“选择缩放级别”下拉按钮，会弹出下拉菜单，如图2-31所示。

在下拉菜单中选择合适的缩放级别即可看到定界框。

注意：

在调整指定素材时，若其上方存在其他素材，则需要隐藏或锁定位于其上方的轨道，否则在双击“节目监视器”面板中的素材时，会选中排列在上方的素材，而非指定素材。

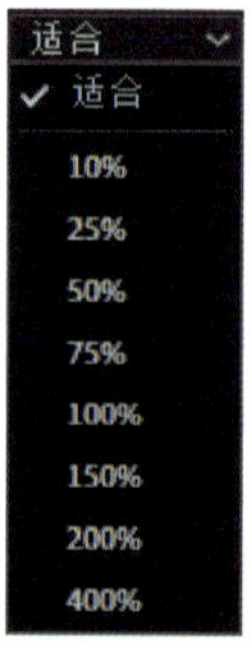

图2-31 “选择缩放级别”下拉菜单

多学一招：缩放为帧大小

可以将素材自动等比缩放，以匹配序列。在时间轴面板中选中素材后右击，在弹出的快捷菜单中选择“缩放为帧大小”命令即可，如图 2-32 所示。

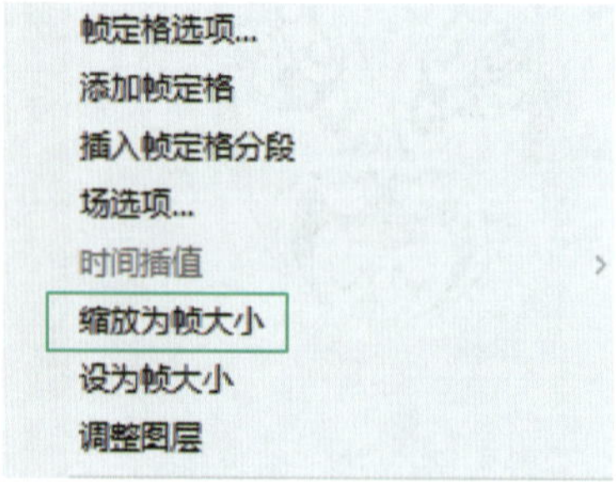

图2-32 选择“缩放为帧大小”选项

6. 选择工具

使用“选择工具”可以选择、移动、编辑素材，是编辑视频时的重要工具。“选择工具”的功能介绍如下：

（1）选择工具的选择功能

选中“选择工具”（或按【V】键），单击素材即可选中素材，选中的素材会高亮显示，如图2-33所示。

图2-33　高亮显示

在使用“选择工具”选择素材时，有一些小技巧，具体介绍如下：

- 部分选择：使用“选择工具”时，按住【Shift】键并单击素材，可以同时选中多个不连续的素材，通过框选可以选中多个连续的素材，选中多个不连续素材和连续多个素材的效果分别如图2-34和图2-35所示。

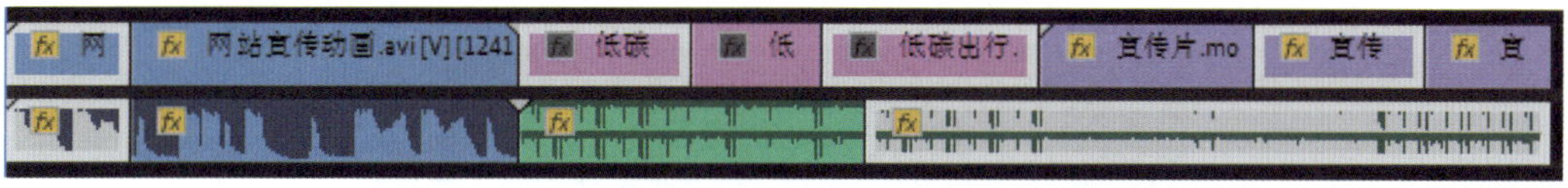

图2-34　选中多个不连续素材

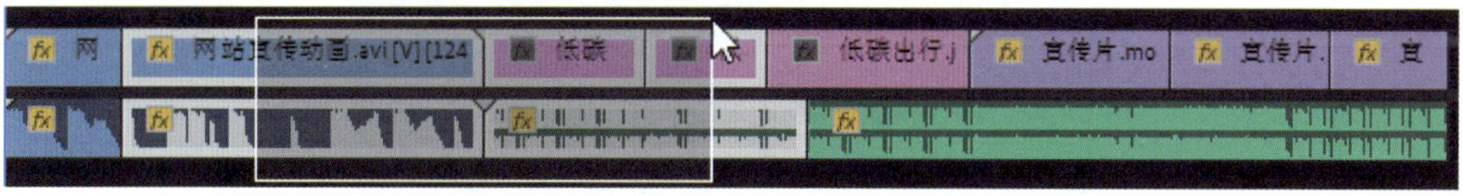

图2-35　选中多个连续素材

- 全选：按【Ctrl+A】组合键可将所有非锁定的素材全部选中，若想取消全选，在空白区域处单击即可。
- 单独选择音视频素材中的音频或视频：选中“选择工具”后，按住【Alt】键的同时单击音（视）频轨道中的素材，即可选中，如图2-36所示。

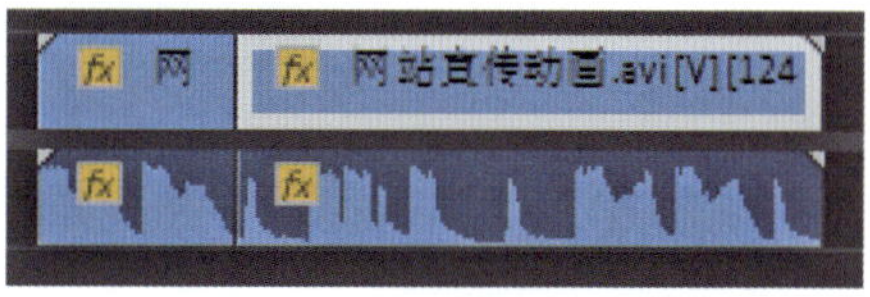

图2-36　单独选择视频轨道中的素材

（2）选择工具的移动功能

使用“选择工具”选中素材后，按住鼠标左键不放，拖动素材到所需位置即可。可以将素材移动到同一轨道的不同位置，也可移动到不同的轨道。

（3）选择工具的编辑功能

使用“选择工具”时，将鼠标移动到素材的任意一侧，当鼠标指针变成或形状时，按住鼠标左键拖动，即可裁剪素材。

另外，使用“选择工具”时，按住【Ctrl】键，鼠标指针会变成形状。此时拖动素材可以将其插入目标位置。如果目标位置位于另一素材的中间，该段素材会将目标素材分为两段，如图2-37所示。

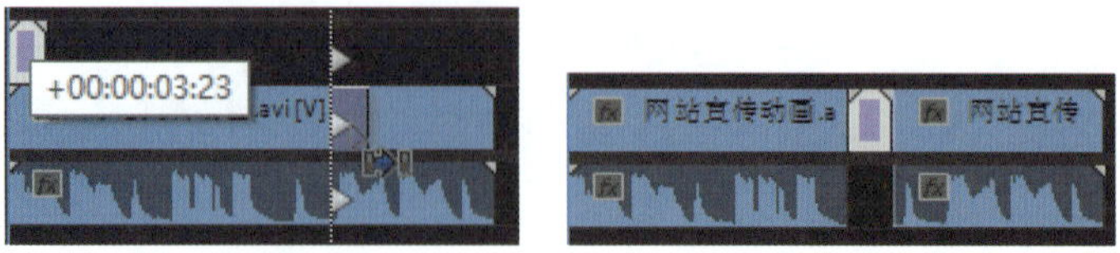

图2-37　将目标素材分为两段

2.1.4　实现步骤

Step 01 打开Premiere软件，新建项目，将项目命名为“【案例2-1】制作民族舞卡点视频”，单击“确定”按钮，完成项目的创建。

Step 02 选择“文件”→“新建”→“序列”命令（或按【Ctrl+N】组合键），弹出“新建序列”对话框，在其中设置相关参数，如图2-38所示。

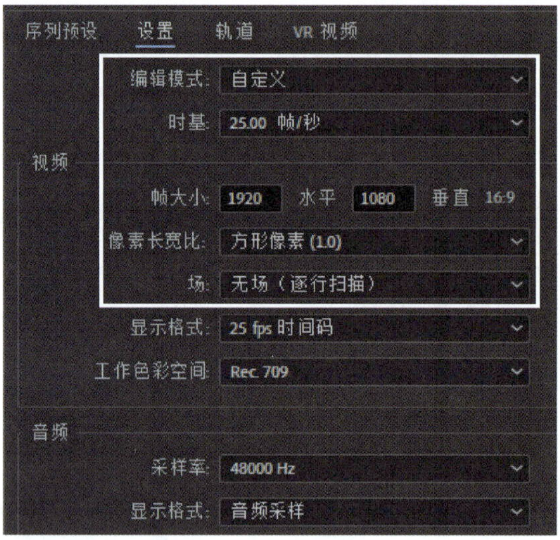

图2-38　在“新建序列”对话框中设置相关参数

Step 03 选择“文件”→“导入”命令（或按【Ctrl+I】组合键），导入“0.jpg”图像素材至“项目”面板中。

Step 04 在“项目”面板中，选中“0.jpg”图像素材，按住鼠标左键不放，将其拖动到“时间轴”面板的V1轨道上，如图2-39所示。

图2-39　拖动素材到轨道上

Step 05 在V1轨道上选中“0.jpg”图像素材后右击，在弹出的快捷菜单中选择“速度/持续时间”命令，弹出“剪辑速度/持续时间”对话框，在其中设置“持续时间”为4 s，如图2-40所示。

Step 06 选择“编辑”→“首选项”→“时间轴”命令，弹出“首选项”对话框，设置“静止图像默认持续时间”为0.8 s，如图2-41所示。

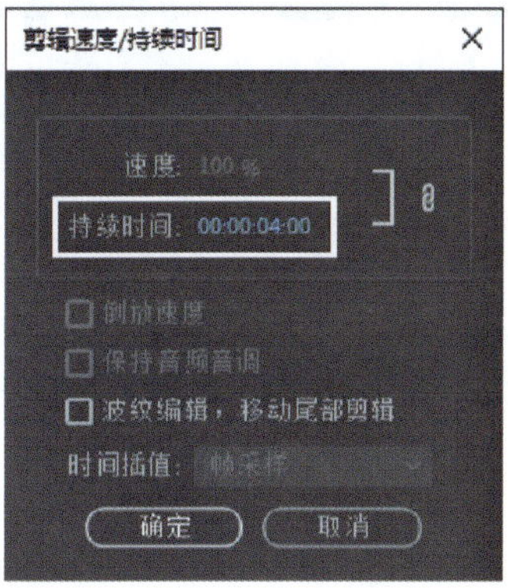

图2-40 设置“持续时间”

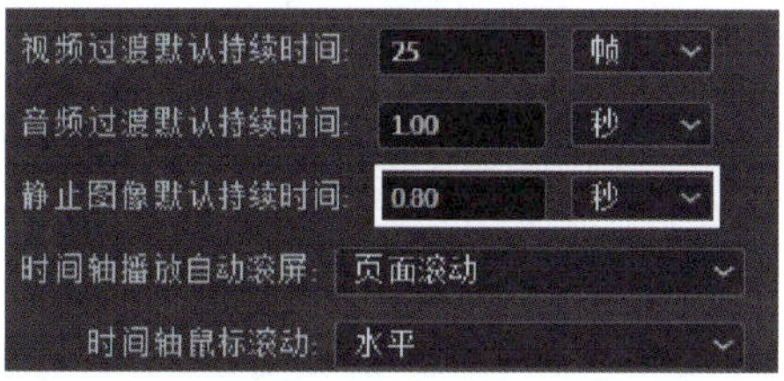

图2-41 设置“静止图像默认持续时间”

Step 07 按照Step03和Step04的方法，将图像素材“1.jpg”至“8.jpg”拖动到V1轨道中，如图2-42所示。

图2-42 将剩余素材拖动到时间线

Step 08 在时间轴中，选择V1轨道上的“1.jpg”，在节目监视器中，调整缩放级别为10%，然后双击节目监视器中的素材，此时可以看到定界框，如图2-43所示。

Step 09 调整素材大小和旋转角度，如图2-44所示。

图2-43 定界框

图2-44 调整图像

Step 10 逐一选中其他素材，并在节目监视器中继续调整素材的大小。

Step 11 选择“文件”→“导入”命令（或按【Ctrl+I】组合键），导入“M2-1.mp3”音频素材。并将音频素材拖动到“时间轴”面板的A1轨道上，如图2-45所示。

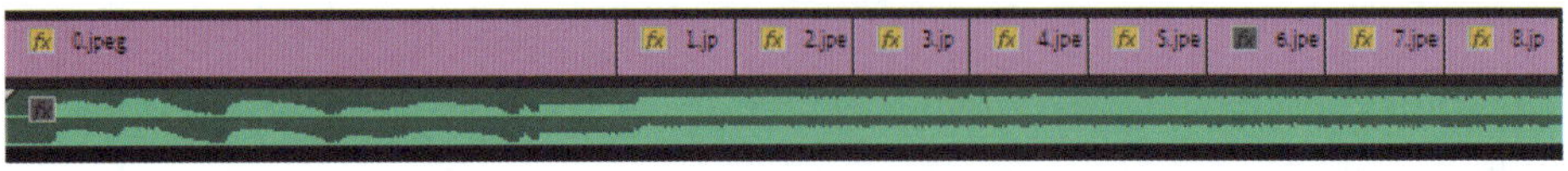

图2-45 添加音频素材

Step 12 按空格键预览视频效果，按【Ctrl+S】组合键保存项目。

2.2 【案例2-2】奔跑小少年视频裁剪

少年强则国强，视频素材亦需精益求精。面对冗长或瑕疵片段，精准裁剪至关重要。本节将对有问题的视频进行裁剪，通过本案例的学习，读者能够掌握选择工具、剃刀工具、波纹编辑工具等剪辑工具的使用方法，全面提升素材裁剪与基础剪辑能力。

2.2.1 效果展示

视频

案例2-2

奔跑小少年视频裁剪

找到案例素材中两段小少年回头的部分，将其删除，得到一直奔跑的视频，奔跑视频截图示例如图2-46所示。

扫一扫二维码查看案例具体效果。

图2-46 奔跑视频截图示例

2.2.2 案例分析

在制作本案例前，首先要预览视频素材，发现在视频素材的1秒10帧~16秒21帧、22秒28帧~37秒28帧存在小少年回头的片段，删除的片段如图2-47所示。

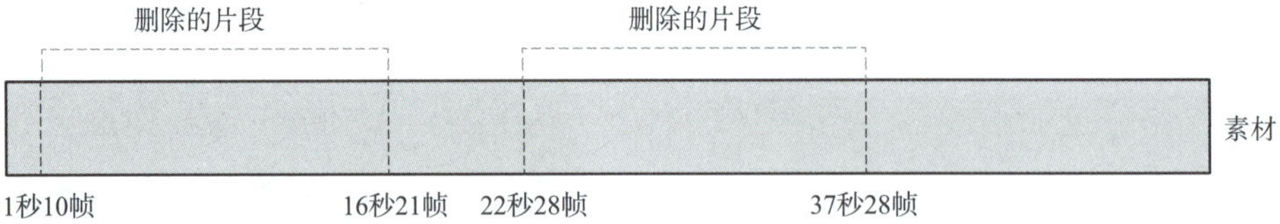

图2-47 删除的片段

确定需要删除的片段后，使用剃刀工具在将要删除片段的两端添加编辑点，最后删除素材片段及其波纹即可。

2.2.3 必备知识

1. 修改当前时间

在编辑素材时，需要移动时间滑块以定位大致时间，将鼠标指针悬停在时间滑块上，按住鼠标左键拖动，可以移动时间滑块。移动时间滑块前后如图2-48所示。

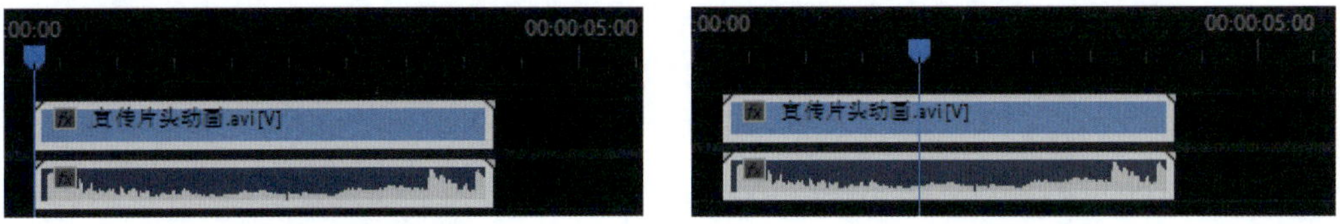

移动时间滑块前　　移动时间滑块后

图2-48　移动时间滑块前后

若想在较大时间范围内精确定位时间，可以在“节目监视器”面板中单击“前进一帧”按钮或“后退一帧”按钮来移动1帧，也可以按【←】键或【→】键进行同样的操作。按住【Shift】键的同时单击“前进一帧”或“后退一帧”按钮，或者按【←】和【→】键，则可以移动5帧。

2. 剃刀工具

剃刀工具用于分割视频。选择“剃刀工具”（或按【C】键），在素材的任意区域单击即可出现一条黑线，这条黑线称为“编辑点”。出现编辑点后，表示视频被分割。素材分割前后对比如图2-49所示。

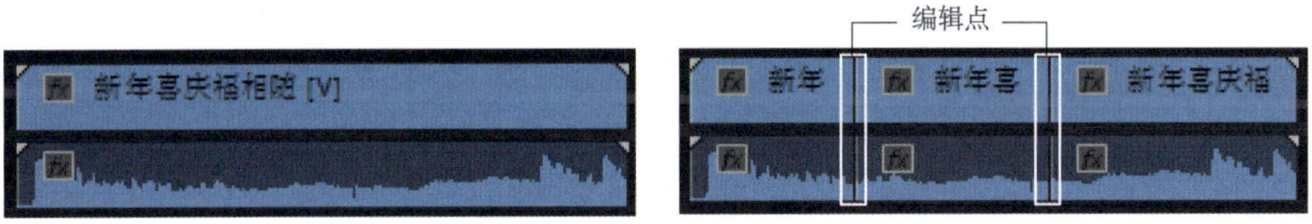

分割前　　分割后

图2-49　素材分割前后对比

值得一提的是，在对素材进行分割时，实际上并不是将素材切成几份，而是将素材复制了几份，未显示的部分则被隐藏。例如，将“视频A”分割为两份，那么被分割的“视频A”就变成了“视频A”和一个与“视频A”一样的视频（“视频A副本”），只不过前者隐藏了后半部分，后者隐藏了前半部分。分割素材如图2-50所示。

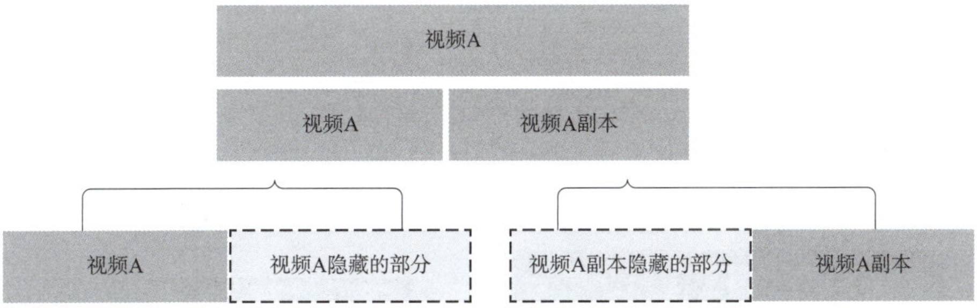

图2-50　分割素材

使用“剃刀工具”分割素材时，有几个小技巧，具体解释如下：

- 选择“序列”→“添加编辑”命令（或按【Ctrl+K】组合键），可直接在时间滑块所在的位置添加编辑点。

- 选择“序列”→“添加编辑到所有轨道”命令（或按【Ctrl+Shift+K】组合键），可以在多个轨道的同一个位置添加编辑点，或在使用“剃刀工具”时，按住【Shift】键的同时在素材上单击，也可达到同样的效果。
- 选择“序列”→“修剪编辑”命令（或按【Shift+T】组合键），即可选中距离时间滑块最近的编辑点，选中编辑点后，按【Ctrl+→】组合键可向后移动编辑点的位置，按【Ctrl+←】组合键可向前移动编辑点的位置，按【Delete】键可清除编辑点。
- 按【↑】键可快速跳转到上一编辑点，按【↓】键可快速跳转到下一编辑点。

3. 素材的复制、剪切和删除

在编辑素材时，往往需要一些重复的片段，因此会对素材中的片段进行复制；如果想将素材的位置移动，除了使用“选择工具”外还可利用剪切的方式；当然，若有多余的片段，则需将它们删除。下面介绍素材的复制、剪切和删除。

（1）复制

复制素材常用的方法如下：

- 选中素材后，选择“编辑”→“复制”命令（或按【Ctrl+C】组合键），即可将该段素材复制，将时间滑块放置在所需位置，选择“编辑”→“粘贴”命令（或按【Ctrl+V】组合键），即可在时间滑块所在的位置粘贴该素材。
- 选中素材后，按住【Alt】键的同时，拖动素材可以复制并粘贴选中素材。

（2）剪切

选中素材后，选择“编辑”→“剪切”命令（或按【Ctrl+X】组合键），即可将该段素材剪切，将时间滑块放置在所需位置，选择“编辑”→“粘贴”命令（或按【Ctrl+V】组合键），即可在时间滑块所在位置粘贴剪切的素材。

（3）删除

选中素材后，选择“编辑”→“清除”命令（或按【Backspace/Delete】键），即可删除选中的素材。

4. 删除波纹

拖动素材或者删除素材后，素材与素材之间会存在空隙，这些空隙称为波纹。当视频播放到波纹处的时候，画面则是黑屏状态。波纹如图2-51所示。

为了不影响视频的整体效果，需要删除波纹，选中波纹，按【Delete】键即可删除选中波纹，除此之外，在波纹处右击，弹出“波纹删除”命令，如图2-52所示。

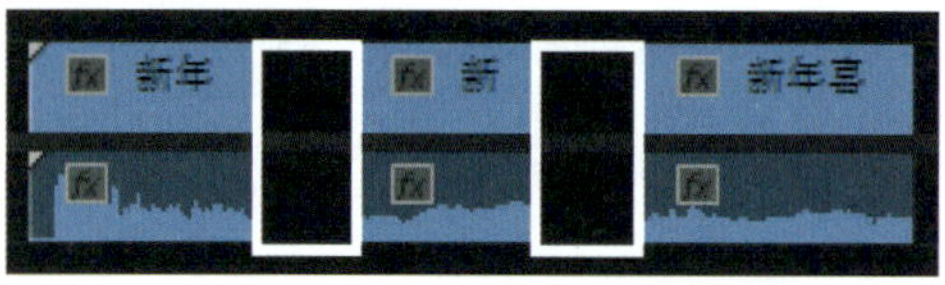

图2-51 波纹

图2-52 “波纹删除”命令

选择“波纹删除”命令即可删除波纹。

另外，在删除素材片段时，右击需要删除的片段，在弹出的快捷菜单中选择“波纹删除”命令，这一操作不仅会删除选定的片段，还会自动处理其后的波纹效果，确保素材的连续性和整体性得到维持。

脚下留心：

若删除波纹时，有些波纹未能被删除，可能原因是没有锁定轨道同步，波纹删除失败如图2-53所示。

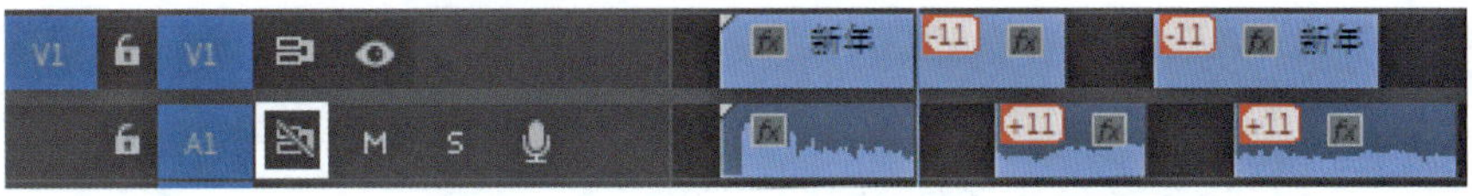

图2-53　波纹删除失败

此时，撤销操作，然后单击轨道前方的“切换同步锁定”按钮，再次删除波纹，波纹即可被删除。

多学一招：同时删除轨道上的多个波纹

如果一个轨道中存在多个波纹，逐个删除可能会比较麻烦，多个波纹示例如图 2-54 所示。

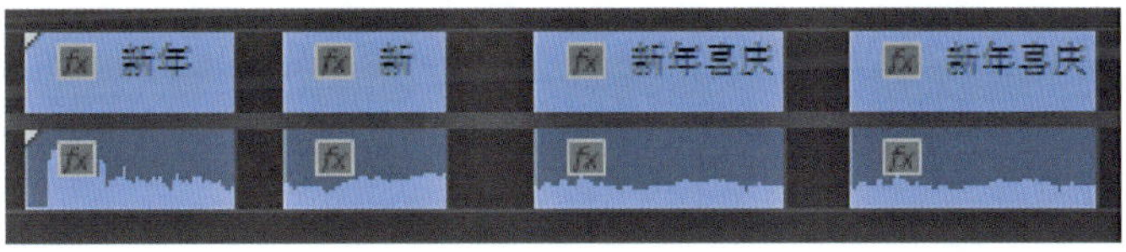

图2-54　多个波纹示例

此时可以使用软件预设的素材进行调整。具体步骤如下：

Step 01 选择“新建”→“透明视频”命令（并不是只能用透明视频，彩条、黑场视频等均可），在弹出的“新建透明视频”对话框中单击“确定”按钮，如图2-55所示。此时，“项目”面板中添加了一个透明视频。

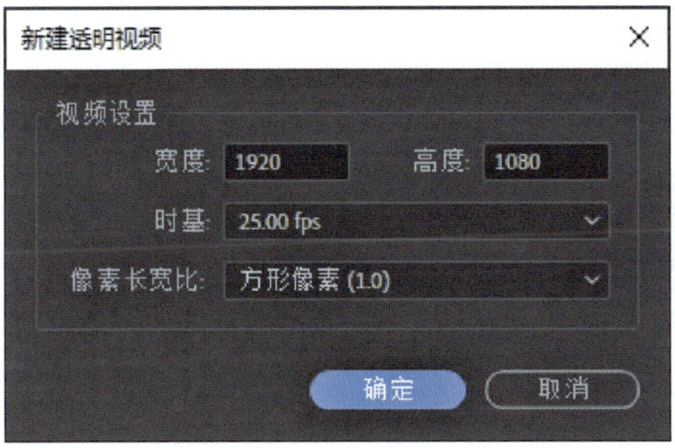

图2-55　创建透明视频

Step 02 将透明视频添加到V2轨道中，如图2-56所示。

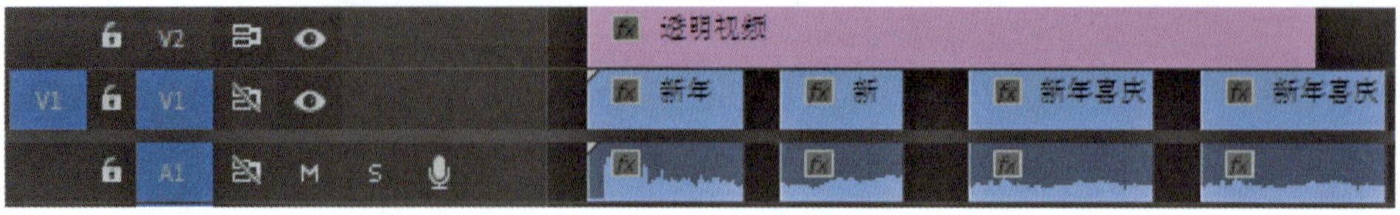

图2-56　将透明视频添加到轨道中

Step 03 通过“选择工具”使透明视频和V1轨道中的素材时长相等，如图2-57所示。

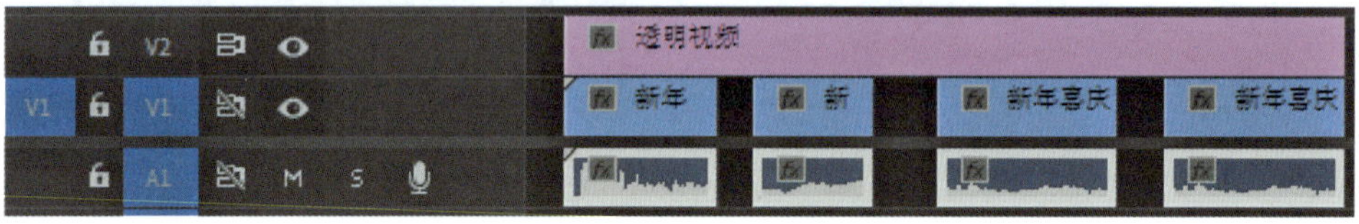

图2-57　调整透明视频的时长

Step 04 选中V1轨道中的所有素材，将其拖动到V2轨道中，如图2-58所示。

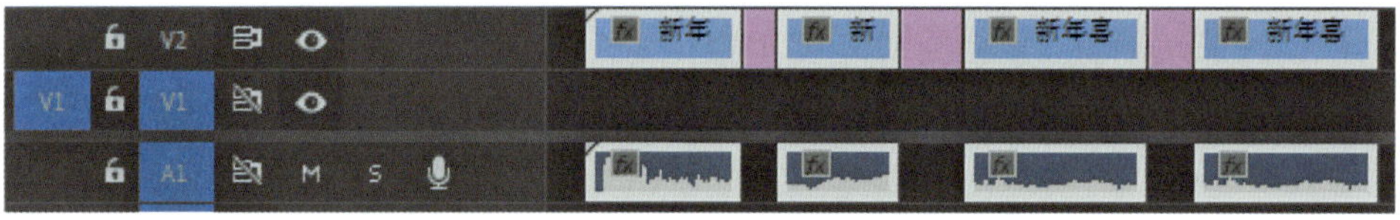

图2-58　将V1轨道中的素材拖动到V2轨道中

Step 05 再将V2轨道中的素材拖动到V1轨道中，如图2-59所示。此时透明视频已被分割。

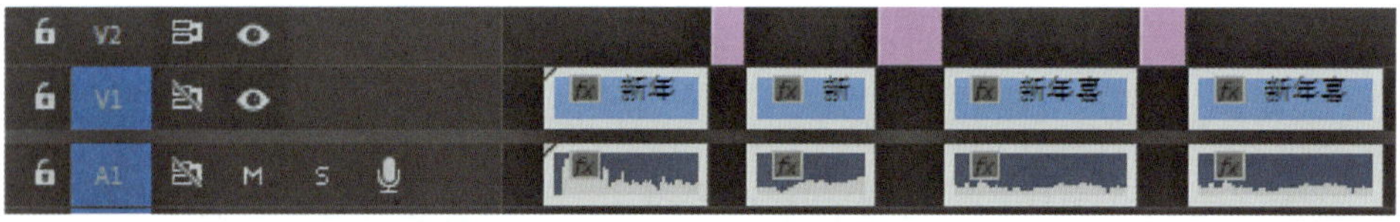

图2-59　透明视频被分割

Step 06 选中V2轨道中的透明视频后右击，在弹出的快捷菜单中选择“波纹删除”命令，此时，V1轨道中的波纹就全部删除了，如图2-60所示。

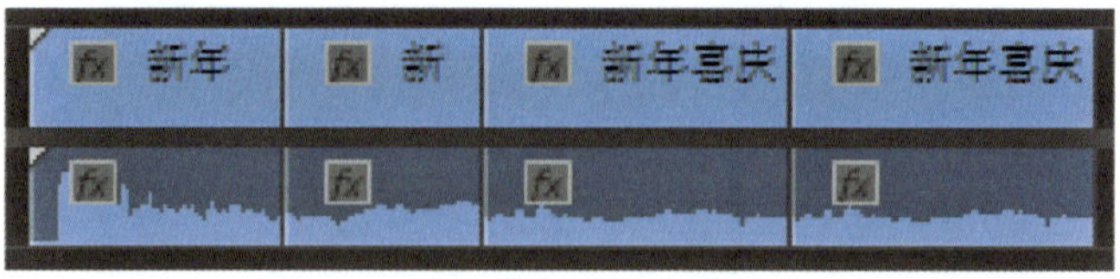

图2-60　删除波纹

5. 波纹编辑工具

“波纹编辑工具”可以编辑素材，使用方法同“选择工具”的编辑功能类似。不同的是，使用“选择工具”编辑时，会留有波纹，而使用“波纹编辑工具”会自动删除波纹，使用不同工具编辑素材的效果对比如图2-61所示。

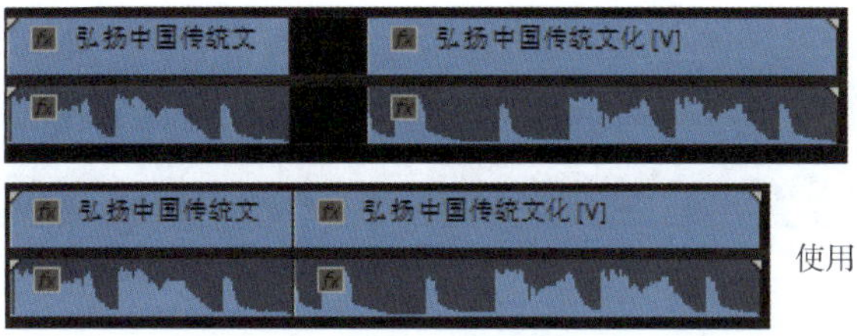

使用“选择工具”编辑素材

使用“波纹编辑工具”编辑素材

图2-61　使用不同工具编辑素材的效果对比

将鼠标指针悬停在素材两侧进行拖动。选择“波纹编辑工具”，将鼠标放置在要编辑的素材两侧，当鼠标指针变成或形状时，拖动鼠标，即可对素材进行编辑。

在使用“选择工具”时，按住【Ctrl】键，可以暂时切换为“波纹编辑工具”。

多学一招：识别素材是否被裁剪

在 Premiere 中，完整的音频、视频和音视频素材其左上角和右上角都有一个三角符号存在，而被裁剪过的素材，不会存在三角符号。三角符号如图 2-62 所示。

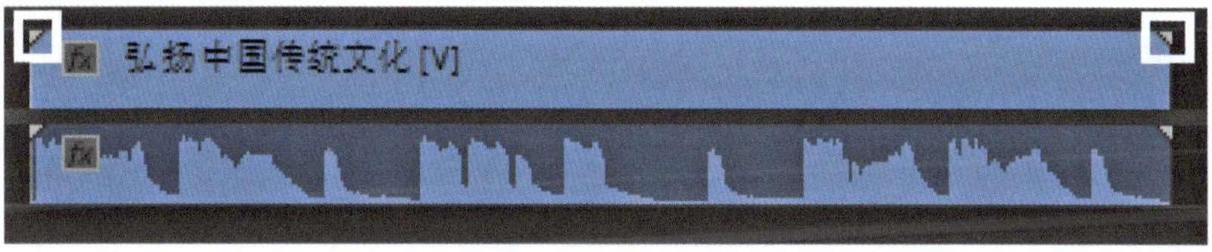

图2-62　三角符号

观察图 2-62 可以看出，素材的左上角和右上角都有一个三角符号，代表着这段素材是原始素材，没有被裁剪过。

2.2.4　实现步骤

Step 01 打开Premiere软件，新建项目，将项目命名为“【案例2-2】奔跑小少年视频裁剪”，单击“确定”按钮，完成项目的创建。

Step 02 选择“文件”→“导入”命令（或按【Ctrl+I】组合键），导入视频素材“奔跑小少年.MOV”，将它添加到V1和A1轨道上，如图2-63所示。

图2-63　添加素材到轨道

Step 03 拖动缩放条，将轨道拉长。

Step 04 播放视频，找到需要裁剪的位置。

Step 05 将“当前时间”设置为1秒10帧（00:00:01:10），此时，时间滑块也会移动到1秒10帧处，如图2-64所示。

图2-64　移动时间滑块

Step 06 按【Ctrl+K】组合键，在此处添加编辑点，如图2-65所示。

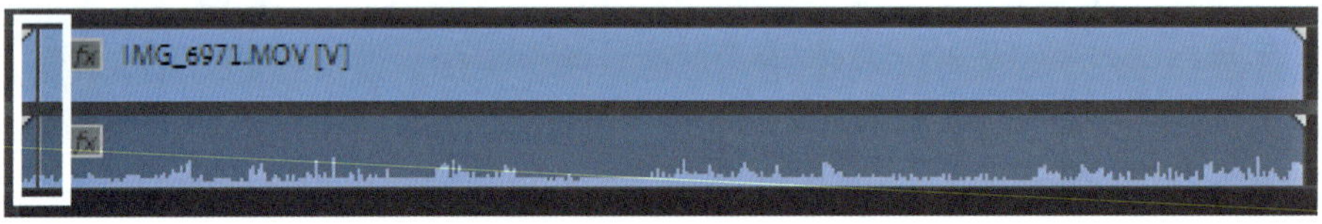

图2-65　添加编辑点1

Step 07 按照Step05和Step06的方法，分别在16秒21帧（00:00:16:21）、22秒8帧（00:00:22:08）、37秒28帧（00:00:37:28）处添加编辑点，如图2-66所示。此时，素材已被分割成5段。

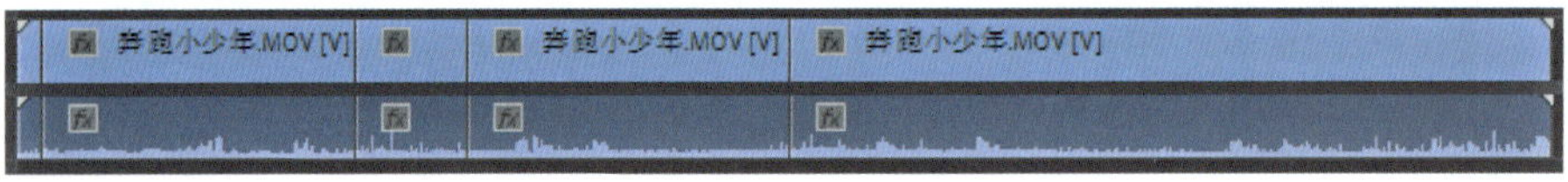

图2-66　添加编辑点2

Step 08 使用“选择工具”，单击第2段片段，选中该片段后按【Backspace】键（或【Delete】键）删除该片段。此时该区域会出现波纹，如图2-67所示。

图2-67　删除片段

Step 09 选中波纹后右击，弹出“波纹删除”命令，如图2-68所示，选择该命令删除波纹。

图2-68　波纹删除

Step 10 按照Step08和Step09的方法，删除第4段素材片段，按【Ctrl+S】组合键保存项目。

2.3 【案例2-3】制作昙花一现快速播放效果

昙花一现不仅是自然界的一个奇妙现象，更是对人生哲理的深刻隐喻，激励人们珍惜美好的现在，以更加坚韧和积极的态度去面对生活中的每一个瞬间。本节将制作一个昙花一现的快速播放效果，通过本案例的学习，读者能够掌握设置素材的入点和出点、修改视/音频的播放速率、分离和链接素材、剪辑素材等知识点。

2.3.1 效果展示

昙花在音乐响起的那一刻开始开放，有一定的卡点效果，昙花一现效果截图示例如图2-69所示。

图2-69　昙花一现效果截图示例

扫一扫二维码查看案例具体效果。

视频

案例2-3
制作昙花一现
快速播放效果

2.3.2 案例分析

本案例由一个音视频素材及一个音频素材组成，需要将音视频素材中的音频删除，添加新的音频素材，从而得到一个全新的视频。在制作时，可以分为两部分来制作。

1. 调整原音视频素材

在制作这一部分时，首先要调整视频的播放速度，再去除视频素材中原有的音频。

2. 链接新的音频素材

在预览音频素材时，发现音频中有明显的节奏变化，为了效果更好，可以将音频的播放与视频中的关键时刻进行匹配，具体步骤如下：

①确定视频中关键点的时间。例如，花苞在1秒14帧时开始开放。

②找到音频中的节奏点。例如，音乐的卡点在19秒11帧时出现。

③为了确保视频和音频匹配，需要调整音频的入点。计算方法是将音频的卡点时间（19秒11帧）减去视频的关键点时间（1秒14帧），得到的结果（17秒22帧）就是音频的入点位置。

④处理后的视频总时长为20秒03帧，因此音频的出点应为入点时间（17秒22帧）加上视频总时长（20秒03帧），得到的结果（37秒27帧）即为音频的出点位置。

通过上述步骤，音频的播放将与视频中的关键时刻相匹配。音频素材出入点图示如图2-70所示。

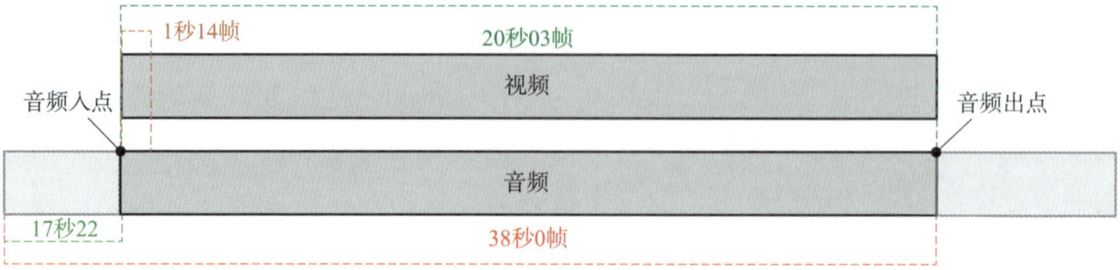

图2-70 音频素材出入点图示

2.3.3 必备知识

1. 入点和出点

入点和出点是指视频的开始与结束位置。在影片制作过程中，通常需要截取素材中的一部分，或在导出时只导出一部分，这时，需要为特定素材设定入点和出点，以便精确地截取所需的片段部分。此外，在设置入点和出点的过程中，还可以清除已设定的入点和出点以及在这些点之间快速跳转，从而提高编辑效率。下面对入点和出点的操作进行讲解。

（1）设置入点和出点

选择“标记”→“标记入点”命令（或按【I】键），设置入点；选择“标记”→“标记出点”命令（或按【O】键），设置出点。当时间标尺上出现高亮显示，则说明入点出点设置成功，如图2-71所示。

图2-71 高亮显示

图2-71中可以看到“标记入点”按钮和“标记出点”按钮，单击这两个按钮也可以设置入点和出点。

值得注意的是，在“源”面板中设置入点和出点后，再将素材拖动到轨道，则得到的素材是入点到出点之间的片段，而非完整片段。

除了在“源”面板中设置入点和出点外，还可以在“节目监视器”中进行设置，这时，入点和出点会在“时间轴”面板中显示，如图2-72所示。

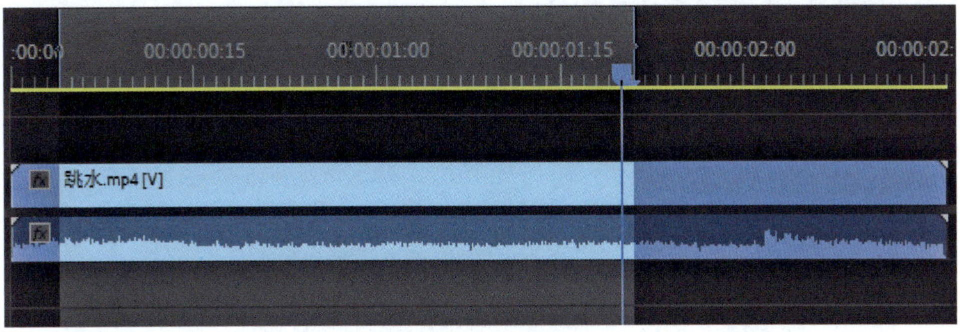

图2-72　入点和出点

图2-72中，高亮显示的部分即为入点和出点之间的内容。

（2）跳转到入点和出点

选中素材，选择“标记”→“转到入点”命令（或按【Shift+I】组合键），即可跳转到入点；选择“标记”→“转到出点”命令（或按【Shift+O】组合键），即可跳转到出点。

另外，单击“源”面板或“节目监视器”面板中的“转到入点”按钮和“转到出点”按钮即可在对应面板中快速跳转入点和出点。

（3）清除入点和出点

在Premiere中，可以单独清除入点、出点，还可以同时清除入点和出点，具体介绍如下：

- 选择“标记”→“清除入点”命令（或按【Ctrl+Shift+I】组合键）即可清除入点。
- 选择“标记”→“清除出点”命令（或按【Ctrl+Shift+O】组合键）即可清除出点。
- 选择“标记”→“清除入点和出点”命令（或按【Ctrl+Shift+X】组合键）即可同时清除入点和出点。

多学一招：快速跳转到素材的起始点与结束点

在对应的面板中，按【Home】键可以快速跳转到素材或剪辑的起始点，按【End】键可以快速跳转到素材或剪辑的结束点。

2. 提升和提取

“提升”和“提取”位于“节目监视器”面板的下方，用于快速删除轨道中的素材片段，具体用法如下。

（1）提升

使用“提升”按钮编辑素材时，会删除选中轨道中入点和出点之间的素材片段，相邻素材的位置不变，而被删除素材的位置会留下波纹。

例如，在“节目监视器”中标记入点和出点，如图2-73所示。

单击“提升”按钮，单独删除高亮片段，留下波纹，提升如图2-74所示。

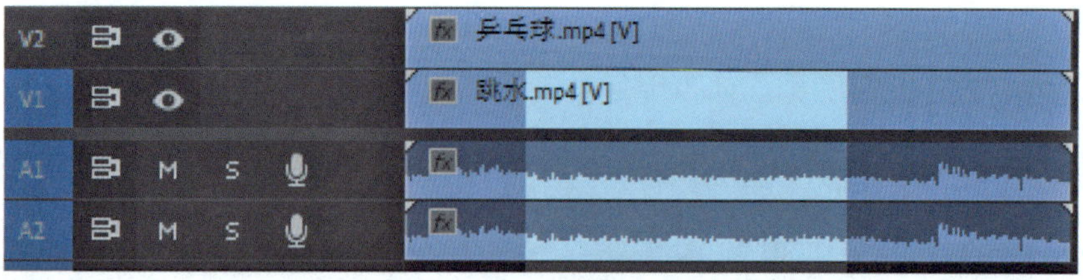

图2-73　标记入点和出点

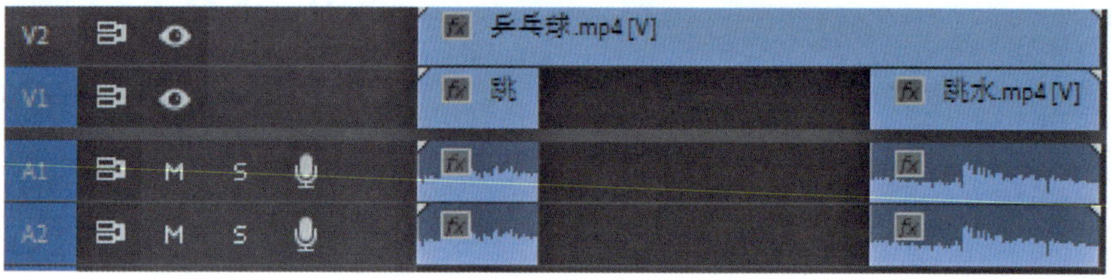

图2-74　提升

（2）提取

“提取”的用法与“提升”类似，但其功能更为具体。在使用“提取”按钮编辑素材时，它不仅会删除入点和出点之间的素材片段，还会去除留下的波纹，使得后面的素材片段自动前移。

如果在“时间轴”面板中存在多个轨道，单击“提取”按钮时，除了删除当前轨道上入点和出点之间的素材片段外，还会删除所有未锁定轨道上入点和出点之间的相关素材片段。

例如，依旧以图2-73为例，单击“提取”按钮，没有选中的轨道中的素材片段也被删除，且波纹随之删除，后面的素材则会向前移动，提取如图2-75所示。

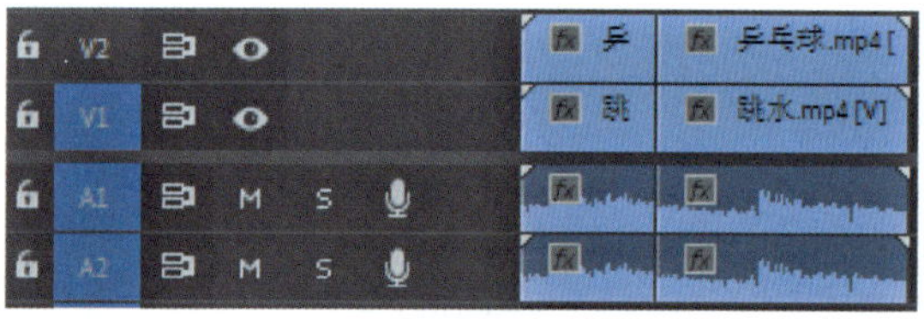

图2-75　提取素材

3. 插入和覆盖

“插入”和“覆盖”按钮位于“源”面板中，可以快速地将“源”面板中的素材添加到选中轨道上时间滑块的位置，下面介绍“插入”和“覆盖”。

（1）插入

在使用“插入”功能时，时间滑块后面的所有素材都会向后移动。如果时间滑块位于某个素材的中间，插入的新素材将把原有素材分成两段，并直接插入其中。此时，原有素材后面的部分将紧接在新素材之后，从而保持剪辑的连续性。插入素材步骤1如图2-76所示，插入素材步骤2如图2-77所示。

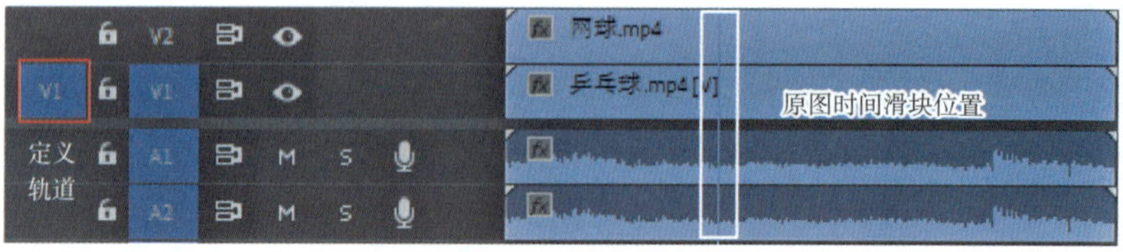

图2-76　插入素材步骤1

图2-77　插入素材步骤2

观察图2-76和图2-77可以看到，在插入素材前，需要先在“时间轴”面板中定义轨道，并且调整时间滑块的位置。然后单击“源”面板中的“插入”按钮，新素材插入到原素材中间，并将原素材分为两段。

（2）覆盖

“覆盖”功能的使用方法与“插入”类似，但操作结果有所不同。当单击“覆盖”按钮时，所插入的新素材将覆盖原有素材的后半部分，覆盖的长度与新素材的时长相同。这意味着，新素材会取代原素材中对应的片段，而原素材中被覆盖的部分将被替换，覆盖素材如图2-78所示。

图2-78　覆盖素材

观察图2-78可以看到，插入的素材覆盖了原有素材。

4. 播放速率

对素材播放速率进行调整，可以实现快速或慢速播放的效果。修改视频、音频素材的播放速率的方法有两种，具体解释如下。

（1）通过工具修改播放速率

在Premiere中，“比率拉伸工具”用于修改素材的播放速率。长按“波纹编辑工具”，在弹出的工具列表中选择“比率拉伸工具”（或按【R】键），将鼠标指针悬停在素材的两端，当鼠标指针变成形状时，单击并拖动鼠标，即可对素材的播放速率进行拉伸，调整播放速率如图2-79所示。

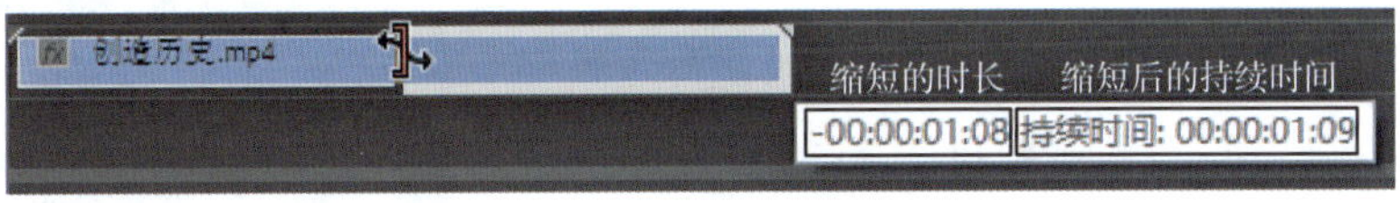

图2-79　调整播放速率

在调整播放速率时，右下角会显示两个参数：一个是调整的时长，另一个是调整后的持续时间。当缩短素材的总长度时，播放速度会变快；相反，当拉长素材的总长度时，播放速度会变慢。

例如，原素材是一个从1播放到10的视频，时长为4 s，如图2-80所示。

选择“比率拉伸工具”，将鼠标放置在视频结尾处，向左拖动到2秒的位置，该视频的内容仍是从1播放到10，但时长则变短了，如图2-81所示。时长变短、内容不变，视频的播放速度就变快了。

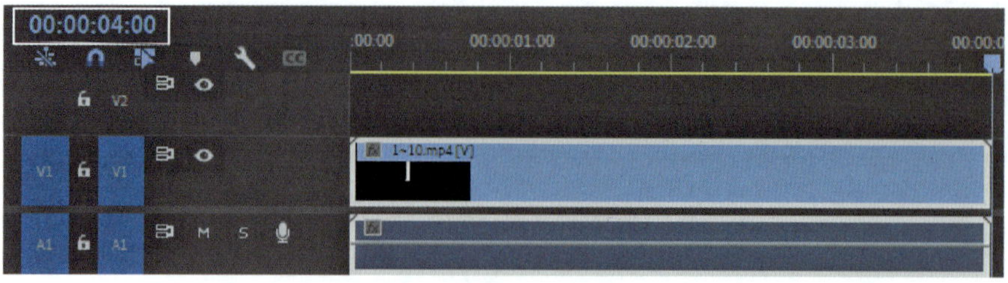

图2-80　原1~10素材

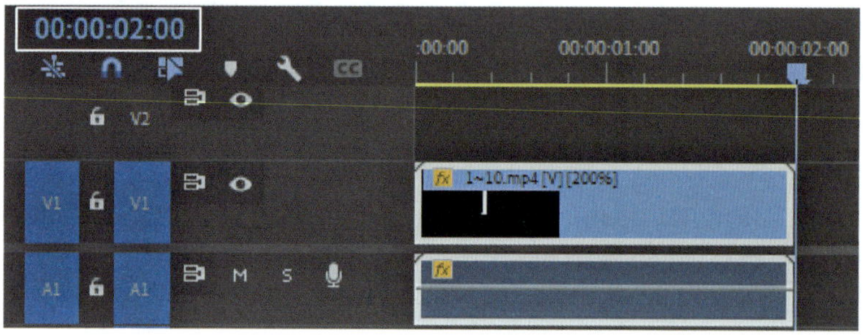

图2-81　缩短素材时间

注意：

①“比率拉伸工具”只针对单一素材，并不适用于同时修改多个素材。

②一段素材两端存在其他素材时，不能拉长素材的总长度。

（2）通过命令修改播放速率

选择“剪辑”→“速度/持续时间”命令（或按【Ctrl+R】组合键），弹出“剪辑速度/持续时间”对话框，如图2-82所示。

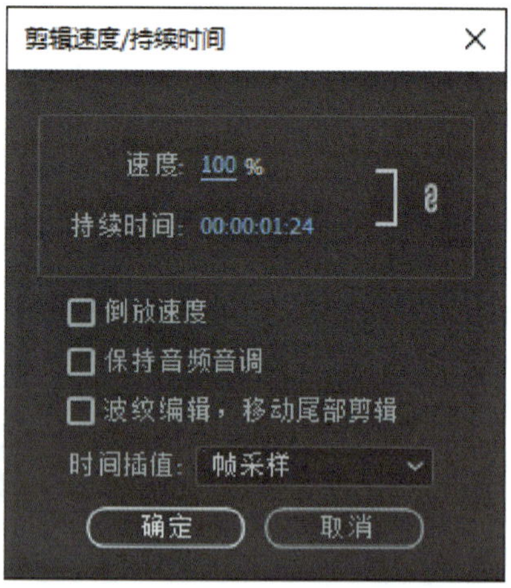

图2-82　“剪辑速度/持续时间”对话框

在“剪辑速度/持续时间”对话框中设置“速度”即可，默认情况下“速度”的值为100%，即正常播放、当输入的数值高于100%是快速播放、低于100%是慢速播放。此外，还可以通过调整“持续时间”的值来设置素材的播放速率，高于素材固有时长是慢速播放，低于素材固有时长是快速播放，通过调整“持续时间”可以使其与其他素材匹配。

“剪辑速度/持续时间”对话框中包括三个复选框，分别是“倒放速度”“保持音频音调”“波纹编辑，移动尾部剪辑”，对这三个复选框的解释如下：

- 倒放速度：勾选该复选框时可以在更改素材速度的同时，将其设置为倒放效果，依旧以图2-78所示的素材为例，当设置完持续时间后，勾选“倒放速度”复选框，那么，素材中的内容就变成了从10~1。

- 保持音频音调：一旦调整了素材的播放速度，素材中的音频、音调会默认改变，若不想让原声改变，那么勾选该复选框即可。
- 波纹编辑，移动尾部剪辑：用于调整后面素材的位置。图2-83展示了原素材，其中包含三段素材，第2段素材的内容从1到10，总时长为4 s。当将该素材的播放速度调整到200%时，其时长会缩短，并出现波纹效果，如图2-84所示。若将播放速度调整到50%时，素材的时长会延长，由于后续素材位置保持不变，多出的时长会被隐藏，如图2-85所示。这意味着该素材中显示的内容将从1到5，而不是从1到10。

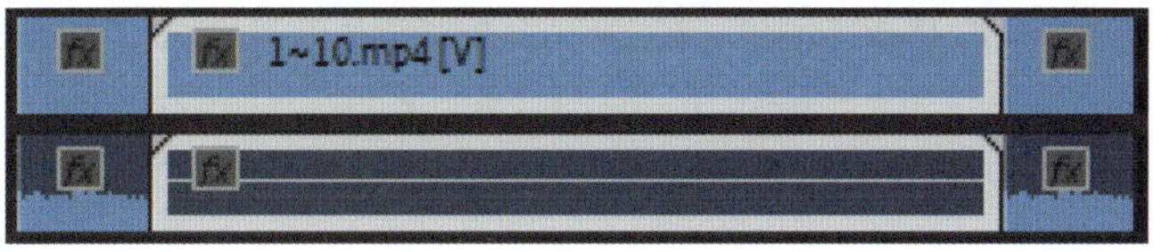

图2-83　原素材

图2-84　播放速度200%

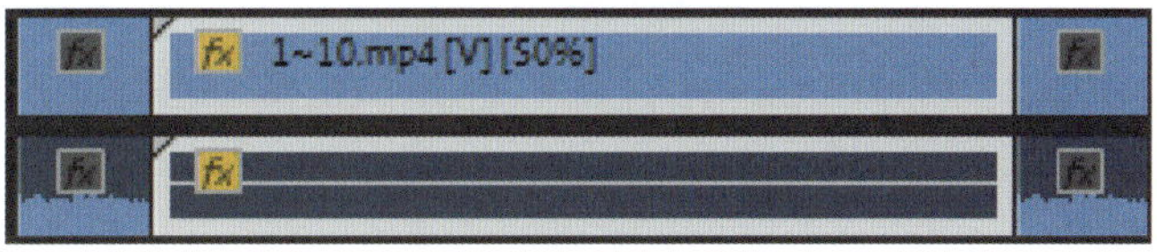

图2-85　播放速度50%

勾选“波纹编辑，移动尾部剪辑”复选框后，后面的所有素材会向后或向前移动，如图2-86所示。

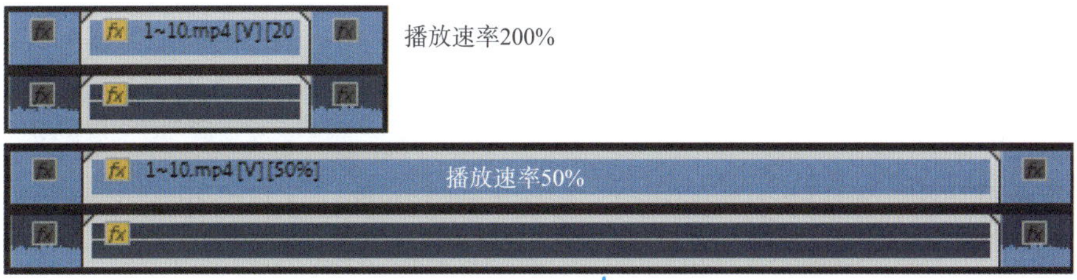

图2-86　勾选“波纹编辑，移动尾部剪辑”复选框后

注意：

当素材为图像等静止帧时，则不能设置“倒放速度”和“保持音频音调”两个选项。

5. 分离和链接素材

在编辑视频时，往往需要将视频素材的音频部分和视频部分分离，以单独调用；或者是将视频、音频链接在一起，以作为整体进行调整，下面对分离素材的视频、音频与链接素材的视频、音频进行讲解。

（1）分离素材的视频、音频

在轨道上选中素材之后，选择“剪辑”→“取消链接”命令（或按【Ctrl+L】组合键），即可分离素材的视频和音频部分。也可以右击素材，在弹出的快捷菜单中选择“取消链接”命令来实现分离。取消链接后，视频和音频可以单独选择和编辑，分离视频、音频如图2-87所示。

图2-87 分离视频、音频

（2）链接素材的视频、音频

在轨道上选中素材之后，选择“剪辑”→“链接”命令（或按【Ctrl+L】组合键），即可链接素材的视频和音频部分。也可以选中素材后右击，在弹出的快捷菜单中选择“链接”命令来实现链接。链接后的视频、音频不能单独选择，如图2-88所示。

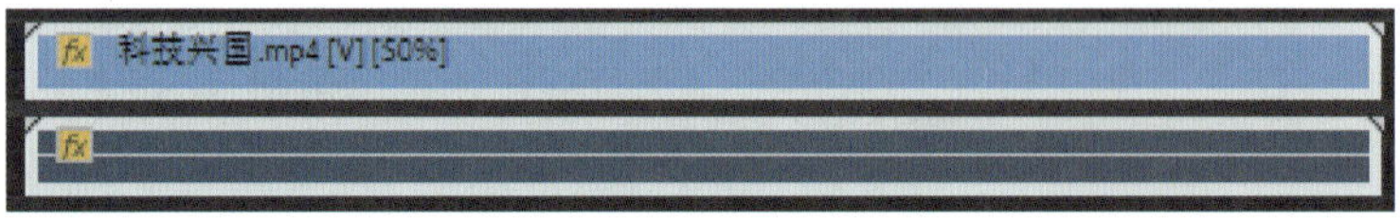

图2-88 链接的视频、音频素材

在素材被添加到轨道上之前，在“时间轴”面板中单击“链接选择项”按钮，即可开启该功能，此时图标会变成蓝色，再将音视频素材拖放到轨道上，Premiere会自动将视频和音频链接起来。关闭链接功能后，再拖放音视频素材，Premiere会默认将素材的视频和音频自动分离。在Premiere中，“链接选择项”默认状态是开启的。

2.3.4 实现步骤

1. 调整原音视频素材

Step 01 打开Premiere软件，新建项目（或按【Ctrl+Alt+N】组合键），将项目命名为【案例2-3】制作昙花一现快速播放效果，单击“确定”按钮，完成项目的创建。

Step 02 选择“文件”→“导入”命令（或按【Ctrl+I】组合键），导入视频素材“昙花一现.mp4”，将它添加到V1和A1轨道上，如图2-89所示。

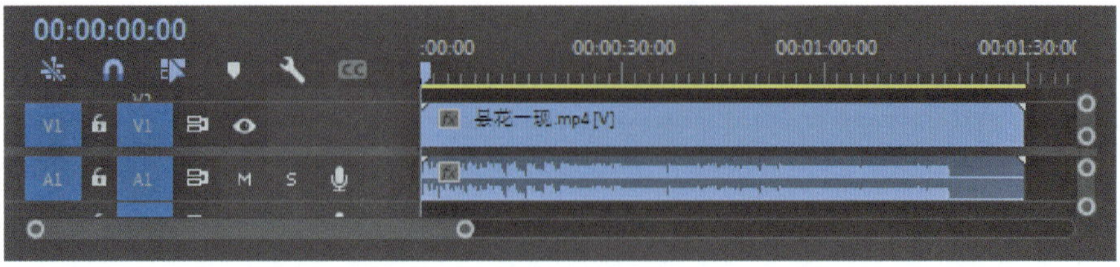

图2-89 添加素材到轨道上

Step 03 拖动缩放条，将轨道拉长至所需长度。

Step 04 此时“节目监视器”面板中展示出效果图，按空格键观看效果，在昙花凋谢前的那一瞬间，即1分0秒11帧（00:01:00:11）处，再次按空格键暂停播放，使用“剃刀工具”，在时间滑块处单击，分割素材，如图2-90所示。

Step 05 使用“选择工具”选中后半部分素材片段，如图2-91所示，按【Delete】键删除。

图2-90　分割素材

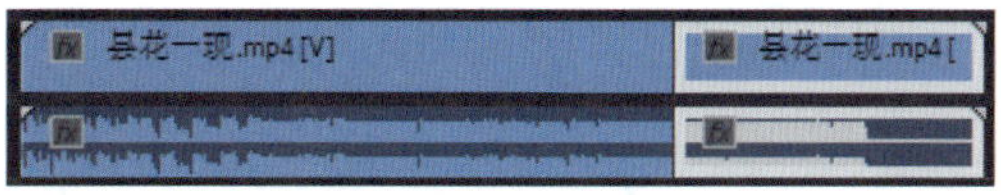

图2-91　选中素材片段

Step 06 选中素材后右击，在弹出的快捷菜单中选择“取消链接”命令，如图2-92所示。

Step 07 选中A1轨道中的音频，按【Delete】键删除，如图2-93所示。

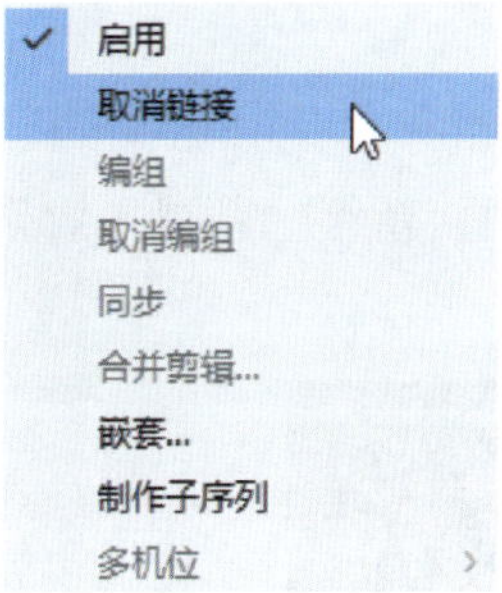

图2-92　选择“取消链接”命令

图2-93　删除A1轨道中的素材

Step 08 选中V1轨道中的素材后右击，在弹出的快捷菜单中选择“速度/持续时间”命令，弹出“剪辑速度/持续时间”对话框，在其中设置速度为300%，如图2-94所示。

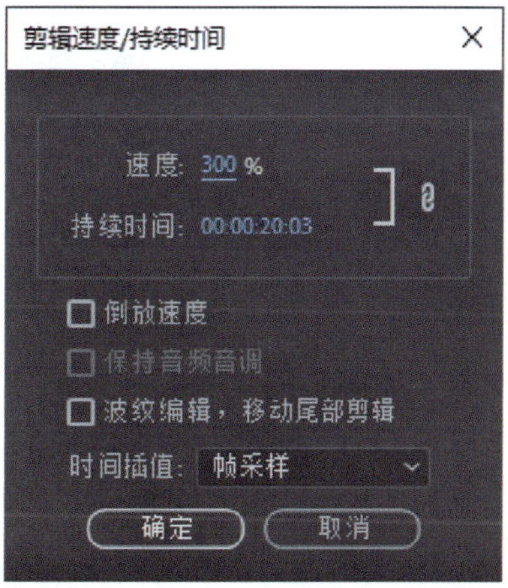

图2-94　“剪辑速度/持续时间”对话框

2. 链接新的音频素材

Step 01 在“项目”面板中，双击“M2-3”音频素材，此时“源”面板中显示效果，将“源”面板中的“当前时间”设置成“00:00:17:22”单击下方的“标记入点”按钮（或按【I】键），在此处标记入点。

Step 02 将“源”面板中的“当前时间”设置成38 s，单击下方的“标记出点”按钮（或按【O】键），在此处标记出点，标记入点和出点如图2-95所示。

Step 03 将鼠标放置在“仅拖动音频”按钮处，按住鼠标左键，将音频片段添加到A1轨道中，如图2-96所示。

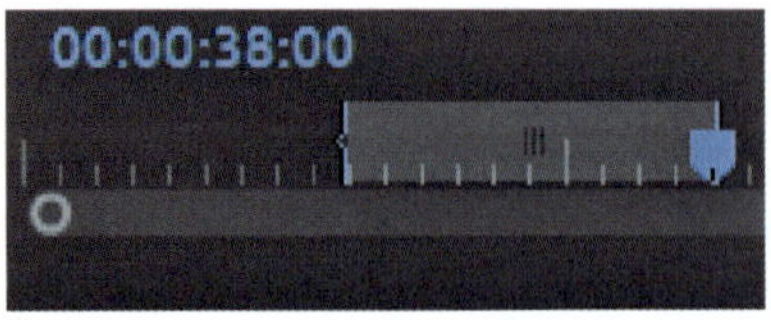

图2-95　标记入点和出点

图2-96　添加音频

Step 04 按空格键预览视频效果，按【Ctrl+S】组合键保存项目。

2.4 【案例2-4】制作新年分屏视频的效果

春节，作为中华民族最为隆重的传统节日之一，深刻承载着丰富的文化传统与深厚的民族情感。本节将制作一款以新年为主题的多屏视频展示的效果，通过本案例的学习，读者能够掌握在“节目监视器”中调整素材位置、创建软件预设素材、为项目中的素材打包等知识点。

2.4.1 效果展示

在播放倒计时片头后，在一个屏幕中播放三个新年主题的视频，新年主题视频效果截图示例如图2-97所示。

图2-97　新年主题视频效果截图示例

视频

案例2-4
制作新年分屏视频的效果

扫一扫二维码查看案例具体效果。

2.4.2 案例分析

在制作本案例时，可以将其分为三步制作，首先制作倒计时片头效果；然后制作内容区；最后将项目所用到的素材进行打包，具体如下。

1. 制作通用倒计时片头

新建一个倒计时片头，对预设好的片头参数进行调整。并对倒计时片头进行编辑，保留从5到2之间的倒计时片段。

2. 制作内容区

制作内容区时，需要将视频素材放置在图像素材“背景”轨道的上方，再从“节目监视器”面板中依次调整视频素材的大小及位置，紧接着删除视频素材中的音频，再添加新的音频到轨道中，对音频进行调整即可。

3. 打包项目中所用素材

内容制作完成后，为了避免原素材丢失，需要将项目所需的素材打包起来，调出“项目管理器”对话框调整参数即可。

2.4.3　必备知识

1. 创建通用倒计时片头

通用倒计时通常用于影片开始前的倒计时准备。选择“文件”→“新建”→“通用倒计时片头”命令，如图2-98所示。

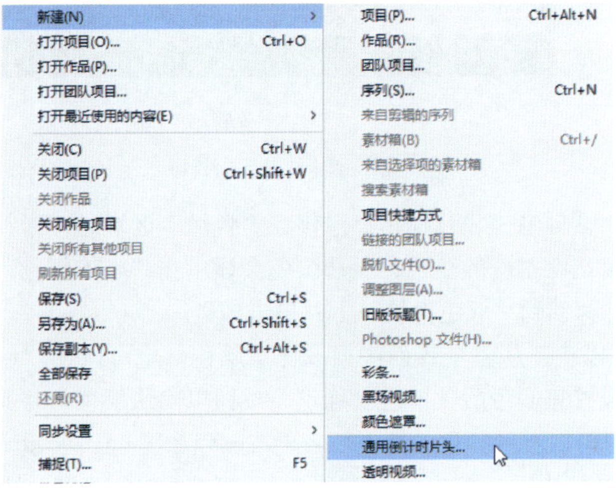

图2-98　选择“通用倒计时片头”命令

此时弹出“新建通用倒计时片头”对话框，如图2-99所示。

“新建通用倒计时片头”对话框中的参数与序列参数一致，若无特殊需求，无须修改。完成参数设置后，单击“确定”按钮，弹出“通用倒计时设置”对话框，如图2-100所示。

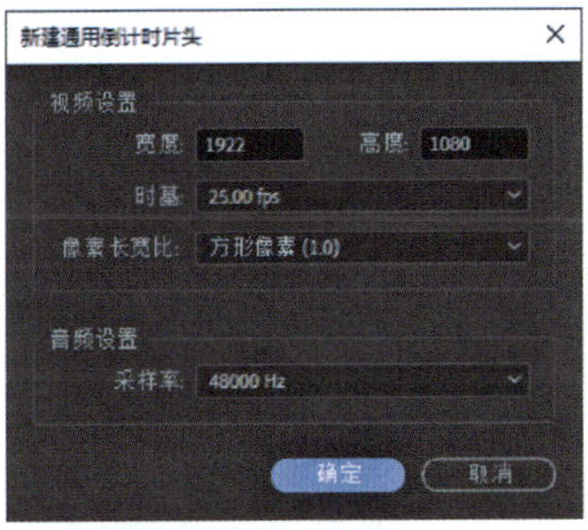

图2-99　“新建通用倒计时片头”对话框

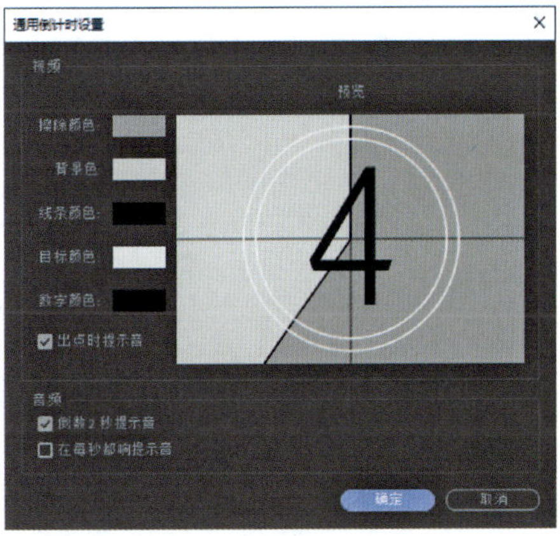

图2-100　“通用倒计时设置”对话框

在“通用倒计时设置”对话框中包含了一些参数，如擦除颜色、背景色、线条颜色以及提示音设置等参数。若想更改某一颜色的设置，单击对应颜色后面的颜色框（如此处单击擦除颜色后的颜色框），弹出“拾色器”对话框，如图2-101所示。

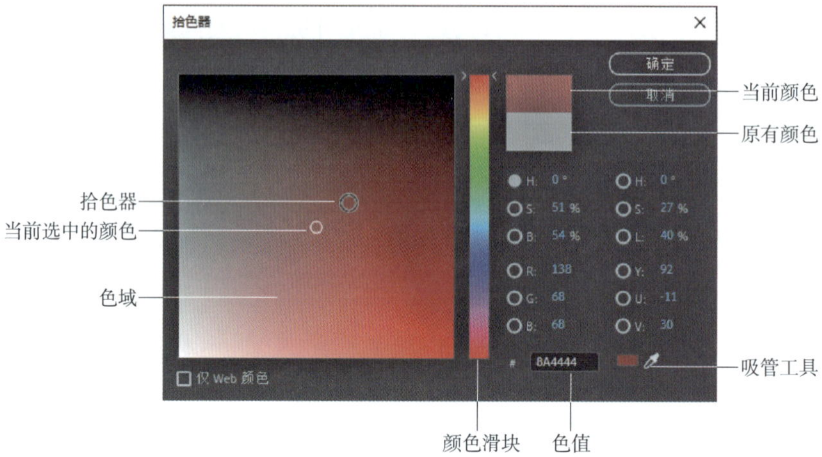

图2-101 “拾色器”对话框

在“拾色器”对话框中，将鼠标指针悬停在“色域”区域时，指针会变成一个空心圆形。单击此位置即可选中对应的颜色，所选颜色会显示在“当前颜色”处。如果要更改其他颜色，只需将鼠标移动到“颜色滑块”上并单击即可。

“吸管工具”可以快速从整个界面中提取任意颜色。也可以在“色值”处直接输入色值快速更改颜色。设置完颜色后，单击“确定”按钮以确认颜色，并返回到“通用倒计时设置”对话框，此时可以看到颜色已经更新，更改颜色如图2-102所示。

当所有参数设置完毕后，单击“确定”按钮，软件会自动将倒计时片头素材添加到“项目”面板。系统默认的倒计时片头时长为11 s。在“项目”面板以及“时间轴”面板中双击通用倒计时片头，随时可以打开“通用倒计时设置”对话框，对参数进行修改。

此外，在“项目”面板中，单击“新建项”按钮，会弹出快捷菜单，在快捷菜单中选择“通用倒计时片头”命令，也可以新建通用倒计时片头，快捷菜单如图2-103所示。

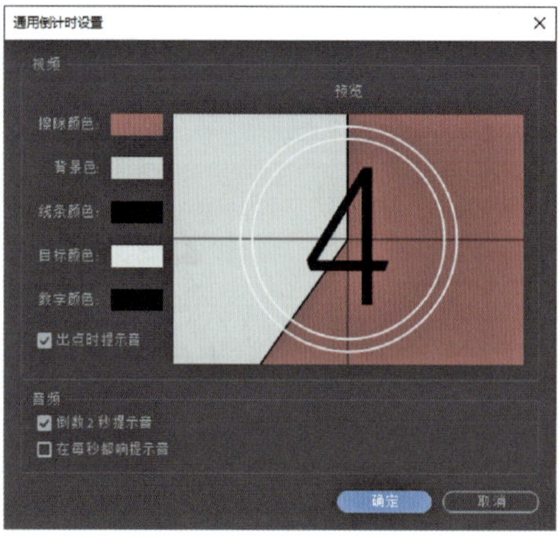

图2-102 更改颜色

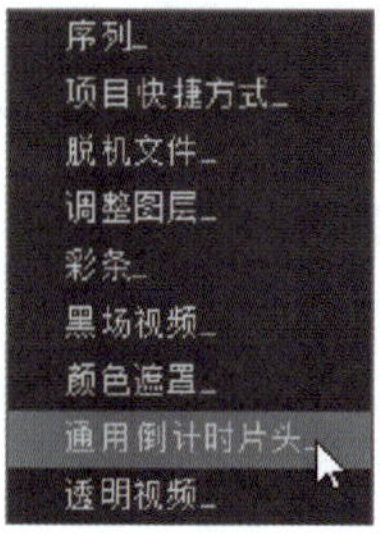

图2-103 快捷菜单

2. 脱机文件

在Premiere中编辑素材时，若原素材被删除或路径发生变化时，都会导致Premiere中的素材丢失，而出现图2-104所示的脱机状态。这个丢失的素材称为脱机文件。

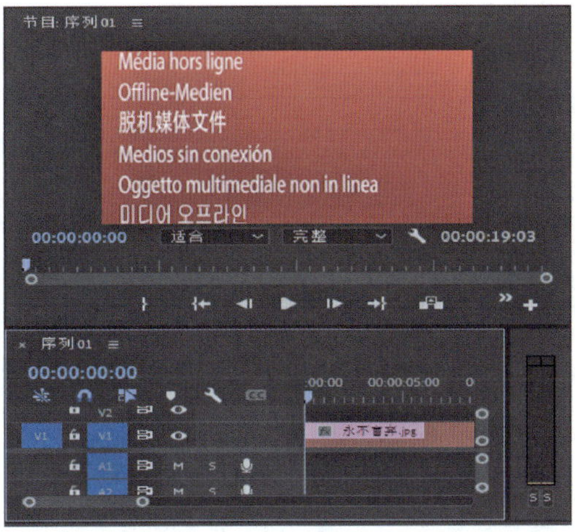

图2-104　脱机状态

在打开脱机文件所在的项目时，弹出“链接媒体”对话框，如图2-105所示。

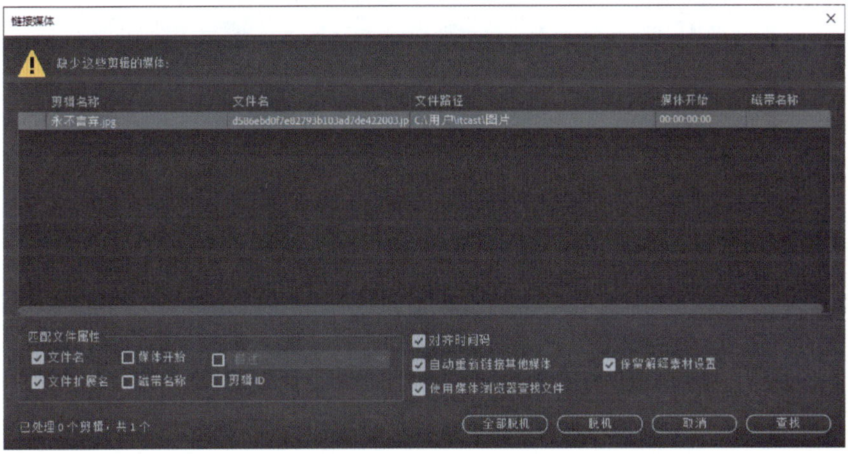

图2-105　“链接媒体”对话框

在“链接媒体”对话框中，可以选择不同的操作，如“脱机”“取消”“查找”等。单击“脱机”按钮将使脱机文件变为占位符，这样在下次打开项目时不会弹出“链接媒体”对话框。单击“查找”按钮则表示查找脱机的文件，而单击“取消”按钮则表示既不脱机也不查找，只是关闭对话框。

值得注意的是，当单击“脱机”按钮时，并不是指软件中的素材和软件外的素材无任何联系，想查找脱机文件时，在轨道上选中素材后右击，在弹出的快捷菜单中选择“链接媒体”命令，如图2-106所示。

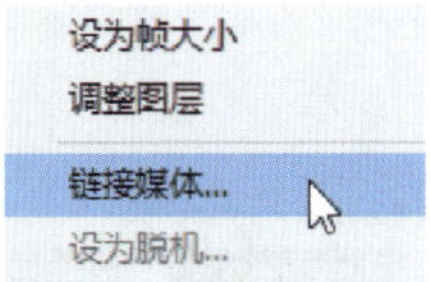

图2-106　选择“链接媒体”命令

选择“链接媒体”命令，弹出“链接媒体”对话框，单击“查找”按钮即可。

3. 为项目中的素材打包

在使用Premiere时，意外移动或删除了项目中的素材可能导致脱机，从而影响工作效率。为避免这种情况，建议将项目中的所有素材打包，即将所有相关素材集中放置在同一个文件夹中，以便于管理和维护。

选择“文件”→“项目管理”命令，弹出“项目管理器”对话框，如图2-107所示。

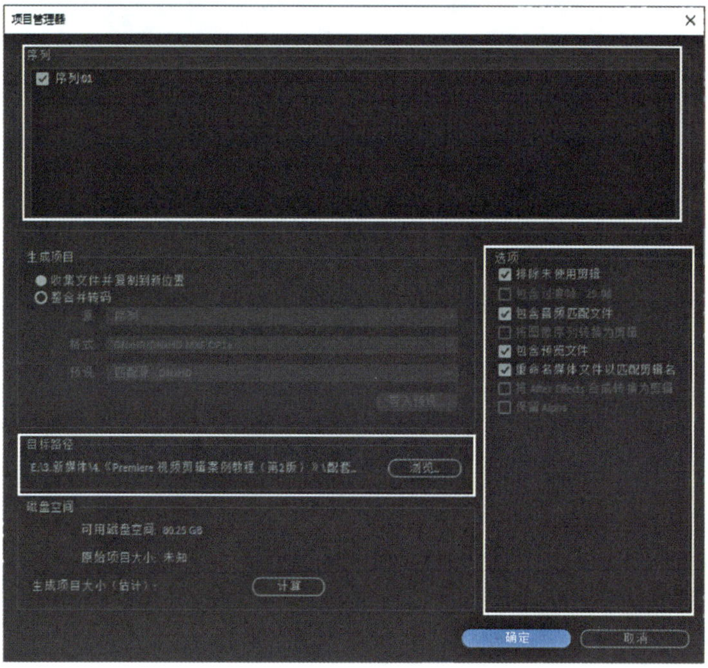

图2-107 “项目管理器”对话框

在“项目管理器”对话框中，首先选择需要打包的序列，然后设置导出选项（通常默认设置即可）。最后指定保存路径，将文件夹放置在选定位置即可。

若没有保存项目，那么在单击“项目管理器”对话框中的“确定”按钮后，会弹出一个是否保存项目的提示框，如图2-108所示。

单击“是”按钮，即可将项目中所用到的素材统一放置在一个文件夹中。在给项目打包之后，文件夹中除了包含项目源文件和项目所用到的素材之外，还会多出几个文件夹，如图2-109所示，这些文件夹是项目中的一些缓存文件。

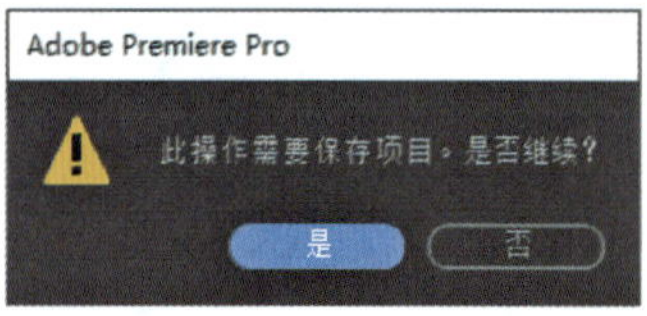

图2-108 是否保存项目提示框

图2-109 多出来的文件夹

2.4.4 实现步骤

1. 制作通用倒计时片头素材

Step 01 打开Premiere软件，新建项目，将项目命名为【案例2-4】制作新年分屏视频的效果，单击“确定”按钮，完成项目的创建。

Step 02 在“时间轴”面板中，单击“新建项”按钮，在弹出的菜单中选择“通用倒计时片头”命令，如图2-110所示。弹出“新建通用倒计时片头”对话框，如图2-111所示，在其中设置相关参数即可。

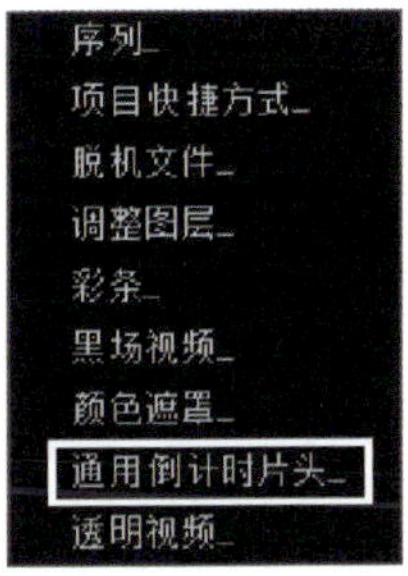

图2-110 选择“通用倒计时片头”命令

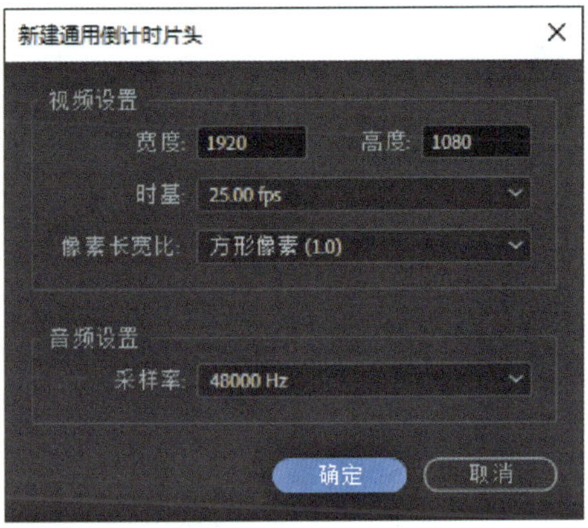

图2-111 “新建通用倒计时片头”对话框

Step 03 单击“新建通用倒计时片头”对话框中的“确定”按钮，弹出“通用倒计时设置”对话框，在其中设置参数，如图2-112所示，该预设素材就会添加到项目面板中。

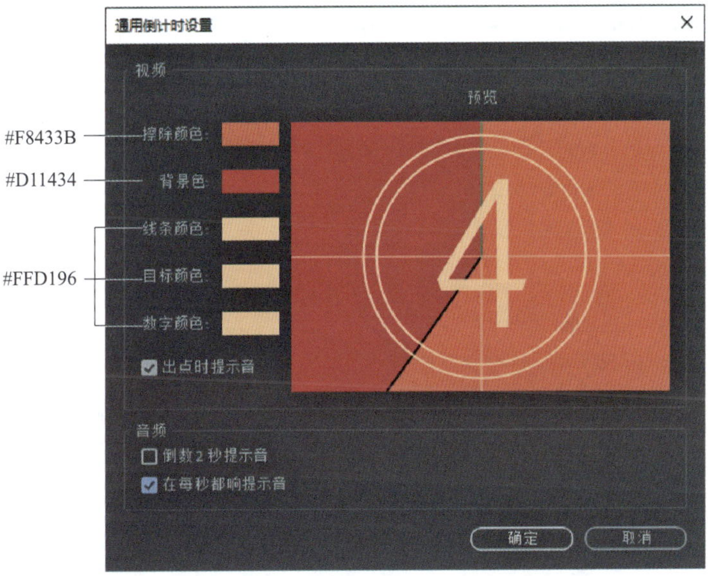

图2-112 在“通用倒计时设置”对话框中设置参数

Step 04 将“项目”面板中的倒计时片头素材添加到V1和A1轨道中，如图2-113所示。

Step 05 拖动缩放条，将轨道拉长至所需长度。

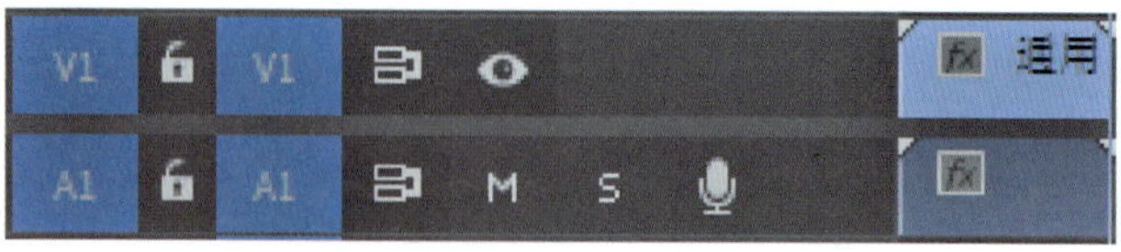

图2-113 将通用倒计时素材添加到轨道中

Step 06 移动时间滑块，当“节目监视器”中的素材显示为图2-114所示画面时停止滑动。

图2-114 “5”秒画面

Step 07 按【Ctrl+K】组合键添加编辑点，素材被分为两段，如图2-115所示。

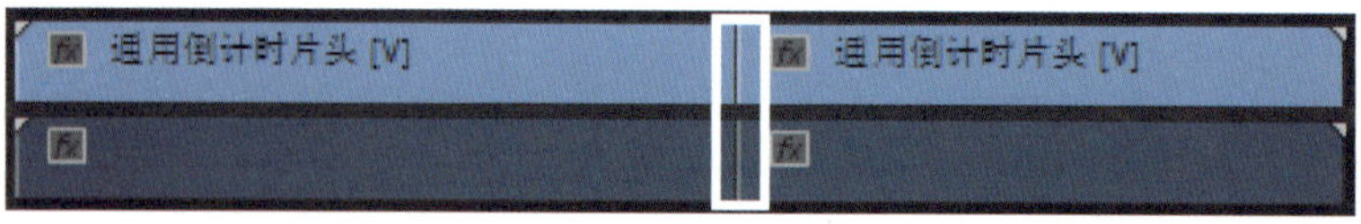

图2-115 添加编辑点

Step 08 删除第一段素材的片段及波纹。

Step 09 移动时间滑块，当“节目监视器”中的素材显示为图2-116所示画面时停止滑动。

图2-116 “2”秒画面

Step 10 按【Ctrl+K】组合键添加编辑点，如图2-117所示。

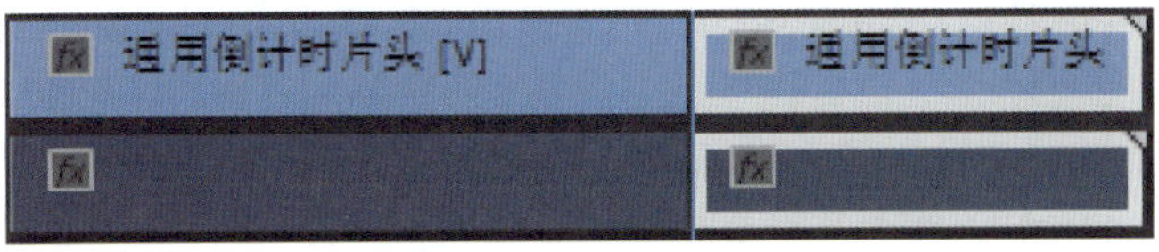

图2-117　添加编辑点

Step 11 删除第二段素材片段。

2. 制作内容区

Step 01 按【Ctrl+I】组合键，依次导入图像素材“背景.jpg”和视频素材“美食.mp4”“写春联.mp4”“新年挂件.mp4”，如图2-118所示。

图2-118　导入素材

Step 02 将“项目”面板中的“背景.jpg”添加到V1轨道中，如图2-119所示。

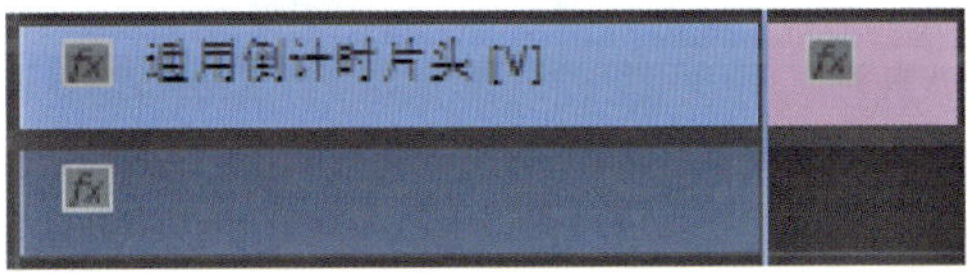

图2-119　添加“背景”到轨道中

Step 03 依次将视频素材“美食.mp4”“新年挂件.mp4”“写春联.mp4”分别添加到V2、V3、V4轨道中，与背景素材对齐，如图2-120所示。

图2-120　添加视频素材到轨道中

Step 04 框选三个视频素材后右击，在弹出的快捷菜单中选择“取消链接”命令，将视频与音频取消链接，并将视频素材中的音频删除。

Step 05 使用“选择工具”▶，将“背景.jpg”素材的时长拖到与其他视频素材等长的位置，如图2-121所示。

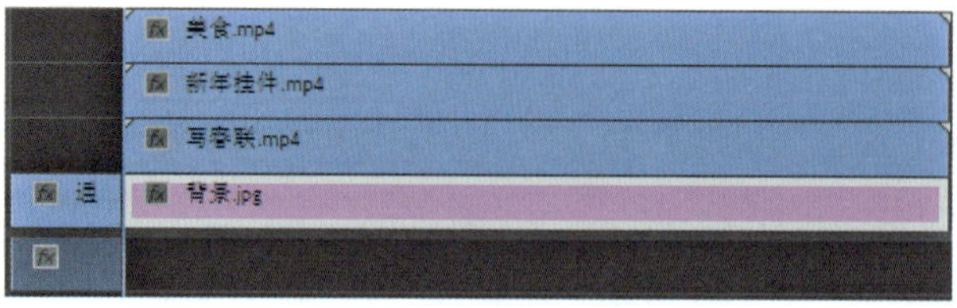

图2-121 延长“背景”时长

Step 06 在“节目监视器”中将缩放级别调整为20%，选中“美食.mp4”，在“节目监视器”中双击，当出现蓝色的点时，将鼠标放置在素材下边的蓝色点上，当鼠标指针变成形状时，向上拖动，缩小素材，如图2-122所示。

Step 07 按照Step6的方法，将其他两个视频素材也缩小，并移动到图2-123所示的位置。

图2-122 缩小素材

图2-123 调整素材位置及大小

Step 08 按【Ctrl+I】组合键导入音频素材“M2-4.mp3”，并将其添加至A1轨道中，紧贴倒计时片头音频的尾部，如图2-124所示。

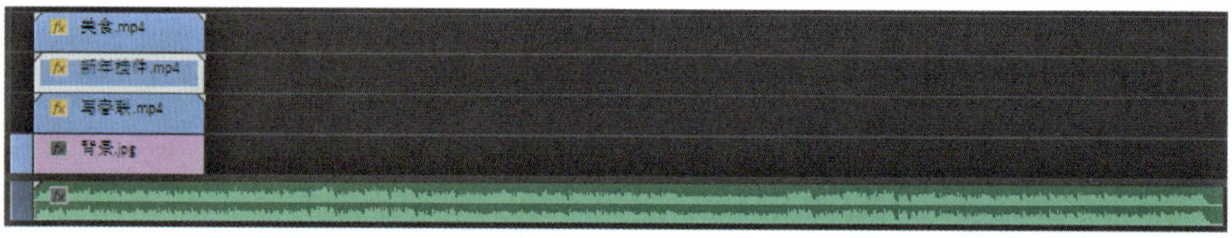

图2-124 添加音频

Step 09 将轨道拉长，并将时间滑块定位在视频轨道中素材的末尾，即25秒03帧的位置，如图2-125所示。

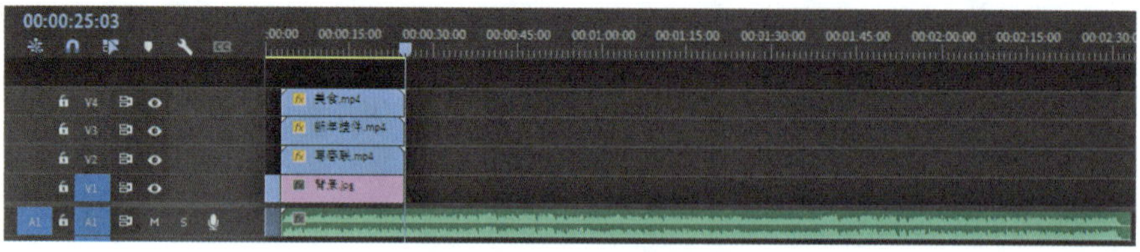

图2-125 移动滑块位置

Step 10 按【Ctrl+K】组合键添加编辑点，再选中后面多余的音频，按【Delete】键删除。

3. 打包项目所用素材

Step 01 选择“文件”→“项目管理”命令，弹出“项目管理器”对话框，选择序列并设置目标路径，如图2-126所示。

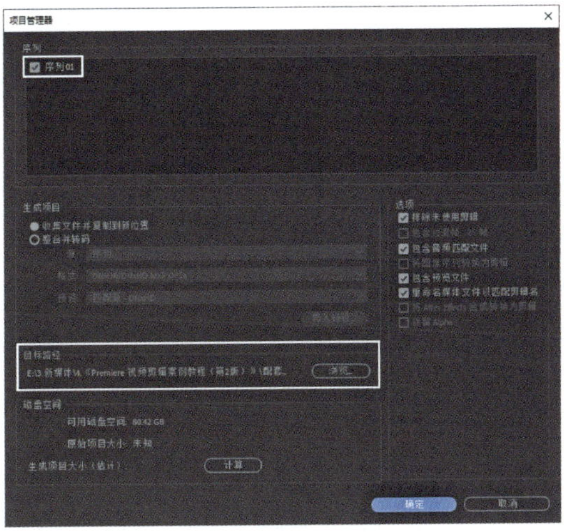

图2-126　设置路径

Step 02 单击“确定”按钮后弹出一个提示框，如图2-127所示。

Step 03 单击提示框中的“是”按钮即可将项目中用到的所有素材打包至一个文件夹，如图2-128所示。

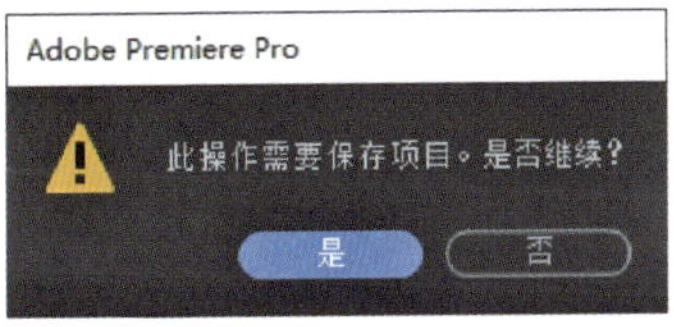

图2-127　提示框

图2-128　打包素材文件

拓展案例：制作复古电视播放皮影戏效果

通过所学知识，制作一个复古电视播放皮影戏的效果，如图2-129所示。

图2-129　复古电视播放皮影戏效果

第3章 视频特技转场

学习目标

知识目标

◎ 了解转场，能够叙述转场的作用；

◎ 了解视频过渡，能够说出视频过渡的作用；

◎ 熟悉内滑、划像、擦除等文件夹内的视频过渡，能够说出不同的视频过渡所产生的效果。

能力目标

◎ 掌握视频过渡的基础设置，能够完成视频过渡的添加、复制等操作；

◎ 掌握调整视频过渡的方法，能够调整视频过渡的持续时间和作用范围等。

素质目标

◎ 增强对文化的深入理解和尊重，促进文化的传承与发展；

◎ 激发创新思维，勇于挑战现有知识框架，提出新颖、有创意的解决方案。

通常情况下，一个完整的视频是由多个素材段拼接而成的。在素材与素材的衔接处，难免会出现跳屏现象，从而使观众感到视频衔接生硬。为了减轻这种感觉，可以通过一些技巧来改善，这些技巧就是在衔接不畅的地方添加转场。本章将详细讲解这些转场的相关知识。

3.1 【案例3-1】制作节气交替效果

二十四节气蕴含着深厚的文化内涵和历史积淀，是中华民族悠久历史文化的重要组成部分。本节将制作一个节气交替效果的视频，通过本案例的学习，读者能够认识转场、掌握视频过渡等相关知识。

3.1.1　效果展示

春、夏、秋、冬四季依次柔和地展示，配以音乐，使图像在切换时呈现出优美的效果，节气交替效果截图示例如图3-1所示。

图3-1　节气交替效果截图示例

视频

案例3-1
制作节气交替效果

扫一扫二维码查看案例具体效果。

3.1.2　案例分析

本案例挑选了4个图像素材和1个音频素材。制作过程中，首先需要确保图像素材的尺寸与序列完美匹配。随后在素材的衔接处巧妙地添加不同的视频过渡效果，以实现素材间流畅且柔和的过渡。最后，将音频素材添加到相应轨道，并适当调整其长度和位置，以确保与图像素材的完美同步。

3.1.3　必备知识

1. 认识转场

一个完整的视频往往会传达一个完整的故事，但故事中会有不同的片段及场景，当片段与片段或场景与场景之间进行过渡或转换时，那么这个动作或过程就称为转场。

转场一般分为无特技转场和特技转场，其中，无特技转场是指在拍摄时，镜头与镜头之间自然过渡，实现视觉上的流畅转换，如图3-2所示。

图3-2　无特技转场

特技转场是指在片段、场景衔接时，使用一些过渡手法，使其衔接自然、顺畅。当片段或场景之间过渡比较生硬时，那么就需要添加一定的视频过渡，以降低生硬感，如图3-3所示。

图3-3 特技转场

特技转场之所以会降低生硬感，是因为软件将两段素材其中的一段余量部分做了一个混合，使两段素材之间相互融合，即“你中有我、我中有你”的一种状态，如图3-4所示。本章主要针对特技转场进行讲解。

2. 认识视频过渡

在Premiere中，通过视频过渡可以实现特技转场，视频过渡是指在转场时添加的一系列效果，在“效果”面板中，找到“视频过渡”文件夹，单击文件夹前的箭头，可以展开视频过渡的子文件夹，如图3-5所示。

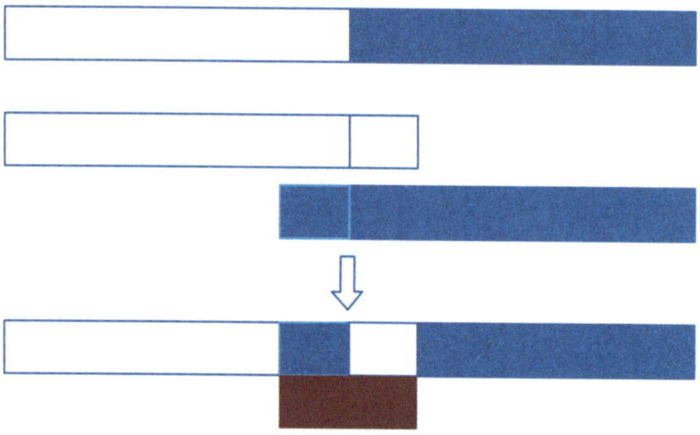

图3-4 你中有我，我中有你

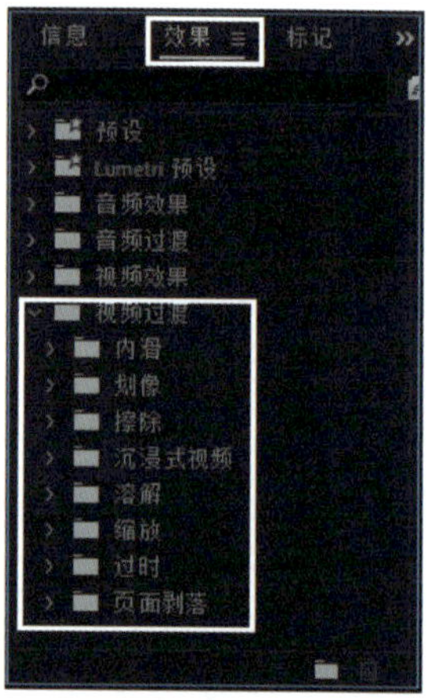

图3-5 视频过渡的子文件夹

Premiere提供了8组视频过渡文件夹，如“内滑”“划像”“擦除”等。单击其中一个箭头，即可展开文件夹内的视频过渡。其中“溶解”文件夹中的“交叉溶解”为软件默认的视频过渡，如图3-6所示。

3. 视频过渡的基础设置

视频过渡的基础设置一般包括添加、清除和替换，这些操作能够让用户轻松地控制视频剪辑之间的过渡效果，以实现流畅的视觉转场，下面介绍视频过渡的基础设置。

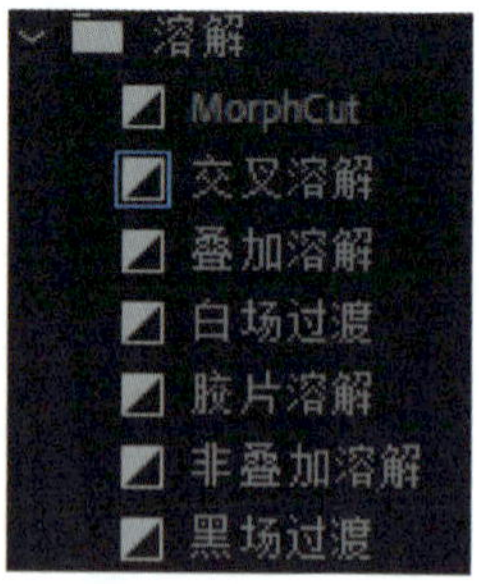

图3-6 “溶解”文件夹

（1）添加视频过渡

在“效果”面板中选中一个视频过渡，按住鼠标左键，将其拖动到轨道上素材的编辑点处，当鼠标指针变成形状时，松开鼠标即可成功添加，在不同的位置添加，图标显示样式不同（见图3-7），结果也不同。例如，当视频过渡被添加在素材开头，那么效果就在开头显示。

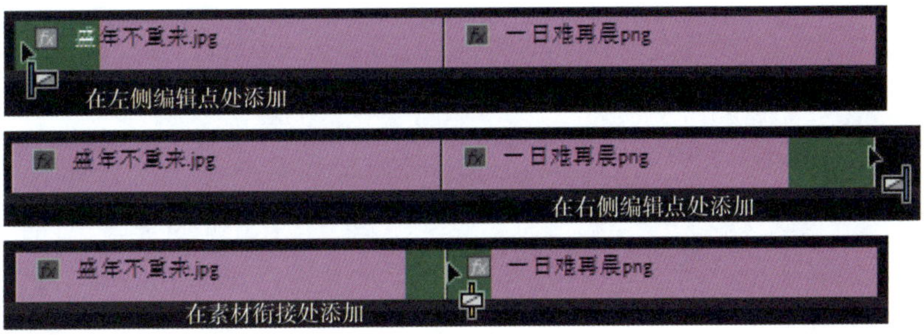

图3-7　图标显示样式

将视频过渡添加到素材后，素材中会显示视频过渡的名称，如图3-8所示。

图3-8　显示视频过渡的名称

需要注意的是，当在两个素材中间添加视频过渡时，若两个素材均是完整、未被裁剪的素材，那么添加效果时会弹出“过渡”提示框，提示媒体不足，如图3-9所示。

单击“确定”按钮，视频过渡同样可以被应用在素材当中，只是两个素材在过渡时，不是动态画面，而是静止画面。此时素材中效果名称的背景会显示条纹，如图3-10所示。

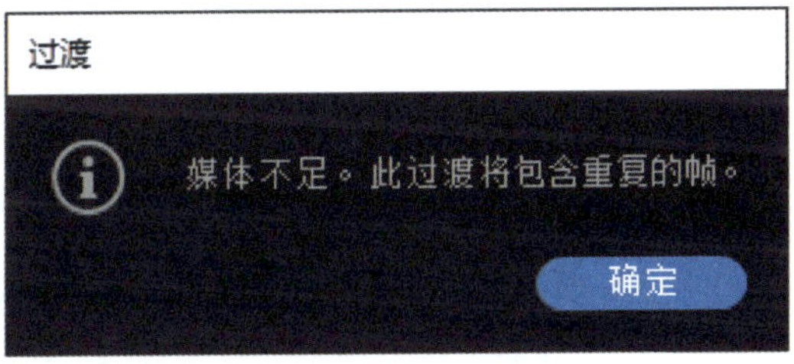

图3-9　“过渡”提示框

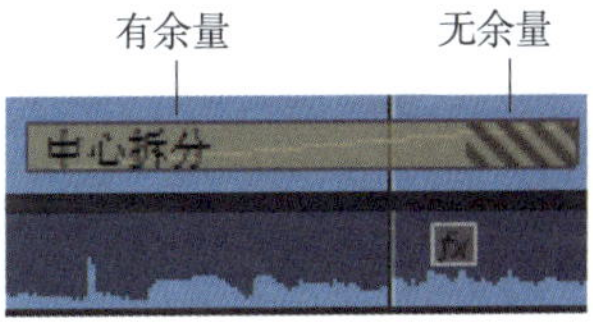

图3-10　显示条纹

此外，若想为素材批量添加某一个效果，那么选中素材后，选择“序列”→“应用视频过渡”命令（或按【Ctrl+D】组合键），可以在选中素材的所有编辑点处添加默认的视频过渡。

（2）复制视频过渡

若需要在一个项目中对多个视频剪辑应用相同参数的视频过渡，如相同的持续时间和样式，重新添加并逐个编辑这些效果会非常浪费时间。为了提高效率，需要复制视频过渡。

在“时间轴”面板中，选中需要复制的效果后，按【Ctrl+C】组合键复制。然后使用“选择工具”选中编辑点或将时间滑块移动到编辑点位置，按【Ctrl+V】组合键粘贴，即可将视频过渡及其参数粘贴到此处。需要注意的是，如果粘贴的位置上已经存在其他视频过渡，那么只能粘贴效果的样式，无法粘贴持续时间。

（3）清除视频过渡

在素材上右击所要清除的视频过渡，在弹出的快捷菜单中选择“清除”命令（或按【Delete】键）即可删除选中效果，如图3-11所示。

图3-11　弹出的快捷菜单

（4）替换视频过渡

若想更改已应用到素材中的视频过渡，除了先删除原有视频过渡再添加新视频过渡的方式外，还有一种更高效的方法：直接将所选视频过渡拖动到目标位置，这样新的视频过渡会迅速覆盖原有的视频过渡，这种方法能显著节省时间，从而提高工作效率。

多学一招：更改默认视频过渡

通过【Ctrl+D】组合键只能应用默认的视频过渡，而无法指定其他视频过渡，若想为选中的多个素材应用同一个视频过渡，则需要更改默认的视频过渡。在“效果”面板中，选中某个视频过渡后右击，弹出“将所选过渡设置为默认过渡”命令，如图3-12所示。

图3-12　“将所选过渡设置为默认过渡”命令

选择“将所选过渡设置为默认过渡”命令即可将所选效果设置为默认效果。

4. 调整视频过渡

当视频过渡被应用到素材中后，可以在“效果控件”面板中调整其参数，如持续时间、基本样式等。

（1）调整视频过渡的持续时间

同图像类似，视频过渡也有其默认的持续时间，若想增加或减少效果的持续时间，可以在“时间轴”面板中选中视频过渡后，在“效果控件”面板“持续时间”文本框中输入数值或按住鼠标左键拖动，如图3-13所示。

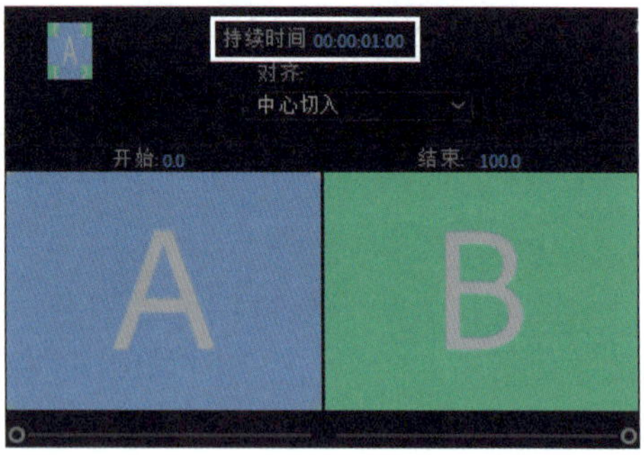

图3-13　持续时间

也可以在“时间轴”面板中右击视频过渡，在弹出的快捷菜单中选择“设置过渡持续时间”命令，如图3-14所示

此时弹出“设置过渡持续时间”对话框，如图3-15所示。

图3-14　选择“设置过渡持续时间”命令

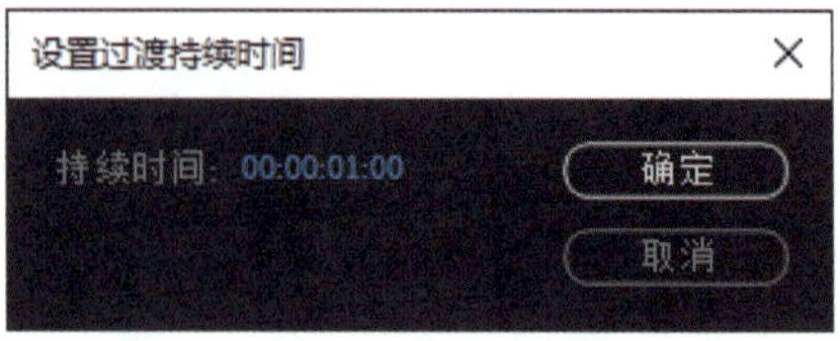

图3-15　“设置过渡持续时间”对话框

在对话框中设置时间即可。除了上面两种方法之外，还可以直接拖动“时间轴”面板中的视频过渡进行更改，这种方法方便快捷，但缺点是不够精确。将轨道拖动到合适大小，选中视频过渡，将鼠标放置在视频过渡的开头或结尾处，此时鼠标指针会变成形状，如图3-16所示，按住鼠标左键左右拖动即可。

（2）设置视频过渡的作用范围

在Premiere中，还可以设置视频过渡的作用范围。在“对齐”下拉列表中包括多个对齐方式，如图3-17所示。

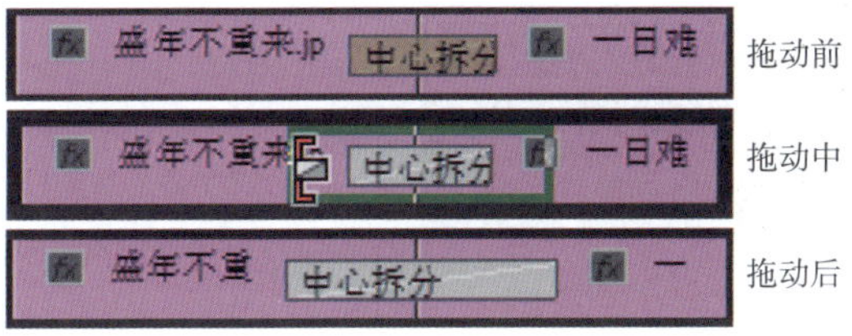

图3-16　拖动改变效果的持续时间

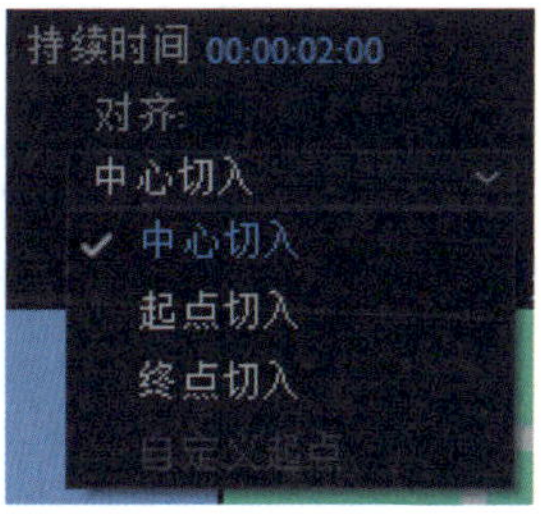

图3-17　对齐

在“对齐”下拉列表中包括4个选项，分别是“中心切入”“起点切入”“终点切入”“自定义起点”，具体介绍如下：

- “中心切入”：视频过渡的位置在两个相邻素材的中间。
- “起点切入”：视频过渡的位置在第2个素材开始处。
- “终点切入”：视频过渡的位置在第1个素材结束处。
- “自定义起点”：使用鼠标指针拖动“时间轴”面板中的视频过渡时，即为自定义起点。

除了“对齐”外，还有“边框宽度”“边框颜色”等选项，若无特殊需要，无须设置。

（3）设置视频过渡的样式

在“效果控件”面板中可以设置视频过渡的样式，而不同的视频过渡其参数也不同，例如，“中心拆分”和“VR漏光”两个视频过渡的参数分别如图3-18和图3-19所示。

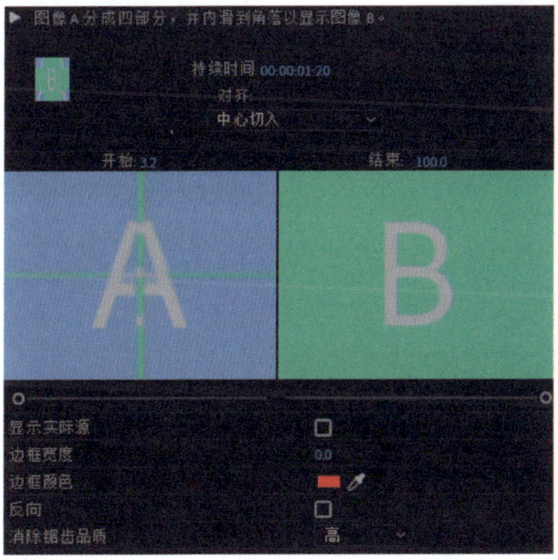

图3-18　“中心拆分”视频过渡的参数

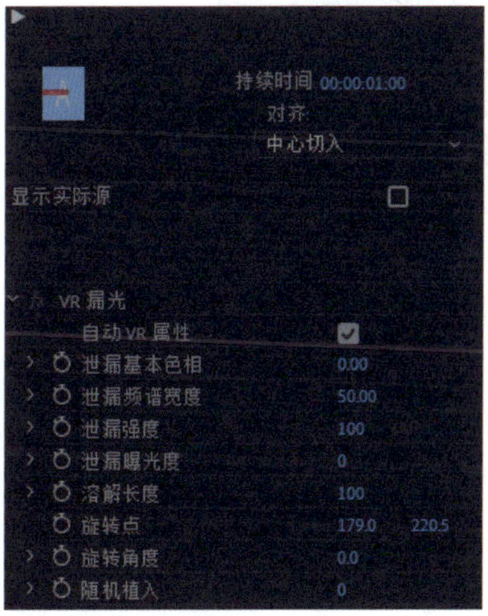

图3-19　“VR漏光”视频过渡的参数

观察图3-18和图3-19可以看到，“中心拆分”视频过渡包括“边框宽度”“边框颜色”等参数，而“VR漏光”视频过渡包括“泄漏基本色相”“泄漏频谱宽度”等参数，并且每个参数前面存在“切换动画”按钮，通常与关键帧配合使用，关键帧将在第4章详细介绍。

多学一招：设置视频过渡默认持续时间

若多个视频过渡需要设置为同一持续时间，那么在添加效果之前选择“编辑”→“选项”→“时间轴”命令，弹出“首选项”对话框，可以设置“视频过渡默认持续时间”，如图3-20所示。

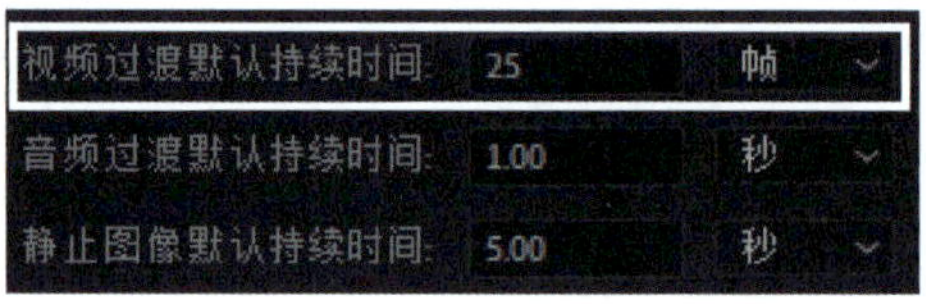

图3-20 设置“视频过渡默认持续时间”

在 Premiere 中，视频过渡的默认持续时间是 25 帧，可以根据作品需求调整视频过渡的默认持续时间。

5. 内滑

“内滑”文件夹中的视频过渡主要通过素材的滑入和滑出来实现转场。展开“内滑”文件夹可以看到“内滑”文件夹中的视频过渡，如图3-21所示。

观察图3-21可以看出，在“内滑”文件夹中，包括“中心拆分”“内滑”“带状内滑”“急摇”“拆分”“推”六种视频过渡，接下来以素材A（见图3-22）和素材B（见图3-23）为例，介绍“内滑”文件夹中的视频过渡。

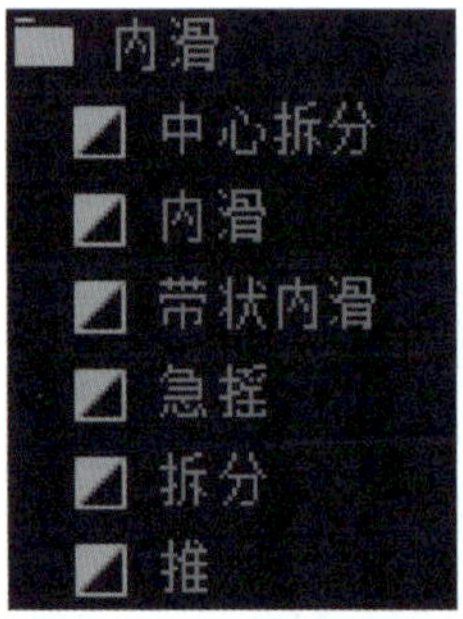

图3-21 “内滑”文件夹

图3-22 素材A

图3-23 素材B

将素材A和素材B按顺序排列在同一视频轨道中，如图3-24所示。

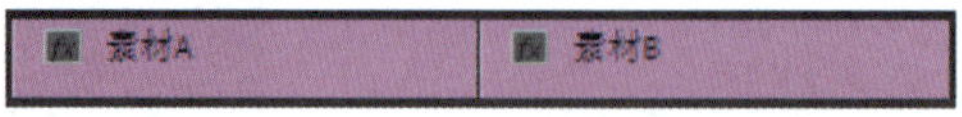

图3-24 将素材按顺序排列在同一视频轨道中

“内滑”文件夹中的视频过渡效果介绍如下：

- “中心拆分”：素材A被拆分为四部分，这四部分会沿着四个角滑动，以显示素材B，如图3-25所示。

- “内滑”：素材B从左侧缓缓滑入，逐渐遮盖素材A，如图3-26所示。
- “带状内滑”：素材B以条状从左右两侧滑入，逐渐遮盖素材A，如图3-27所示。

图3-25　中心拆分

图3-26　内滑

图3-27　带状内滑

- “急摇”：随着素材B的滑入，素材A滑出，并伴随模糊效果，以达到素材B覆盖素材A的效果，如图3-28所示。
- “拆分”：将素材A拆分成两部分，这两部分向左右两侧滑出以显示素材B，如图3-29所示。
- “推”是随着素材B的滑入，素材A滑出，如图3-30所示。

图3-28　急摇

图3-29　拆分

图3-30　推

6. 划像

在“划像”文件夹中包括“交叉划像”“圆划像”“盒形划像”和“菱形划像”四个效果，如图3-31所示。

这四个效果原理类似：后面的素材按照一个形状展开，前面的素材则以相同的形状收缩。具体效果如下：

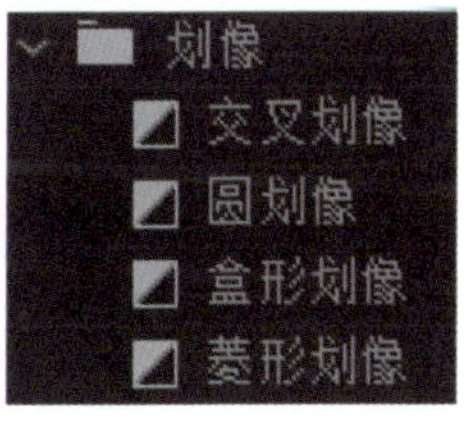

图3-31　划像

- “交叉划像”呈十字展开效果，如图3-32所示。
- “圆划像”呈圆形展开效果，如图3-33所示。

图3-32　交叉划像

图3-33　圆划像

- “盒形划像”呈方形展开效果，如图3-34所示。
- “菱形划像”呈菱形展开效果，如图3-35所示。

图3-34　盒形划像

图3-35　菱形划像

3.1.4　实现步骤

Step 01 打开Premiere软件，新建项目，将项目命名为“【案例3-1】制作节气交替效果”，单击“确定”按钮，完成项目的创建。

Step 02 选择“文件”→“新建”→“序列”命令（或按【Ctrl+N】组合键），弹出“新建序列”对话框，在对话框中设置相关参数，如图3-36所示。单击“确定”按钮即可新建序列。

Step 03 选择“编辑”→“首选项”→“常规”命令，弹出“首选项”对话框，设置“静止图像默认持续时间”为5 s，如图3-37所示。

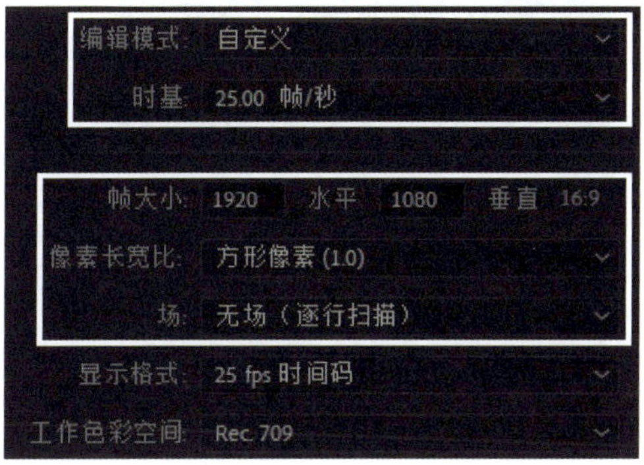

图3-36　“新建序列”对话框

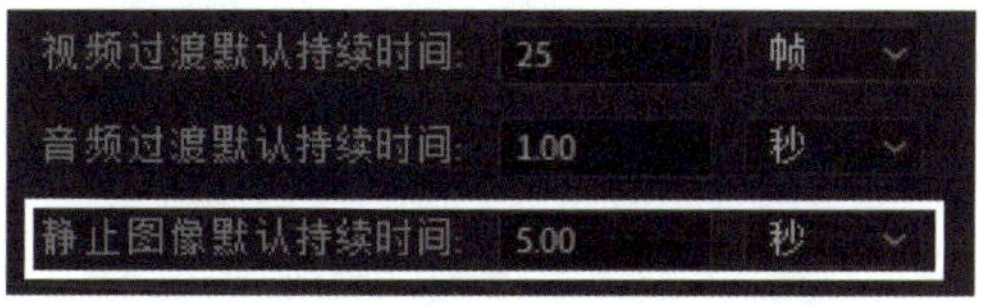

图3-37　设置“静止图像默认持续时间”

Step 04 选择“文件”→“导入”命令（或按【Ctrl+I】组合键），导入图3-38所示的四个图像素材至“项目”面板中。

春.jpeg　冬.jpeg　秋.jpeg　夏.jpeg

图3-38　图像素材展示

Step 05 在“项目”面板中依次选中“春.jpeg”“夏.jpeg”“秋.jpeg”“冬.jpeg”，将它们按顺序添加到V1轨道中，如图3-39所示。

图3-39　添加素材到轨道中

Step 06 使用“选择工具”选中这四个素材后右击，在弹出的快捷菜单中选择“缩放为帧大小”命令，如图3-40所示。得到的效果如图3-41至图3-44所示。

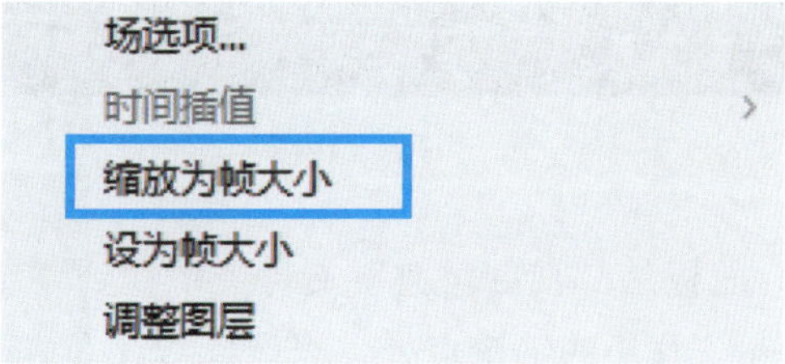

图3-40　“缩放为帧大小”命令

图3-41 春

图3-42 夏

图3-43 秋

图3-44 冬

Step 07 在“节目监视器”面板中适当调整图像素材春、夏、冬在序列中的大小，使之大小与序列匹配，如图3-45和图3-46所示。

图3-45 调整前

图3-46 调整后

Step 08 选择“编辑”→“首选项”→“时间轴”命令，弹出“首选项”对话框，设置“视频过渡默认持续时间”为2 s，如图3-47所示。

图3-47 “视频过渡默认持续时间”为2 s

Step 09 在“效果”面板的“视频过渡”文件夹中找到“盒形划像”效果，按住鼠标左键将其拖动到“春.jpeg”开头的编辑点处，当鼠标指针变成图3-48所示的样子时松开鼠标，此时此处会显示效果名称，如图3-49所示。

图3-48　图标

图3-49　显示效果名称

Step 10 按照Step09的方法，依次在后面的三个编辑点处添加“圆划像”“菱形划像”“拆分”效果，如图3-50所示。

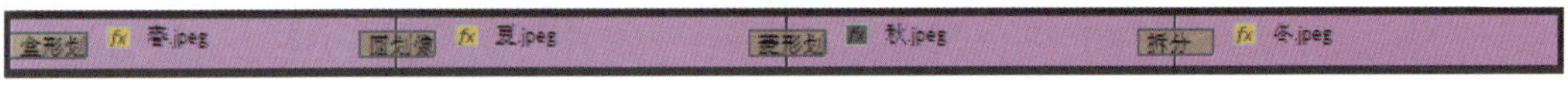

图3-50　添加其他视频过渡

Step 11 导入音频素材“M3-1.mp3”，并将其添加到A1轨道中，如图3-51所示。

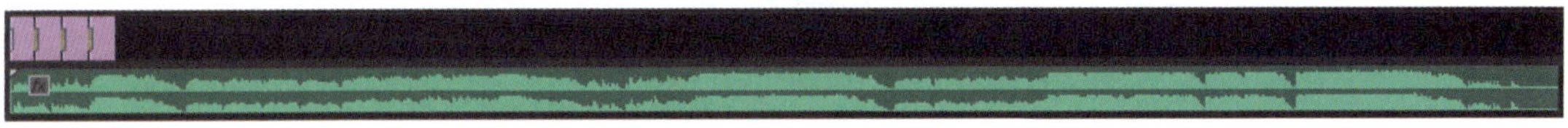

图3-51　添加音频

Step 12 将时间滑块移动到20秒处，按【Ctrl+K】组合键在此处添加编辑点，并选中后半部分素材片段，按【Delete】键删除选中片段，如图3-52所示。

图3-52　删除多余音频

Step 13 按【Ctrl+S】组合键保存项目，选择“文件”→“项目管理”命令，弹出“项目管理器”对话框，设置路径，如图3-53所示。单击“确定”按钮，将项目中所用的素材打包。

图3-53　“项目管理器”对话框

至此，节气交替效果制作完成。

3.2 【案例3-2】制作时光相册

日累月积见功勋，山穷水尽惜寸阴。时间如细沙流逝，每一秒看似微不足道，却在无形中塑造未来。我们应敬畏时间，努力追求目标与梦想。本节将制作时光相册视频效果，通过本案例的学习，读者能够继续掌握一些视频过渡的使用技巧。

3.2.1 效果展示

音乐响起，六个和校园有关的图像素材按序播放，颇有一些回忆，时光相册效果截图示例如图3-54所示。

图3-54 时光相册效果截图示例

视频

案例3-2
制作时光相册

扫一扫二维码查看案例具体效果。

3.2.2 案例分析

本案例挑选了六个图像素材、一个psd格式的分层素材，以及一个音频素材。在制作时，可以将其分为三部分来制作。

1. 添加视频过渡

将素材按顺序添加到轨道后，在“效果”面板中选择合适的视频过渡，将其逐一拖动到素材的衔接处，应用视频过渡，然后调整视频过渡的持续时间。

2. 添加文字

将文字所在的分层素材拖动到V2轨道中，放置在视频即将结束的位置，然后添加一个视频过渡使文字逐渐出现，最后适当调整视频过渡的持续时间。

3. 添加音频

将音频拖到音频轨道上后，删除后面多余的片段。

3.2.3 必备知识

1. 擦除

“擦除”文件夹中包含16种视频过渡效果，如“划出”“双侧平推门”“带状擦除”“径向擦除”“插入”“时钟式擦除”等，如图3-55所示。

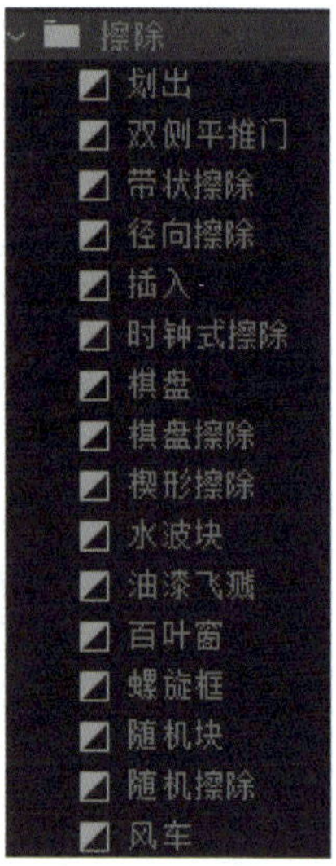

图3-55 “擦除”文件夹

“擦除”文件夹中视频过渡的共同特点是：它们都是通过擦除素材A的不同部分或样式，从而逐渐显示出素材B。以图3-56和图3-57所示的素材A和素材B为例，为两个素材添加“水波块”和“风车”视频过渡效果分别如图3-58和图3-59所示。

图3-56　素材A

图3-57　素材B

图3-58　“水波块”视频过渡效果

图3-59　“风车”视频过渡效果

2. 沉浸式视频

“沉浸式视频”文件夹中包含八种视频过渡效果，如“VR光圈擦除”“VR光线”“VR渐变擦除”“VR漏光”等，如图3-60所示。

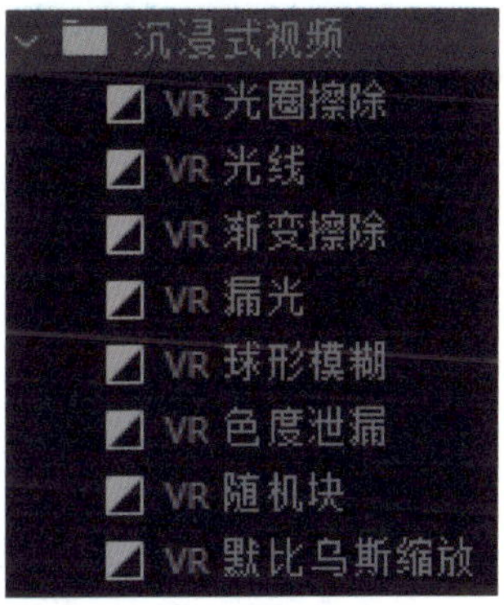

图3-60　“沉浸式视频”文件夹

“沉浸式视频”文件夹中视频过渡的共同特点是：它们都是通过沉浸的方式将素材A和素材B进行过渡的。以图3-56和图3-57所示的素材A和素材B为例，为两个素材添加“VR漏光”和“VR默比乌斯缩放”视频过渡效果分别如图3-61和图3-62所示。

观察图3-61和图3-62可以看出，这两个视频在过渡效果上都没有明显的形状变化。相反，它们都采用了沉浸式过渡的方式。这种沉浸式过渡通过在视觉上创建更自然、流畅的过渡效果，增强了观众的沉浸感，使得两个视频之间的过渡显得更加连贯和和谐。

图3-61 添加“VR漏光”视频过渡

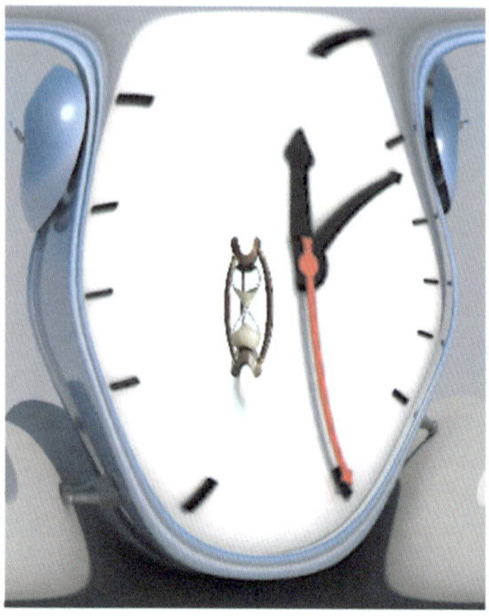

图3-62 添加“VR默比乌斯缩放”视频过渡

3. 溶解

在“溶解”文件夹中包含了七种视频过渡效果，如“MorphCut”“交叉溶解”“叠加溶解”等，如图3-63所示。

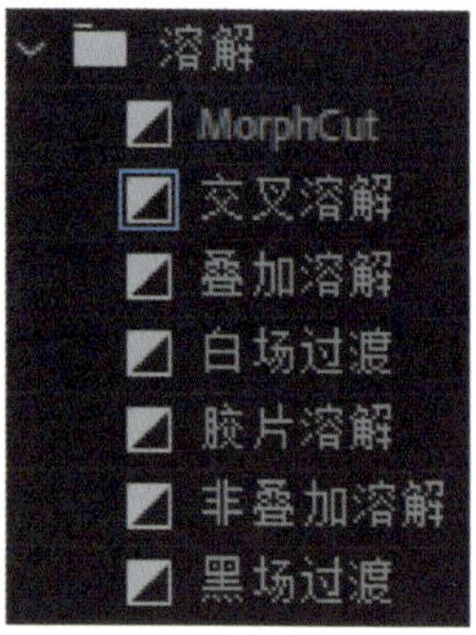

图3-63 “溶解”文件夹

“溶解”文件夹中视频过渡的共同特点是：随着第一段逐渐淡出，第二段素材逐渐淡入，从而实现柔和的视频过渡。下面以两个不同的图像为例，对“溶解”文件夹中的视频过渡具体解释如下：

- MorphCut：MorphCut利用脸部跟踪和流插值技术来实现视频剪辑之间的平滑过渡，使过渡看起来更加自然，主要用于同一段视频素材中的剪辑，以消除视频片段之间的突兀感。应用MorphCut视频过渡效果如图3-64所示。

应用MorphCut视频过渡后，软件会自动进行分析，如图3-65所示。

图3-64 应用MorphCut视频过渡效果

图3-65 自动进行分析

后台在分析时，用户稍作等待即可，分析时间与计算机配置有关。

- 交叉溶解：该效果为标准的淡入淡出，也是在实际生活中最为常用的效果之一，随着视频播放，素材A逐渐淡出而与此同时素材B逐渐淡入，直到完全显示，应用“交叉溶解”视频过渡效果如图3-66所示。

- 叠加溶解：是在素材A逐渐淡出与素材B逐渐淡入的同时，添加一种曝光的画面效果并渐隐淡出，以显示素材B，应用“叠加溶解”视频过渡效果如图3-67所示。

图3-66　应用“交叉溶解”视频过渡效果

图3-67　应用“叠加溶解”视频过渡效果

- 白场过渡：是指在视频播放时，素材A逐渐变为白色，再从白色逐渐变为素材B，应用“白场过渡”视频过渡效果如图3-68所示。
- 胶片溶解：与“交叉溶解”效果类似，只是实现原理不同，在实际生活中，“交叉溶解”更为常用，应用“胶片溶解”视频过渡效果如图3-69所示。

图3-68　应用“白场过渡”视频过渡效果

图3-69　应用“胶片溶解”视频过渡效果

- 非叠加溶解：在视频播放时，素材B会以不规则的形式出现，并覆盖素材A，在实际生活中，该视频过渡并不常用。应用“非叠加溶解”视频过渡效果如图3-70所示。
- 黑场过渡：与“白场过渡”相反，是在视频播放时，素材A逐渐变为黑色，再从黑色逐渐变为素材B，应用“黑场过渡”视频过渡效果如图3-71所示。

图3-70　应用“非叠加溶解”视频过渡效果

图3-71　应用“黑场过渡”视频过渡效果

多学一招：趣味转场

在观看短视频时，经常会看到类似图 3-72 和图 3-73 所示的画面。

图3-72　画面1

图3-73　画面2

图 3-72 展示了彩条画面，而图 3-73 展示了黑场画面。这些画面通常用于视频转场效果。下面对这两种效果进行详细介绍。

（1）彩条

当处理视频时，想得到一个故意遮盖片段的效果，可以在片段位置添加彩条，出现这个效果的同时还会伴有嘀声出现。在 Premiere 中，选择“文件”→“新建”→“彩条”命令，弹出“新建色条和色调”对话框，如图 3-74 所示。

在对话框中设置视频宽度、时基等参数后，单击“确定”按钮，软件会自动将这段彩条素材添加到“项目”面板中。

（2）黑场视频

黑场通常用于视频的开头和结尾，以引导观众开始或结束观看。在电影中，片尾常常出现黑场画面，展示制片人、演员等信息。选择“文件”→“新建”→“黑场”命令，弹出“新建黑场视频”对话框，如图 3-75 所示。

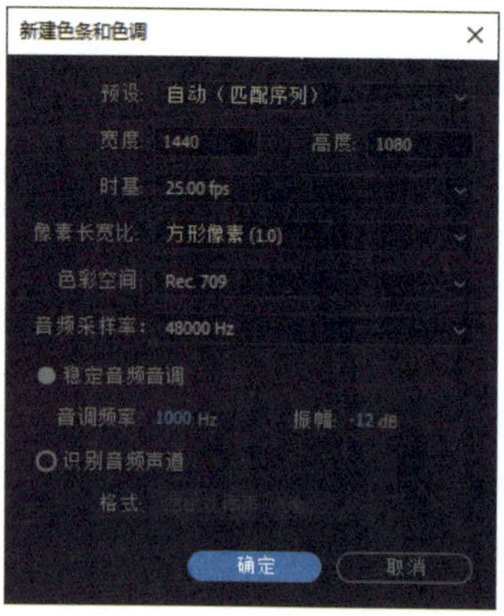

图3-74　“新建色条和色调”对话框

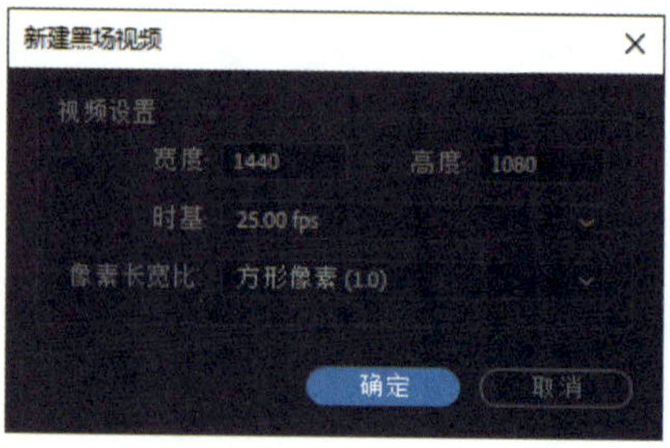

图3-75　“新建黑场视频”对话框

在对话框中，设置视频宽度、时基等参数（通常这些参数会与序列匹配，除非有特殊需求，一般不需要修改）。单击“确定”按钮后，软件会自动将黑场视频素材添加到“项目”面板中。

3.2.4 实现步骤

1. 添加视频过渡

Step 01 打开Premiere软件，新建项目，将项目命名为“【案例3-2】制作时光相册”，单击“确定”按钮，完成项目的创建。

Step 02 选择“文件”→“新建”→“序列”命令（或按【Ctrl+N】组合键），弹出“新建序列”对话框，在其中设置相关参数，如图3-76所示。单击“确定”按钮即可新建序列。

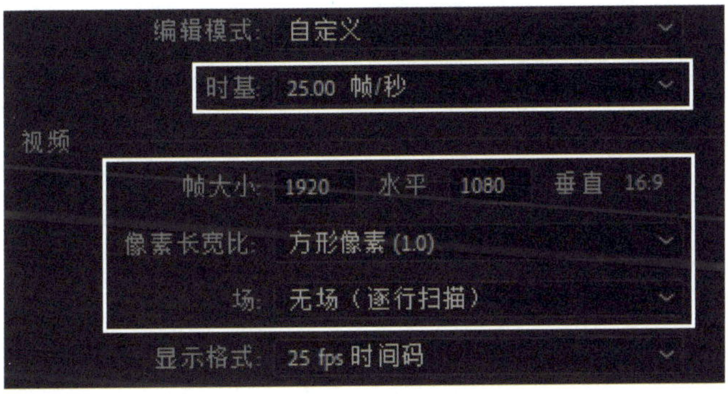

图3-76 新建序列

Step 03 选择“文件”→“导入”命令（或按【Ctrl+I】组合键），导入图3-77所示的6个图像素材到“项目”面板中。

图3-77 图像素材展示

Step 04 依次将“封面.jpg”“课堂.jpg”“体育馆.jpg”“操场.jpg”“毕业.jpg”“落叶.jpg”添加到V1轨道中，如图3-78所示。

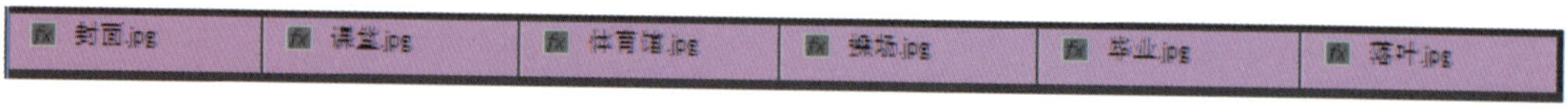

图3-78 添加图像素材到轨道中

Step 05 在“节目监视器”面板中适当调整与序列大小不匹配的图像素材，使之大小与序列匹配，调整大小前后示例如图3-79和图3-80所示。

图3-79 调整大小前

图3-80 调整大小后

Step 06 在“效果”面板中，选择“视频过渡”→“擦除”→“双侧平推门”，将其拖动到第一个图像素材与第二个图像素材衔接的编辑点处，如图3-81所示。

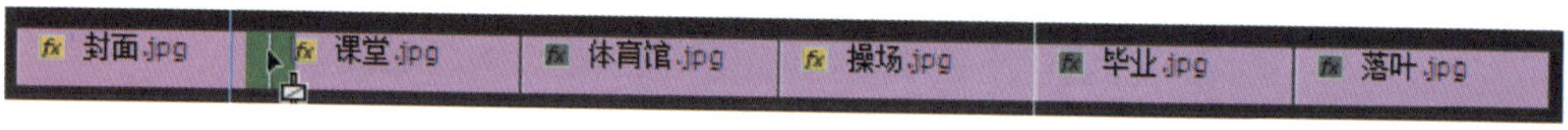

图3-81 图标

Step 07 在“时间轴”中选中添加的效果，在“效果控件”面板中设置效果的持续时间为5 s，如图3-82所示。

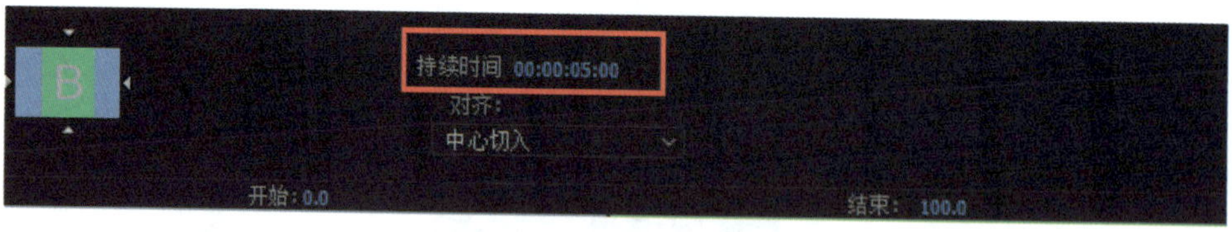

图3-82 设置效果的持续时间

Step 08 按照Step06的方法，依次在后面的4个编辑点处添加“VR光线”“VR默比乌斯缩放”“时钟式擦除”“油漆飞溅”四个视频过渡，如图3-83所示。

图3-83 添加其他视频过渡

Step 09 在“效果控件”面板中设置视频过渡的持续时间为2 s。

2. 添加文字

Step 01 按【Ctrl+I】组合键导入素材“文字.psd”，如图3-84所示。此时弹出“导入分层文件”对话框，如图3-85所示。在对话框中单击“确定”按钮，即可将psd分层素材添加到“项目”面板中。

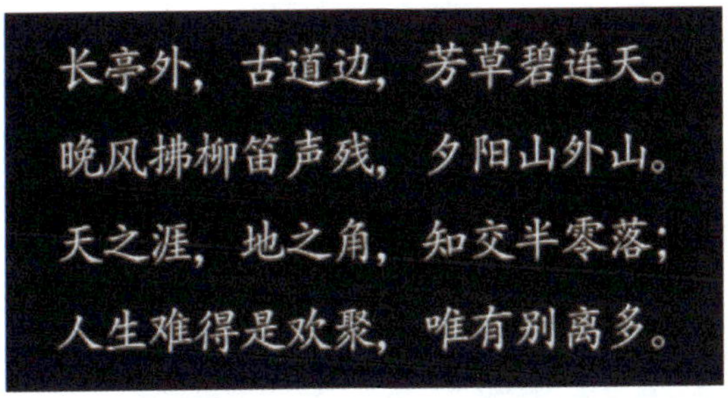

图3-84　psd分层素材

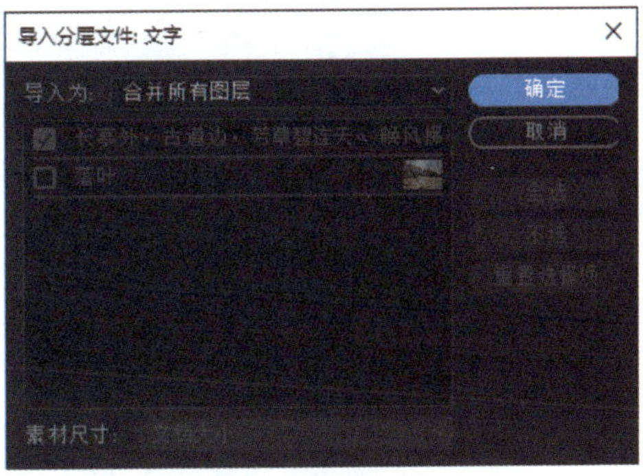

图3-85　“导入分层文件”对话框

Step 02 在“时间轴”面板中将时间滑块放置在25秒22帧处，如图3-86所示。

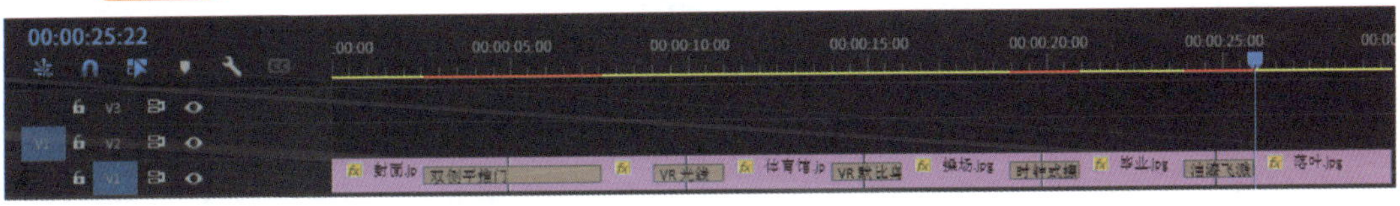

图3-86　定位时间滑块

Step 03 单击V2轨道前方的“定位轨道”，如图3-87所示。

Step 04 在“项目”面板中双击“文字.psd”，接着在“源”面板中单击“覆盖”按钮，将素材添加到时间滑块所在的位置，如图3-88所示。

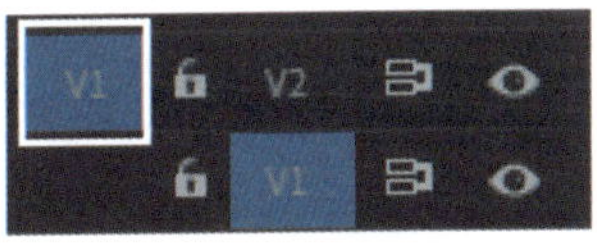

图3-87　定位轨道

图3-88　添加素材到时间滑块所在位置

Step 05 在“节目监视器”面板中调整文字的大小，如图3-89所示。

图3-89　调整文字大小

Step 06 将“落叶.jpg”图像素材的可持续时间设置为6秒1帧。

Step 07 在“效果”面板中选择“视频过渡”→“沉浸式视频”→“VR球形模糊”，将其拖动到“文字.psd”分层素材开始位置，并将效果的可持续时间设置为2 s，如图3-90所示。

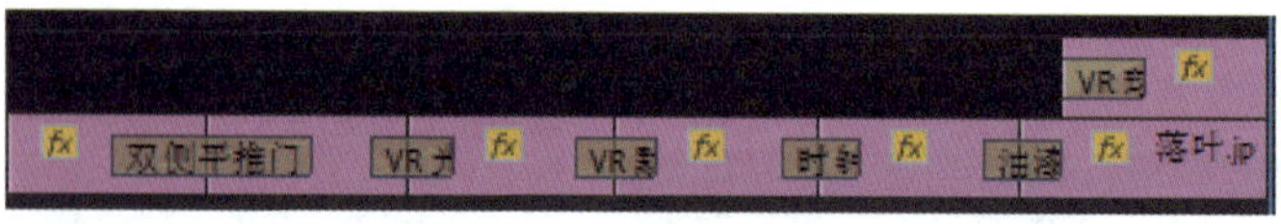

图3-90　添加视频过渡

3. 添加音频

Step 01 将“M3-2.mp3”音频素材添加到A1轨道中，如图3-91所示。

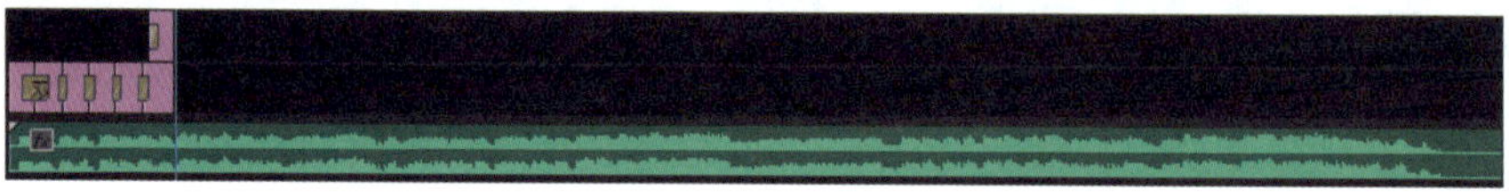

图3-91　添加音频

Step 02 选中音频素材，将时间滑块拖动到30秒22帧处，按【Ctrl+K】组合键添加编辑点，如图3-92所示。

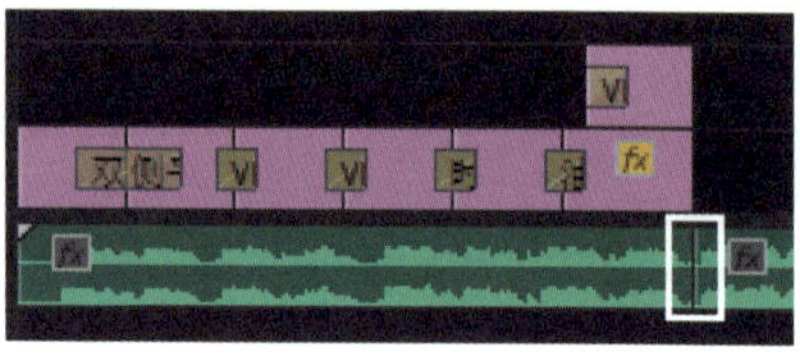

图3-92　为音频添加编辑点

Step 03 按【Delete】键删除第2个音频片段。

Step 04 按【Ctrl+S】组合键保存项目。选择“文件”→“项目管理”命令，弹出“项目管理器”对话框，设置路径，保存项目并打包素材。

至此，时光相册制作完成。

3.3 【案例3-3】制作耐力比赛宣传片

年轻时，我们都怀揣雄心壮志，正如吴庆坻的诗句所言：“须知少日凌云志，曾许人间第一流。”这不仅是对青春的寄语，更是对未来的期许。本节将制作一个耐力比赛的宣传片，通过本案例的学习，读者能够了解“缩放”“过时”“页面剥落”三个文件夹中的视频过渡。

视频

实操3-3

制作耐力比赛宣传片

3.3.1 效果展示

比赛照片伴随音乐一张张展现，比赛宣传片截图示例如图3-93所示。

扫一扫二维码查看案例具体效果。

图3-93　比赛宣传片截图示例

3.3.2　案例分析

本案例包含10个图像素材和1个音频素材。在开始制作前，首先聆听音频，注意音乐中的卡点效果。在制作过程中，将图片的切换与音乐节奏相匹配。完成这些步骤后，添加适当的视频过渡效果，并调整过渡样式及持续时间。最后，将音频素材的多余片段裁剪。

3.3.3　必备知识

1. 缩放

在“缩放”文件夹中只有“交叉缩放”视频过渡，如图3-94所示。

图3-94　“缩放”文件夹

在播放视频时，素材A会放大，放大到一定程度之后，显示放大化的素材B，而素材B会逐渐缩小直到正常显示。以图3-95所示的素材A和图3-96所示的素材B为例，为两个素材添加“交叉缩放”视频过渡效果，如图3-97所示。

图 3-95　素材 A

图 3-96　素材 B

图 3-97　添加“交叉缩放”视频过渡效果

2. 过时

在“过时”文件夹中包含三个视频过渡，分别是“渐变擦除”“立方体旋转”“翻转”，如图3-98所示。

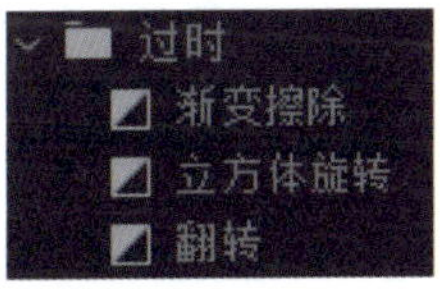

图3-98　“过时”文件夹

下面以图3-99所示的素材A和图3-100所示的素材B为例，对“过时”文件夹中的视频过渡进行讲解。

图3-99　素材A

图3-100　素材B

- “渐变擦除”：通过擦除素材A的方式显示素材B，在添加“渐变擦除”视频过渡时，弹出“渐变擦除设置”对话框，如图3-101所示。

单击“确定”按钮可以得到“渐变擦除”视频过渡的默认效果，如图3-102所示。

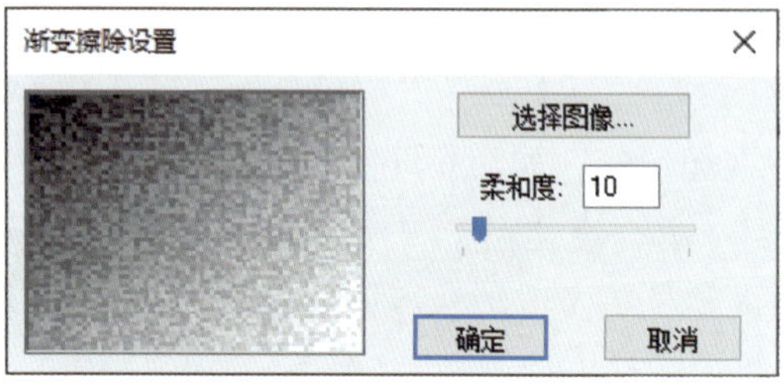

图3-101 “渐变擦除设置”对话框

图3-102 “渐变擦除”视频过渡的默认效果

观察图3-102可以看出，在过渡的过程中，以一种波纹的形式呈现擦除效果，若想改变擦除效果的呈现方式，可以在图3-101所示的“渐变擦除设置”对话框中选择图像以自定义擦除效果呈现，此外，还可以调整柔和度以控制擦除图像的柔和程度。

- “立方体旋转”：可以视为素材在一个立方体上贴着，如图3-103所示。当立方体旋转时，素材会随着立方体的旋转而旋转，如图3-104所示。

图3-103 立方体

图3-104 “立方体旋转”视频过渡

- “翻转”：可以将其理解为素材A和素材B分别贴在纸张的正反两面。当纸张翻转时，才会显示出素材B，如图3-105和图3-106所示。

图3-105 翻转1

图3-106 翻转2

3. 页面剥落

图3-107　“页面剥落”文件夹

在“页面剥落”文件夹中包含两个视频过渡，分别是“翻页”“页面剥落”，如图3-107所示。

“页面剥落”文件夹视频过渡的共同点是：它们都是通过翻转或滚动的方式切换素材，类似于翻书效果。下面以图3-108所示的素材A和图3-109所示的素材B为例，讲解“翻页”和“页面剥落”两个视频过渡的效果。

图 3-108　素材 A

图 3-109　素材 B

- “翻页”：将素材A进行翻转，但不卷曲，翻转时可以看到素材A出现在背面，素材A在翻转的同时，显示素材B，如图3-110所示。
- “页面剥落”：从素材A的一角卷起，从而显示素材B，如图3-111所示。

图 3-110　“翻页”视频过渡

图 3-111　“页面剥落”视频过渡

3.3.4 实现步骤

Step 01 打开Premiere软件，新建项目，将项目命名为“【案例3-3】制作耐力比赛宣传片”，单击“确定”按钮，完成项目的创建。

Step 02 选择“文件”→“新建”→“序列”命令（或按【Ctrl+N】组合键），弹出“新建序列”对话框，在其中设置相关参数，如图3-112所示。单击“确定”按钮即可新建序列。

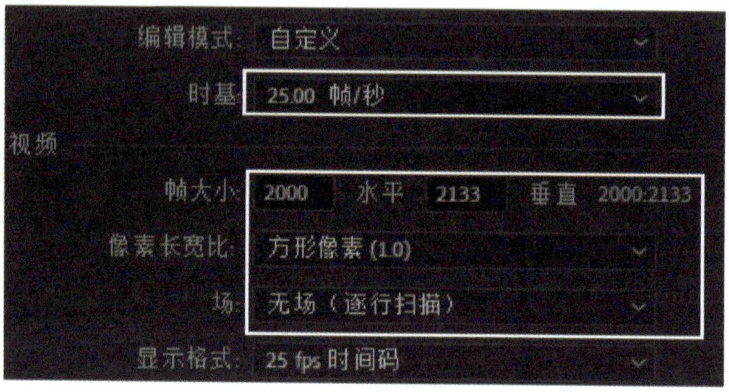

图3-112 新建序列

Step 03 选择“文件”→“导入”命令（或按【Ctrl+I】组合键），导入图3-113所示的10个图像素材到“项目”面板中。

图3-113 图像素材展示

Step 04 将“0.jpg”～“9.jpg”图像素材依次添加到V1轨道中，如图3-114所示。

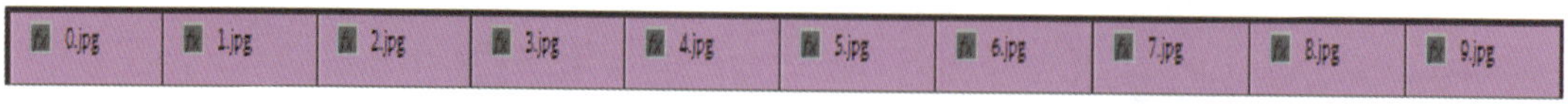

图3-114 添加图像素材到轨道中

Step 05 在“时间轴”面板中选中所有素材后右击，在弹出的快捷菜单中选择“缩放为帧大小”命令，然后逐一调整各个素材的尺寸，使之与序列尺寸匹配。

Step 06 按【Ctrl+I】组合键导入音频素材“M3-3.mp3”。

Step 07 在“项目”面板中，双击“M3-3.mp3”音频素材，将其在“源”面板中进行显示，在46秒1帧处设置入点，如图3-115所示。

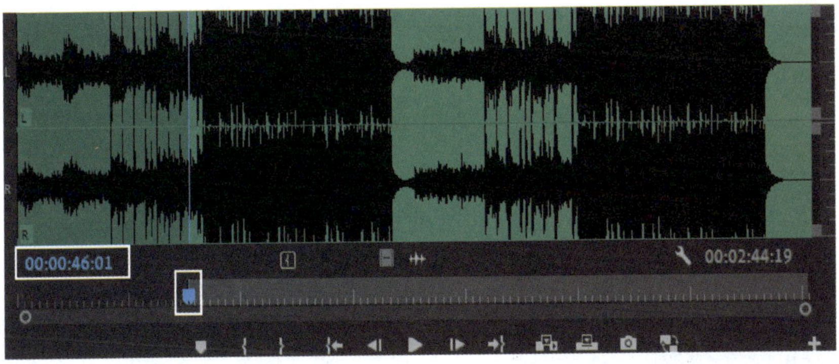

图3-115　设置入点

Step 08 在“源”面板中将音频拖动到A1轨道中，如图3-116所示。

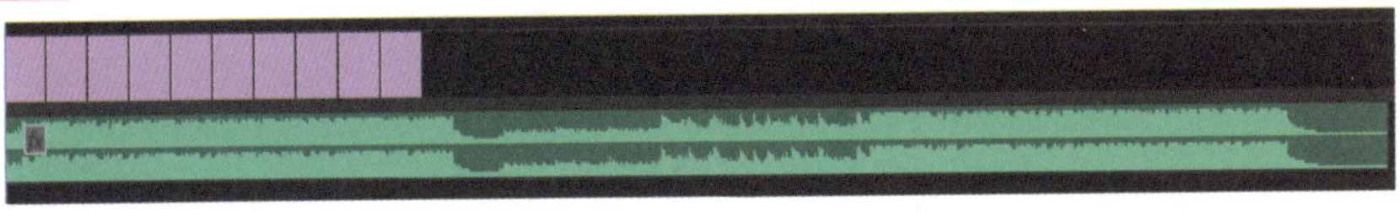

图3-116　将音频拖动到A1轨道中

Step 09 选中V1轨道中的第一个片段并右击，在弹出的快捷菜单中选择“速度/持续时间”命令，弹出“剪辑速度/持续时间”对话框，设置持续时间为2秒5帧，勾选“波纹编辑，移动尾部剪辑”复选框，如图3-117所示。

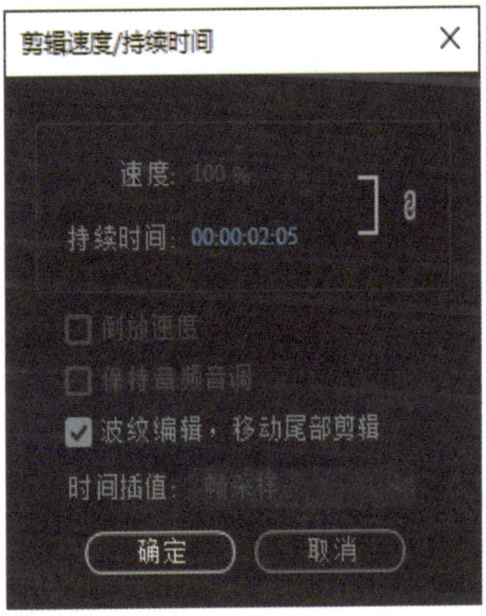

图3-117　“剪辑速度/持续时间”对话框

Step 10 按照Step09的方法，将第2个片段的持续时间设置为1秒12帧，第3个片段的持续时间设置为2秒9帧，第4~10个片段的持续时间设置为1秒13帧，如图3-118所示。

Step 11 在“视频过渡”文件夹中，选择“沉浸式视频”→“VR随机块”，将其拖动到第一个编辑点处，如图3-119所示。

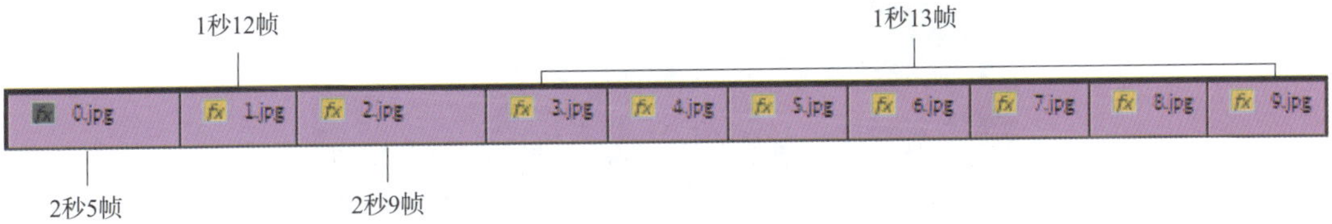

图3-118　设置持续时间

图3-119　应用“VR随机块”视频过渡

Step 12 在“时间轴”面板中选中“VR随机块”，在“效果控件”面板中设置“羽化”为1，如图3-120所示。

Step 13 为第2个编辑点应用“VR漏光”视频过渡。

Step 14 在“时间轴”面板中选中“VR漏光”，在“效果控件”面板中设置持续时间为4帧，如图3-121所示。

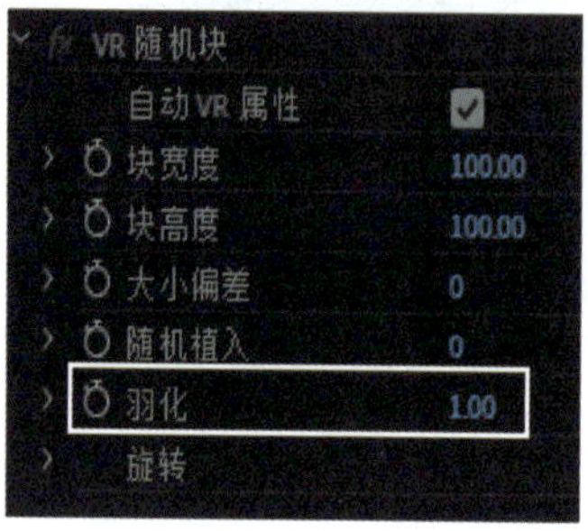

图3-120 设置“羽化”

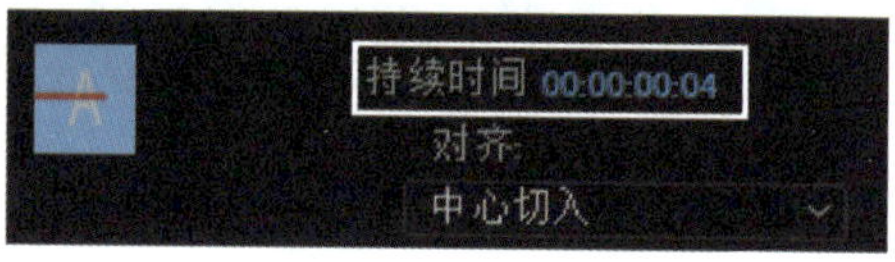

图3-121 设置持续时间

Step 15 为第3个编辑点应用“翻页”视频过渡，并在“效果控件”面板中设置持续时间为4帧。

Step 16 在“时间轴”中选中“翻页”视频过渡，按【Ctrl+C】组合键复制效果，按【↓】键将时间滑块移动到第4个编辑点处，按【Ctrl+V】组合键粘贴“翻页”视频过渡。

Step 17 按照Step16的方法，为第5~10个编辑点粘贴“翻页”视频过渡。

Step 18 在“时间轴”中将时间滑块拖动到16秒17帧处，选中音频素材，按【Ctrl+K】组合键添加编辑点，删除音频素材的第二个片段，如图3-122所示。

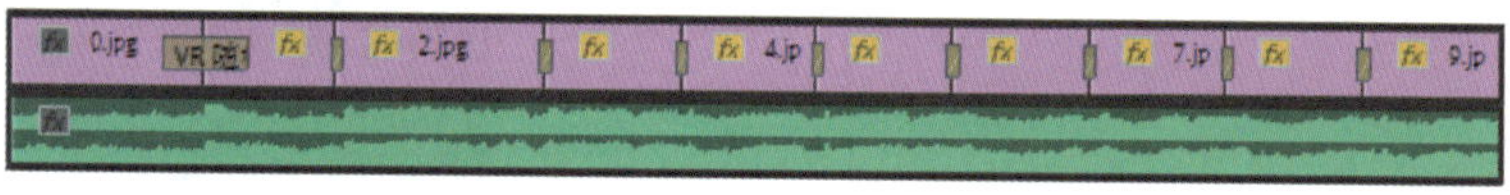

图3-122 删除音频素材的第二个片段

Step 19 按【Ctrl+S】组合键保存项目，并将项目中所用的素材打包。

至此，耐力比赛宣传片制作完成。

拓展案例：制作镜头切换效果

根据所学知识和已给素材，使用视频过渡制作一个镜头切换的效果，如图3-123所示。

图3-123 镜头切换的效果

第4章 应用视频效果

学习目标

知识目标：

◎ 了解关键帧，能够说出关键帧的作用；

◎ 熟悉素材的基础效果，能够描述出不同效果的作用及调整方法；

◎ 熟悉 Premiere 中的视频效果，能够为素材应用合适的视频效果。

能力目标：

◎ 掌握批量调整视频效果的方法，能够批量调整素材上的视频效果；

◎ 掌握添加关键帧的方法，能够利用标记精确添加关键帧；

◎ 掌握视频效果的设置方法，能够完成视频效果的添加、清除等操作。

素质目标：

◎ 培养敏锐的观察力和想象力，使学生从日常生活中汲取灵感，制作不同的视频案例；

◎ 激发创新思维，勇于挑战现有知识框架，能够对当前素材进行创新，得到更具新意的作品。

视频效果可以使视频更加绚丽，在Premiere中，提供了大量的视频效果，它们不仅可以应用到视频素材上，还能应用到图像及文字等素材中，在使用这些视频效果之前，首先要了解这些视频效果。本章将带领读者了解常用的视频效果，并掌握如何使用视频效果，如添加、清除、调整视频效果等知识点。

4.1 【案例4-1】制作京剧娃娃展示视频

京剧作为我国的国家级非物质文化遗产，不仅在国内享有盛誉，还在国际上产生了广泛的影响。本案例将制作一个京剧娃娃展示视频。通过本案例的学习，读者将掌握素材的基础效果处理、关键帧的应用以及批量调整视频效果等实用技能。

4.1.1 效果展示

按顺序展示京剧娃娃的图像，并将这些图像缩小到一个画面中展示。播放视频时，添加背景音乐。京剧娃娃展示视频截图示例如图4-1所示。

图4-1 京剧娃娃展示视频截图示例

视频

案例4-1
制作京剧娃娃展示视频

扫一扫二维码查看案例具体效果。

4.1.2 案例分析

本案例共包含11个图像素材和1个音频素材，在制作本案例时，可以将其拆分成两个视频来制作。

1. 制作视频1

导入素材之前，在“首选项”对话框中将“静止图像默认时间”设置成1 s。导入素材后，将指定的素材按照顺序添加到轨道中，将其嵌套，再调整运动效果，使其在播放时有一个放大效果。

2. 制作视频2

这部分制作较为复杂，需要将素材按照指定顺序添加到轨道上，然后为每个素材的“位置”和“缩放”效果添加关键帧，并调整素材的比例和位置，使其在同一平面中进行展示。

4.1.3 必备知识

1. 关键帧

关键帧是动画制作的核心元素，大多数视频效果的实现都依赖于关键帧。在Premiere中，关键帧用于在特定时间点设置属性值，即一个关键帧会保存一个特定的信息，有助于实现属性的平滑变化和动态效果。例如一段素材的整体不透明度是100%，为其添加三个关键帧，然后设置中间关键帧的不透明度信息为50%，如图4-2所示。

图4-2 关键帧

播放时，会播放一个渐隐渐显动画，下面介绍关键帧的基本操作。

（1）激活并添加关键帧

要使用关键帧，首先需要激活并添加关键帧。在“时间轴”面板中选中素材后，在“效果控件”面板中，单击某个选项前方的“切换动画”按钮。当该按钮变成蓝色时，即表示该效果的关键帧已被激活，并且在时间滑块所在位置自动添加了一个关键帧，在“效果控件”面板中可以看到添加的关键帧，如图4-3所示。

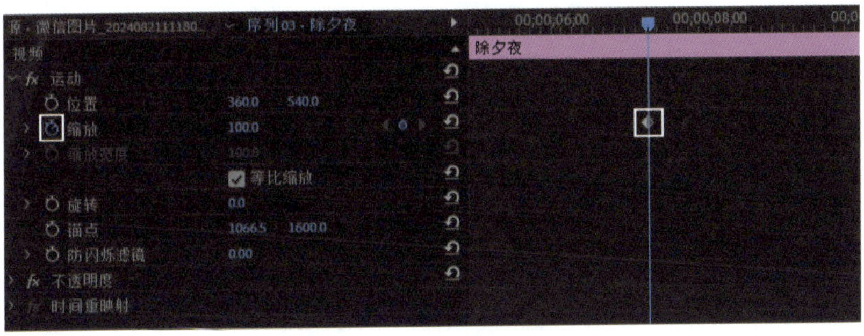

图4-3　激活并添加关键帧

激活关键帧后，可以看到三个按钮，依次是“转到上一关键帧”“添加/移除关键帧”“转到下一关键帧”，如图4-4所示。

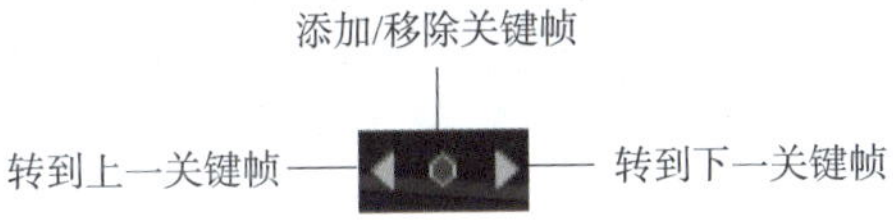

图4-4　三个按钮

当单击“转到上一关键帧”按钮时，可以跳转到时间滑块所在位置的上一关键帧；单击“添加/移除关键帧”按钮时，可以在时间滑块所在位置添加一个关键帧，若已存在关键帧，则会清除该关键帧；单击“转到下一关键帧”按钮时，可以跳转到时间滑块所在位置的下一帧。

除此之外，将轨道调高后，在“时间轴”面板中也可以激活并添加关键帧。在素材上单击图标，弹出素材的基础效果列表，如图4-5所示。

选中列表中的任一效果后，轨道上就会出现对应的关键帧轨迹，如图4-6所示。

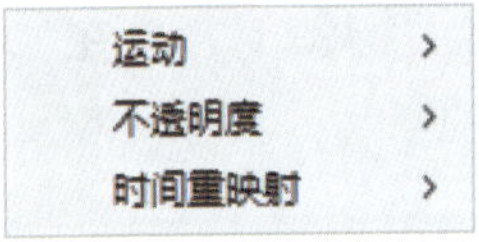

图4-5　素材的基础效果列表

图4-6　关键帧轨迹

在时间轴中添加关键帧的方法有两种：一种是使用“钢笔工具”添加，另一种是利用“轨道控制区”的“添加/移除关键帧”按钮进行添加。

- 利用“钢笔工具”添加关键帧：选择“钢笔工具”，将鼠标指针悬停在关键帧轨迹上，当鼠标指针变成形状时单击，即可在单击的位置添加一个关键帧，如图4-7所示。

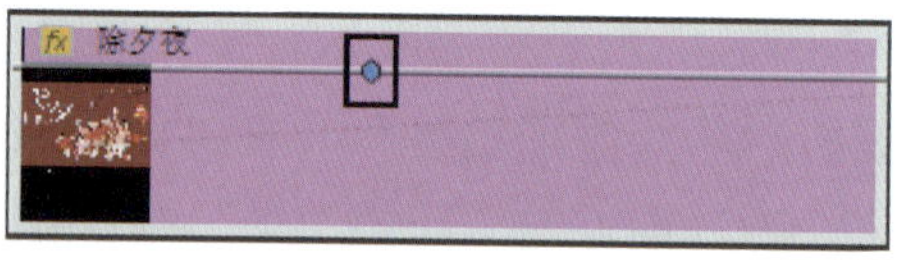

图4-7 添加关键帧1

- 利用"添加/移除关键帧"按钮添加关键帧：将时间滑块移动到目标位置，单击"轨道控制区"的"添加/移除关键帧"按钮，即可在时间滑块所在的位置添加关键帧，如图4-8所示。

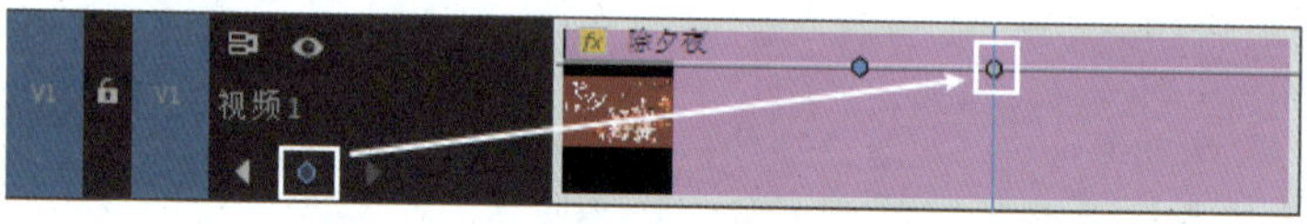

图4-8 添加关键帧2

值得注意的是，在"效果控件"面板中添加关键帧时，"时间轴"面板中并不能看到关键帧效果，而在"时间轴"面板中添加关键帧，在"效果控件"面板中可以看到添加的关键帧，"效果控件"面板中的关键帧如图4-9所示。"时间轴"面板中的关键帧如图4-10所示。

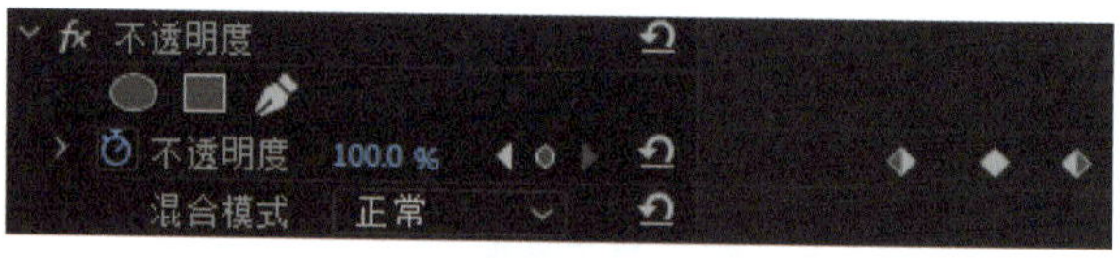

图4-9 "效果控件"面板中的关键帧

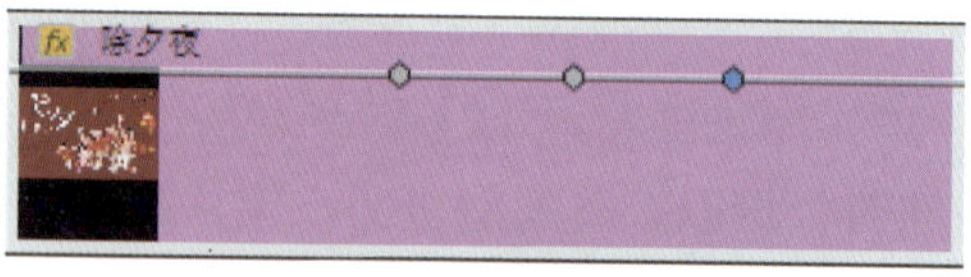

图4-10 "时间轴"面板中的关键帧

另外，当修改已激活关键帧的效果参数时，系统会自动在时间滑块当前位置添加一个新的关键帧。

（2）设置关键帧

添加关键帧后，通常需要为其设置具体的参数值。在选择素材之后，"效果控件"面板中展示了各种效果及其相关参数。将时间滑块移动到目标关键帧上，并在"效果控件"面板中调整相应参数时，实际上是在修改该关键帧的具体数值。

（3）删除关键帧

如果想单独删除某个关键帧，只需选中该关键帧，然后按【Delete】键即可。若想将某一效果中的所有关键帧全部删除，单击效果前方的"切换动画"按钮，弹出提示框，如图4-11所示。

单击"确定"按钮即可清除某个效果中的所有关键帧。

（4）移动关键帧

除了添加和删除关键帧，还可以对关键帧的位置进行调整，选中关键帧，按住鼠标左键拖动即可将关键帧移动到所需位置，如图4-12所示。

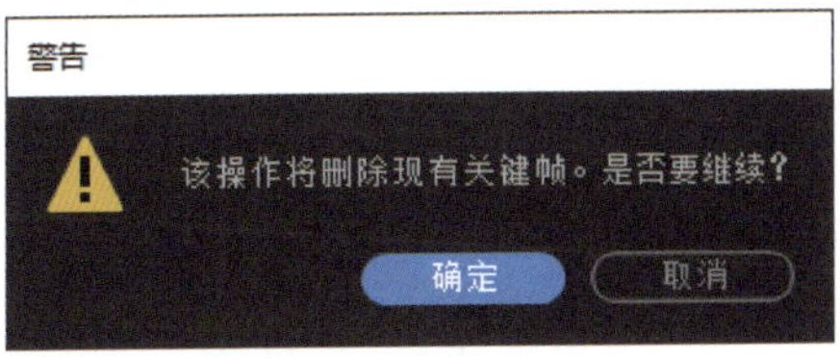

图4-11　提示框

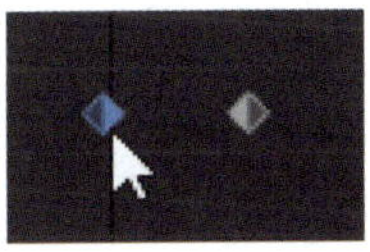

图4-12　移动关键帧

值得注意的是，虽然在“效果控件”面板和“时间轴”面板中均可移动关键帧的位置，但是，在“时间轴”面板中移动关键帧时，关键帧的参数可能会被修改。

（5）复制/粘贴关键帧

如果多个素材需要应用相同的关键帧参数，可以通过复制关键帧来提高工作效率。首先，在“效果控件”面板中选中要复制的关键帧后右击，弹出的快捷菜单如图4-13所示。

在弹出的快捷菜单中选择“复制”命令（或按【Ctrl+C】组合键）。然后，将时间滑块移动到所需位置后右击，在弹出的快捷菜单中选择“粘贴”命令（或按【Ctrl+V】组合键）即可粘贴关键帧。此时，关键帧的所有参数将会被复制并粘贴到新的位置。

2. 素材的基础效果

在Premiere软件中的每个素材都有其基础效果，包括“运动”“不透明度”“时间重映射”，这些效果都显示在“效果控件”面板中，如图4-14所示。

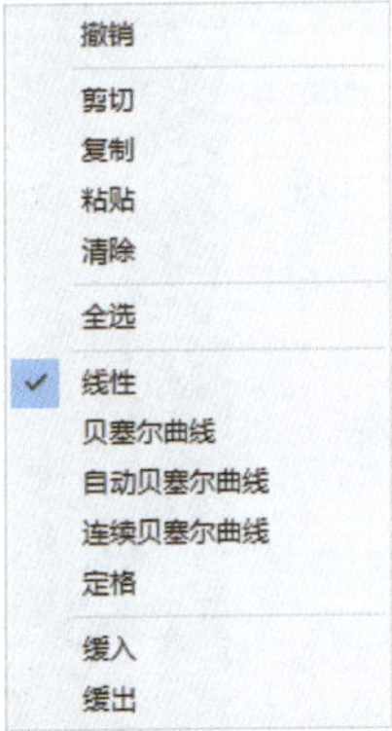

图4-13　快捷菜单

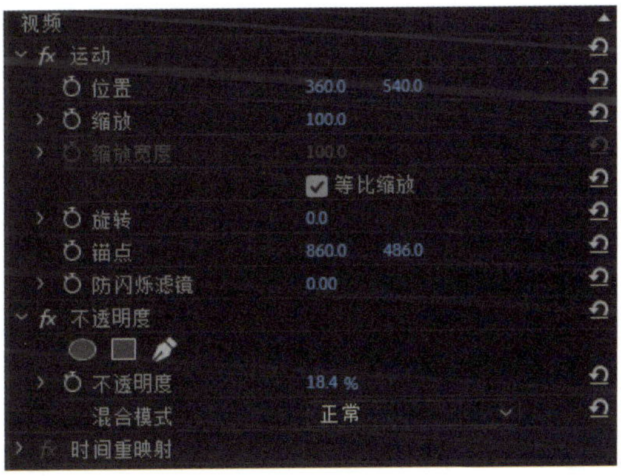

图4-14　基础效果

通过这些基础效果可以调整素材的参数，如位置、尺寸和角度等。配合关键帧使用，可以制作出各种动画效果。下面详细介绍这些基础效果的功能。

（1）运动

在运动效果中包含“位置”“缩放”“缩放宽度”“旋转”等参数，具体解释如下：

- “位置”：用于调整素材在画面中的具体定位，包括两个核心参数：横向坐标（*x*轴）和纵向坐标（*y*轴），通过调整这两个坐标值，可以精确控制素材在画面中的位置，如图4-15所示。

将鼠标指针悬停在坐标上，按住鼠标左键左右拖动，可以更改参数值，同时素材会跟着移动。

- “缩放”：用于调整素材的大小。
- “缩放宽度”：用于定义素材缩放宽度，只有取消勾选“等比缩放”复选框时，才会激活该选项，此时，上方的“缩放”会显示为“缩放高度”，以便调整素材的宽高比例，如图4-16所示。

- “旋转”：用于定义素材的旋转角度。
- “锚点”：用于调整素材的中心点，在Premiere中，素材的位置、旋转都是以锚点为中心进行调整的，在“节目监视器”中双击素材，即可看到锚点，如图4-17所示。

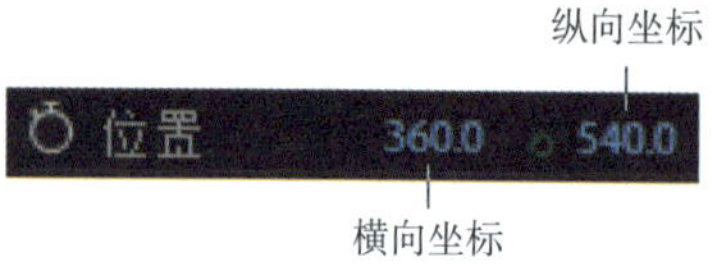

图4-15 “位置”参数

图4-16 缩放

图4-17 锚点

在“效果控件”面板中调整“锚点”参数时，“节目监视器”面板中素材的位置会发生变化，这是因为素材的位置是相对于锚点进行定位的。在这种情况下，仅调整“锚点”的参数值，而未更改“位置”的参数值，会导致“节目监视器”中素材的位置发生变化。相反，在“节目监视器”面板中移动锚点时，素材的位置保持不变，但“效果控件”中的“锚点”和“位置”参数值都会随之变化。

- “防闪烁滤镜”：用于消除视频素材中闪烁现象。如果画面中存在闪烁，则可以将该参数值设置为1。

（2）不透明度

在不透明度效果中包含了“不透明度”和“混合模式”等参数，具体介绍如下。

- “不透明度”：用于设置素材的透明程度，当设置“不透明度”为0%时，素材完全透明，当设置“不透明度”为100%时，素材完全不透明，而当设置“不透明度”的值介于0%~100%时，素材处于半透明状态，数值越小，图像越接近完全透明。
- “混合模式”：用于调整素材的混合模式，混合模式是指一个层与其下面一层的混合方式，单击混合模式下拉按钮，可以展开“混合模式”列表，如图4-18所示。

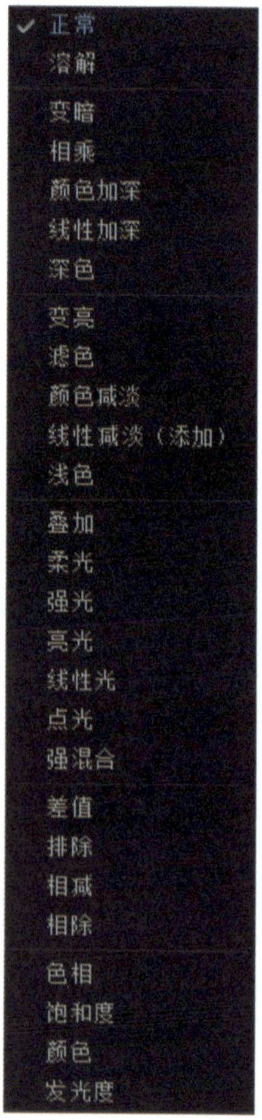

图4-18 “混合模式”列表

“混合模式”列表中包含27种混合模式，不同的混合模式可以产生不同的显示效果。例如，两个不同的素材分别在V1轨道和V2轨道上，如图4-19所示。

分别设置V2轨道上的素材的混合模式为“叠加”和“饱和度”，

效果如图4-20和图4-21所示。

图4-19　素材

图4-20　“叠加”效果

图4-21　“饱和度”效果

需要注意的是，混合模式的效果只有在应用于上方轨道中的素材时才能显现。

（3）时间重映射

“时间重映射”用于设置素材的速度变化，选中素材后，单击展开按钮展开“时间重映射”，如图4-22所示。

图4-22　展开“时间重映射”

将时间滑块移动到需要开始变速的位置，单击“添加/移除关键帧”按钮以添加关键帧。接着，按照相同的方法在结束变速的位置添加另一个关键帧，如图4-23所示。

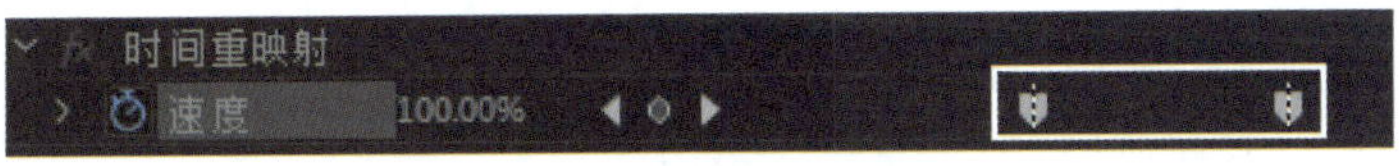

图4-23　添加关键帧

展开“速度”选项，右侧则会出现一条线，如图4-24所示。

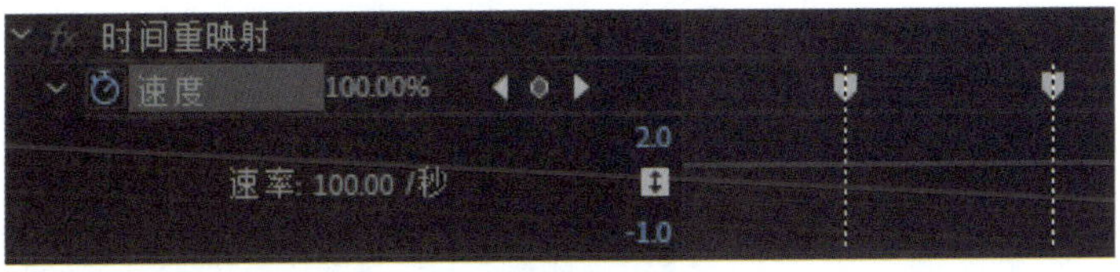

图4-24　一条线

这条线就代表了播放速率，将鼠标放置在这条线上，当鼠标指针变成形状时，可以通过上下拖动来调整素材的播放速率。向上拖动会加快播放速度，向下拖动则会减慢播放速度，拖动线如图4-25所示。

图4-25 拖动线

观察图4-25中的线条，可以发现，两条线都呈垂直上升或下降的趋势。快速播放时，线的位置相对于初始状态明显上升，且两个关键帧之间的距离变得更近。而减慢播放时，线的位置相对于初始状态下移，两个关键帧之间的距离则增大。

当确定播放速度后，拖动某个关键帧时，关键帧会被分割成两个，而线条也会变为带斜坡的形态，这代表了逐渐缓慢变速，如图4-26所示。

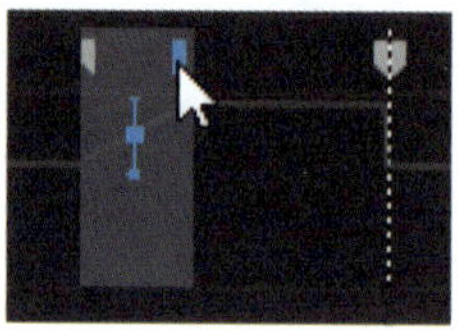

图4-26 缓慢变速

3. 批量调整视频效果

在视频剪辑过程中，时间轴面板中可能会有多个片段。如果想将这些片段作为一个整体进行调整，就需要对它们进行编组或嵌套。这种操作可以显著提高工作效率。下面详细讲解编组和嵌套的方法。

（1）编组

编组是指将一些片段组合起来，从而对这些片段统一进行调整，在轨道中选中需要编组的素材后，选择“剪辑”→“编组”命令（或按【Ctrl+G】组合键），即可为这些片段编组，编组后的素材不能单独选择。

若想取消编组，则选择“剪辑”→“取消编组”命令（或按【Ctrl+Shift+G】组合键），或者在“时间轴”面板中右击，在弹出的快捷菜单中选择“取消编组”命令即可。

（2）嵌套

嵌套是将多个片段组合成一个新的序列，这样可以将组合后的序列视作一个单独的素材进行操作。当需要进行重复性操作（如调整不透明度或缩放）时，嵌套可以大大简化工作。简单来说，嵌套就像一个“大麻袋”，可以将多个片段放入其中，调整这个“大麻袋”时，所有放在里面的片段都会同时发生变化。

选中片段，选择“剪辑”→“嵌套”命令，弹出“嵌套序列名称”对话框，如图4-27所示。

在对话框中为嵌套设置名称后，单击“确定”按钮，被选中的素材就会变成一个单独的素材，嵌套前后如图4-28所示。

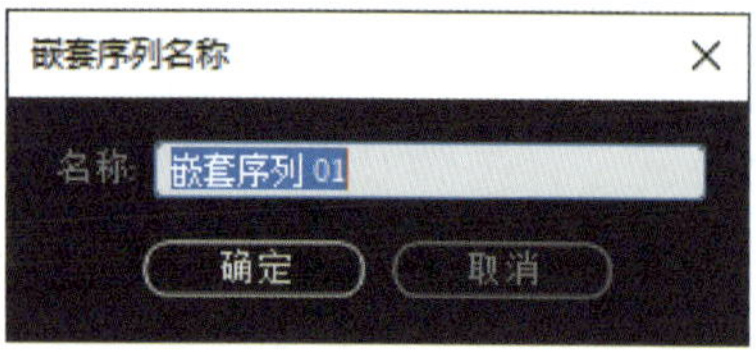

图4-27 “嵌套序列名称”对话框

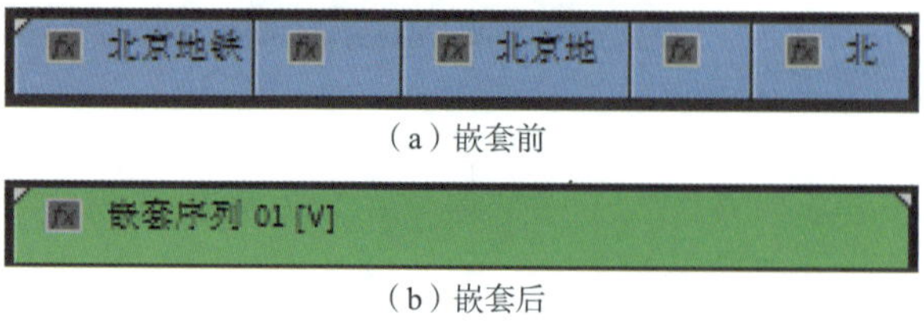

图4-28 嵌套前后

此时，在“项目”面板中多了一个同名称的序列。当然，在轨道上选中素材后右击，也可弹出“嵌套序列名称”对话框。

脚下留心：编组与嵌套的区别

编组后，虽然素材被合并为一个整体，但它仍然不能作为单独的素材进行操作，例如，无法直接调整不透明度、缩放等效果。如果需要编辑这些效果，必须先取消编组。而嵌套则将素材真正地合并为一个整体，允许对其效果进行直接编辑。

4. 利用标记精准添加关键帧

在Premiere中，标记相当于定位，有助于用户快速找到某帧的位置，从而快速在某帧的位置添加关键帧。标记的具体使用方法如下：

（1）添加标记

不选中素材的情况下，拖动时间滑块至需要标记的位置，选择“标记”→“添加标记”命令（或按【M】键）即可添加标记，此时，“节目监视器”下方和“时间轴”面板中的时间标尺上会出现绿色的标记，如图4-29所示。

图4-29　时间标尺上的标记

此外，单击“时间轴”面板或“节目监视器”面板中的“添加标记”按钮，或者在时间标尺上右击，在弹出的快捷菜单中选择“添加标记”命令，也可以添加标记。

选中素材的情况下，可为素材添加标记，如图4-30所示。

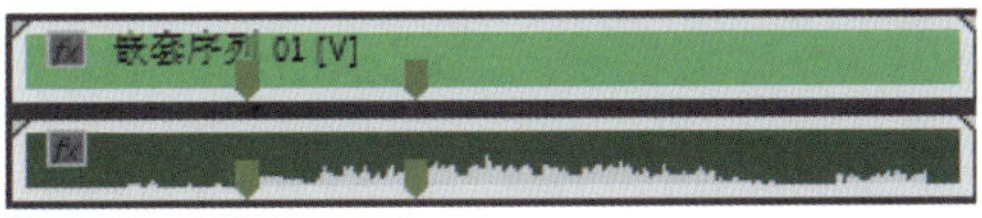

图4-30　为素材添加标记

为素材添加标记后，移动素材的位置时，标记会随着素材进行移动。

（2）跳转到标记

添加标记后，可以快速地跳转到某个标记的位置，具体操作方法如下：

- 选择“标记”→“转到下一标记”命令（或按【Shift+M】组合键）即可跳转到下一个标记。
- 选择“标记”→“转到上一标记”命令（或按【Ctrl+Shift+M】组合键）即可跳转到上一个标记。

当然，在对应的面板中右击，在弹出的快捷菜单中选择相应的命令即可。

（3）删除标记

如果发现有不需要的标记，可以将其删除，具体操作方法如下：

- 选择“标记”→“清除所选标记”命令（或按【Ctrl+Alt+M】组合键）即可清除所选标记。
- 选择“标记”→“清除所有标记”命令（或按【Ctrl+Alt+Shift+M】组合键）即可清除所有标记。

此外，在对应的面板中右击，在弹出的快捷菜单中选择相应的命令即可。

（4）编辑标记

在实际操作中，往往需要为标记添加名称、注释以及调整标记的颜色等，在Premiere中选择“标记”→“编辑标记”命令，或者选中标记，按【M】键，弹出“标记”对话框，如图4-31所示。

在对话框中对标记进行编辑即可，关于对话框中的常用参数解释如下：

- “名称”：用于定义标记的名称，而名称可作为标记的一个简短的注释，可以帮助用户了解标记的作用，也就是为什么会在此处添加标记。

图4-31 “标记”对话框

- “时间”：表示当前标记所停在的位置，如00:00:01:21说明在视频的1秒21帧处添加了这个标记。
- “持续时间”：用于定义标记持续的时间，通常情况下会设置一个简短的时长，以便于查看标记的名称。当然，若不设置标记的持续时间，将鼠标移动到标记处也会显示标记的名称。
- “标记颜色”：用于定义标记的颜色，当轨道中的素材较多时，经常会重叠标记，这时，将它们的颜色进行区分，方便用户查看标记，如图4-32所示。

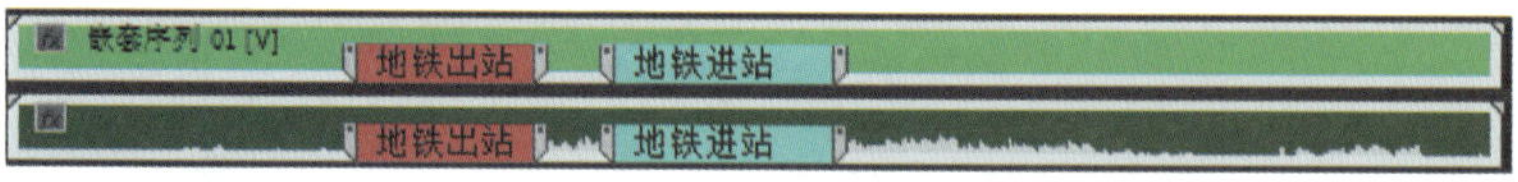

图4-32 查看标记

注意：

跳转到标记和删除标记的操作不适用于已经添加到素材中的标记。如果需要删除素材中的标记，需先双击轨道中的素材，在“源”面板中进行预览。然后，在“源”面板中删除所选标记。

4.1.4 实现步骤

1. 制作视频1

Step 01 打开Premiere软件，新建项目，将项目命名为“【案例4-1】制作京剧娃娃展示视频”，单击“确定”按钮，完成项目的创建。

Step 02 选择“文件”→“新建”→“序列”命令（或按【Ctrl+N】组合键），弹出“新建序列”对话框，在对话框里设置相关参数，如图4-33所示。单击“确定”按钮之后即可新建序列。

Step 03 选择“编辑”→“首选项”→“时间轴”命令，弹出“首选项”对话框，在其中设置“静止图像默认持续时间”为1 s，如图4-34所示。

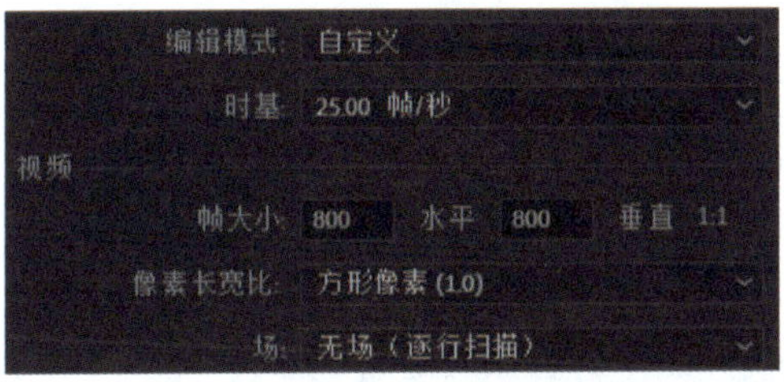

图4-33　新建序列

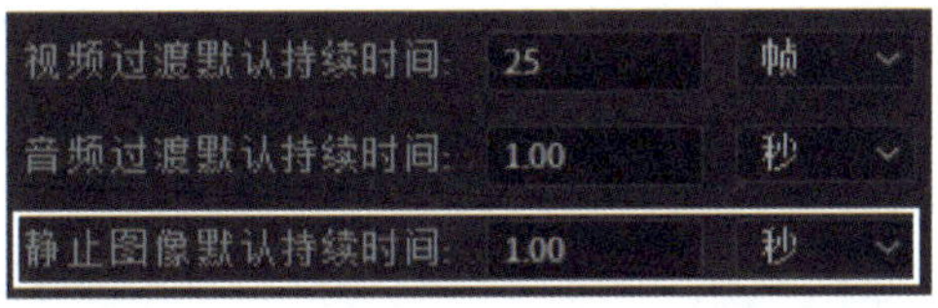

图4-34　设置“静止图像默认持续时间”

Step 04 选择“文件”→“导入”命令（或按【Ctrl+I】组合键），导入图4-35所示的素材到“项目”面板中。

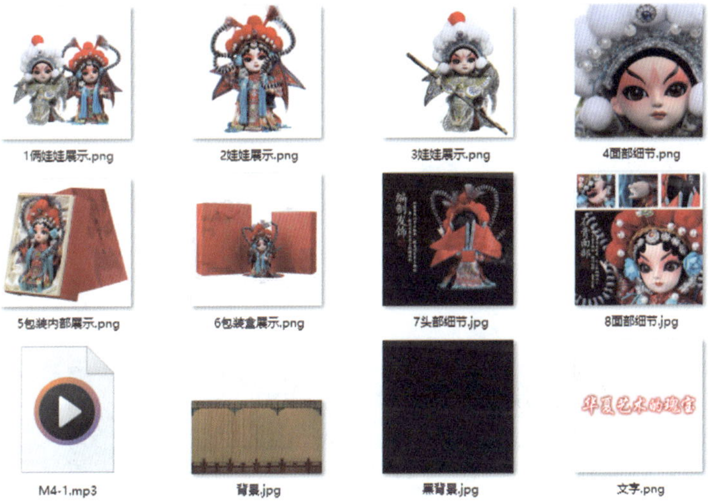

图4-35　图像素材展示

Step 05 依次将“背景”“1俩娃娃展示”“2娃娃展示”“3娃娃展示”“4面部细节”“5包装内部展示”“6包装盒展示”拖动到“时间轴”面板中的V1~V7轨道上，如图4-36所示。

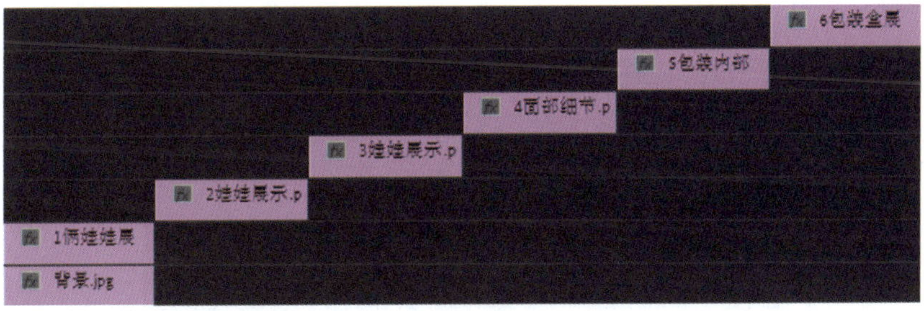

图4-36　添加图像素材到轨道中

Step 06 将背景素材的持续时间设置为6 s。

Step 07 逐一调整素材的尺寸。

Step 08 选中V2~V7轨道中的6个素材后右击，在弹出的快捷菜单中选择“嵌套”命令，弹出“嵌套序列名称”对话框，在其中设置嵌套序列的名称为“统一展示”，如图4-37所示。

Step 09 单击“确定”按钮，完成嵌套序列。

Step 10 将时间滑块定位在最开始的位置，在“时间轴”面板中选中“统一展示”。

Step 11 在“效果控件”面板中单击“缩放”前方的“切换动画”按钮激活并添加关键帧，如图4-38所示。

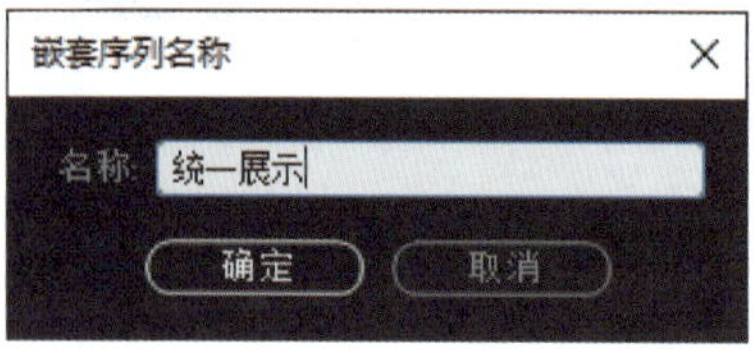

图4-37 “嵌套序列名称”对话框

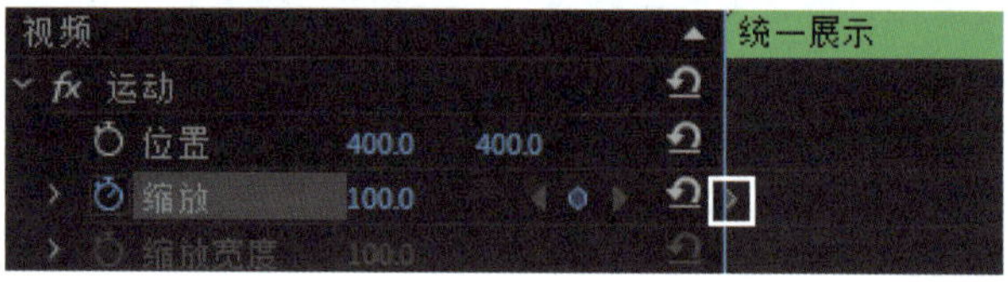

图4-38 激活并添加关键帧

Step 12 将时间滑块定位在5秒20帧处，设置“缩放”参数为110。

2. 制作视频2

Step 01 在“时间轴”面板中双击“统一展示”，打开“统一展示”序列，复制其中的前三个素材。

Step 02 选择“序列1”，将时间滑块定位在6秒处，将复制的素材粘贴到V2~V4轨道中，如图4-39所示。

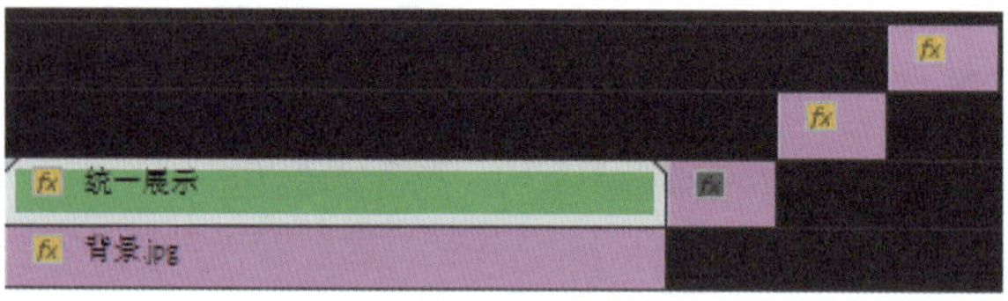

图4-39 粘贴素材

Step 03 在“效果控件”面板中将后面三个素材的“缩放”参数设置为100%。

Step 04 将“项目”面板中的“7头部细节”“8面部细节”“4面部细节”拖动到V5~V7轨道中，如图4-40所示。

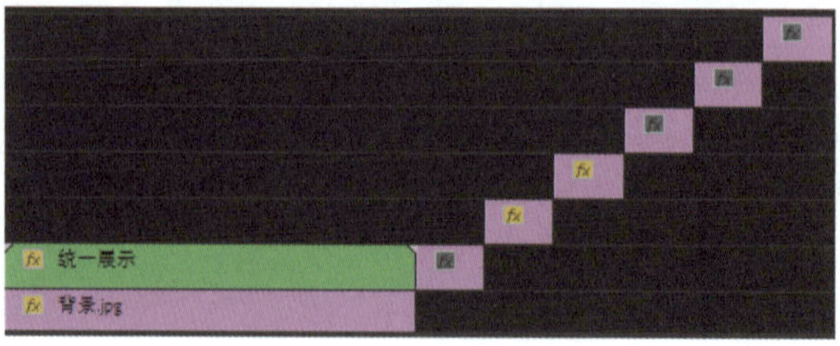

图4-40 继续添加素材

Step 05 选中中间的五段素材，分别调整它们的持续时间，如图4-41所示。

Step 06 选中“统一展示”后面的第一个素材，将时间滑块定位在6秒处，激活“位置”和“缩放”关键帧。

Step 07 设置“缩放”为30。

Step 08 将时间滑块定位在6秒8帧处，设置“缩放”为100，并为“位置”添加关键帧。

Step 09 将时间滑块定位在6秒19帧处，设置“缩放”为40，设置“位置”为（160，150）。

Step 10 在“效果控件”面板中复制“位置”和“缩放”的关键帧，将时间滑块定位在7秒处，选中V3轨道上的素材，在“效果控件”面板中粘贴关键帧。

Step 11 调整“位置”和“缩放”的第3个关键帧参数，以确保位置和大小合适。

Step 12 按照Step10的方法，复制关键帧，分别选中后面的几段素材，在每段素材最初始的位置粘贴关键帧。

Step 13 按照Step11的方法，调整“位置”和“缩放”的第3个关键帧参数，六个图像最终的位置和大小如图4-42所示。

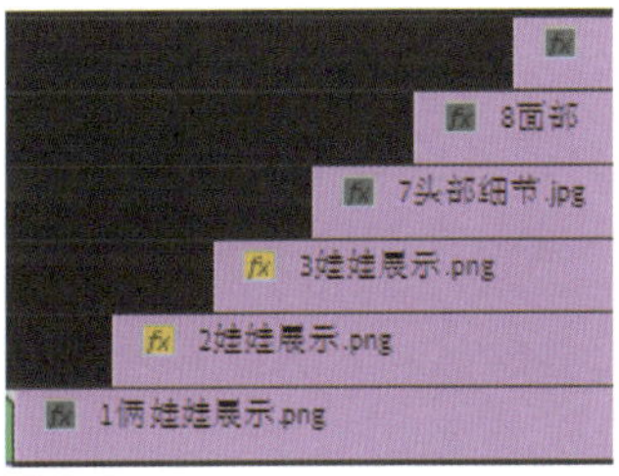

图4-41 调整素材的持续时间

图4-42 图像大小

Step 14 将“项目”面板中的“文字.png”素材拖动到“时间轴”面板中，如图4-43所示。

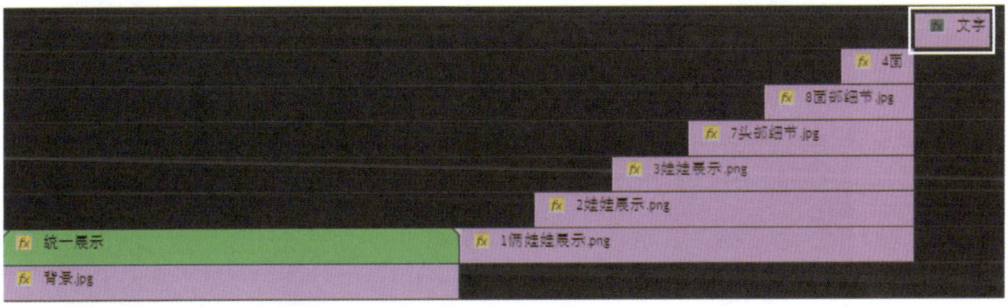

图4-43 添加素材

Step 15 将时间滑块定位在12秒，在“效果控件”面板中激活“缩放”关键帧，并设置“缩放”参数为0。

Step 16 将时间滑块定位在12秒10帧的位置，将“缩放”设置为100。

Step 17 将“黑背景.jpg”素材拖动到V1轨道中，调整各个素材的持续时间，如图4-44所示。

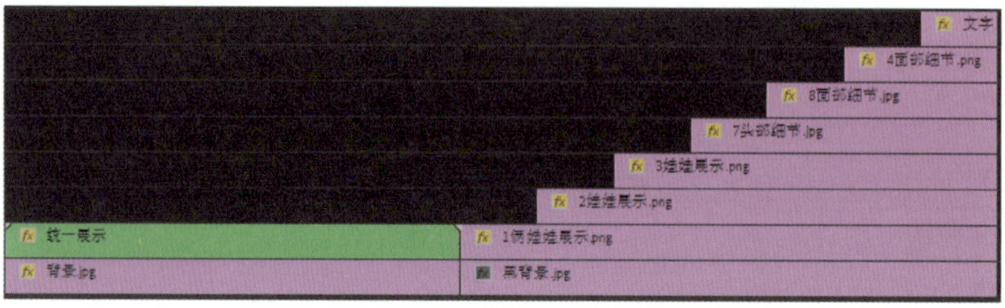

图4-44　调整素材的持续时间

Step 18 在“项目”面板中双击音频素材“M4-1.mp3”，在15帧的位置添加入点，在13秒15帧的位置添加出点，将其添加到A1轨道中。

Step 19 按【Ctrl+S】组合键保存项目，并将项目中所用的素材打包。

至此，京剧娃娃展示视频制作完成。

4.2　【案例4-2】制作水中倒影视频

一般情况下，倒影是一种与物体等大的虚像。在现代中国风设计中，水中倒影作为装饰元素也常被运用。它能够赋予设计作品一种传统韵味，同时带来优雅和宁静的氛围。本案例将制作一个水中倒影的效果，通过本案例的学习，读者能够掌握设置视频效果，如添加、清除、调整视频效果，以及扭曲、模糊与锐化、变换等视频效果的应用。

4.2.1　效果展示

通过一个图像和一个水波的素材制作成一个水中倒影的效果，其截图示例如图4-45所示。

图4-45　水中倒影的效果截图示例

视频

案例4-2
制作水中倒影

扫一扫二维码查看案例具体效果。

4.2.2　案例分析

本案例只有一个图像素材和一个视频素材，在制作的时候可以将其分成两部分来制作。

1. 设置镜像效果

首先，将图像素材添加到轨道中，调整图像的持续时间，使其与视频素材时间相同；其次，使用视频效果制作镜像效果；最后，由于倒影属于虚化的，因此需要将倒影进行模糊处理。

2. 调整水波

调整好图像素材后，需要添加视频素材至图像素材上方的轨道上，使用视频效果将其多余的部分裁切掉，再设置水波的不透明度及水面光照效果。

4.2.3　必备知识

1. 视频效果的基础设置

视频效果能帮助用户作出更炫酷的画面效果，在“效果”面板中，展开“视频效果”文件夹，会展开视频效果列表，如图4-46所示。

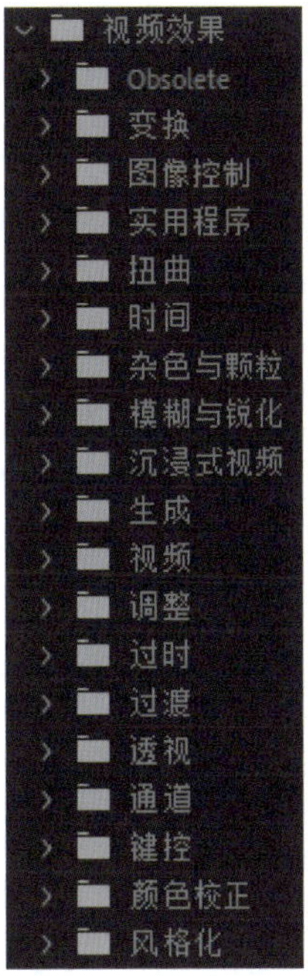

图4-46　视频效果列表

Premiere中提供了19种视频效果，如“Obsolete”“变换”“图像控制”“实用程序”等。在了解这些视频效果之前需要先了解如何使用这些视频效果，包括添加、清除、隐藏或显示、复制视频效果等。

（1）添加视频效果

在视频效果列表中选中指定的视频效果，将其拖动到轨道中的素材上，当鼠标指针变成形状时，释放鼠标，即可将该视频效果应用在素材上，如图4-47所示。

图4-47　添加视频效果

此外，在“时间轴”面板中选中素材后，直接拖动视频效果到“效果控件”面板中，也可以为素材应用视频效果。在Premiere中，一段素材可以添加多个视频效果。为素材应用视频效果后，该效果会作为素材的属性被保存，并显示在“效果控件”面板中，与素材的基础效果一起进行管理和调整。

（2）清除视频效果

如果某段素材不再需要视频效果，可以将其清除。在“效果控件”面板中选择要删除的视频效果，按【Delete】键即可删除选中的视频效果。

（3）隐藏或显示视频效果

如果想查看素材应用某视频效果前后的对比，而不删除视频效果，可以选择隐藏该视频效果。这一操作不会改变视频效果的任何参数。单击效果名称前的“切换效果开关”按钮，当图标变成时，视频效果将被隐藏；再次单击则会重新显示视频效果。

（4）复制视频效果

如果多个素材需要使用同一个视频效果，复制和粘贴已设置好的效果可以显著提高视频剪辑的效率，具体方法如下：

在“效果控件”面板中选中视频效果后，按【Ctrl+C】组合键进行复制。然后，在“时间轴”面板中选择目标素材，再回到“效果控件”面板，按【Ctrl+V】组合键，可以将视频效果粘贴到选中的素材上。

此外，还可以直接在“时间轴”面板中右击素材，在弹出的快捷菜单中选择“复制”命令，即可复制素材的视频效果。选中目标素材后右击，在弹出的快捷菜单中选择“粘贴属性”命令，弹出“粘贴属性”对话框，如图4-48所示。

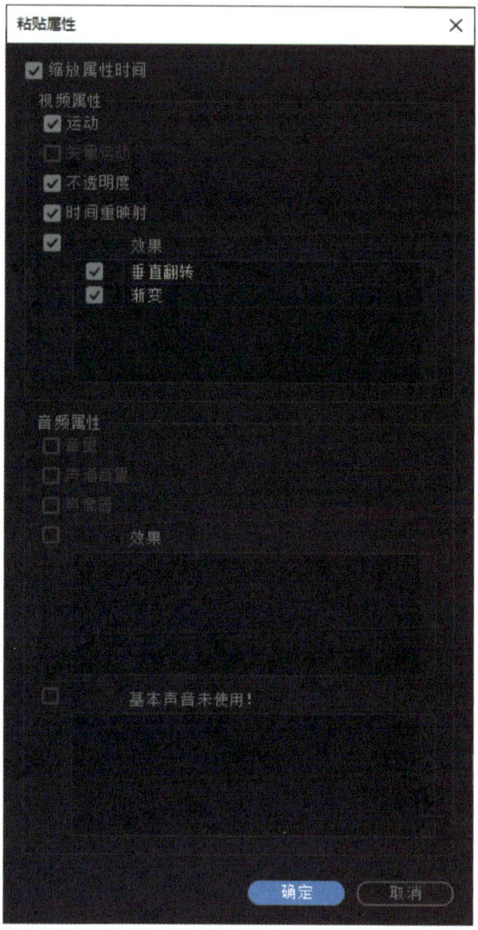

图4-48 “粘贴属性”对话框

在对话框中勾选需要粘贴的属性，单击“确定”按钮即可成功复制视频效果。

不同的视频效果具有不同的参数。如果想调整视频效果，可以在“时间轴”面板中选择素材，然后切换到“效果控件”面板，调整对应的视频效果参数。

2. 蒙版

通常情况下，应用于素材的视频效果会覆盖整个画面。如果需要调整素材的某一特定区域的视频效果，可以通过蒙版实现。在Premiere中，蒙版中的区域可以被编辑，而蒙版外的区域则是不可编辑的。几乎每个视频效果下面都有三个工具按钮，这三个工具分别用于绘制椭圆形、矩形和自由图形的蒙版。选择其中一个工具后，下面就会弹出蒙版选项，如图4-49所示。

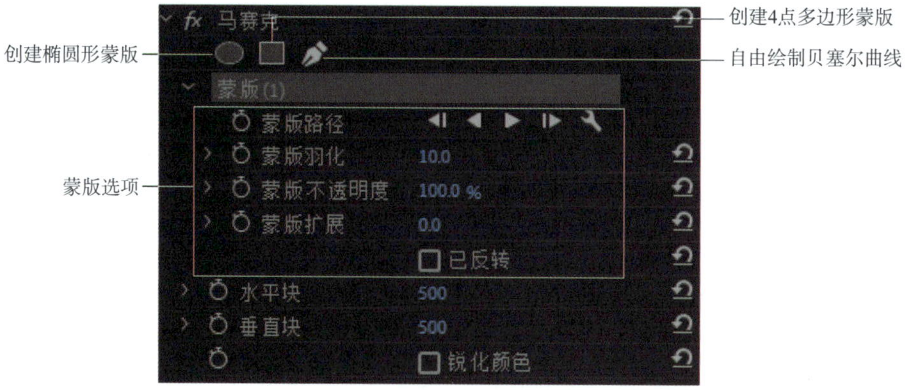

图4-49 蒙版选项

在“效果控件”面板中可以对蒙版进行调整。值得一提的是，可以为一个素材添加多个蒙版。下面介绍蒙版的基本操作。

（1）添加蒙版

当单击“创建椭圆形蒙版”或“创建4点多边形蒙版”按钮时，“节目监视器”面板中的素材中心处会出现默认大小的椭圆形或矩形蒙版，如图4-50所示。

图4-50　创建椭圆形或矩形蒙版

当单击“自由绘制贝塞尔曲线”按钮时，“节目监视器”面板中不会出现任何图形，将鼠标移动到“节目监视器”时，鼠标指针会变成钢笔形状，此时需要自由绘制贝塞尔曲线，单击可确定第一个锚点，确定一个锚点后，可以绘制直线路径也可以绘制曲线路径，具体方法如下：

- 绘制直线路径：在第一个锚点附近再次单击，两个锚点之间即会形成一条直线路径，如图4-51所示。
- 绘制曲线路径：在第一个锚点附近单击并拖动鼠标创建一个平滑点，两个锚点之间会形成一条曲线路径，如图4-52所示。

绘制完曲线路径之后，会出现一个手柄，将鼠标指针悬停在手柄两侧的点上时，鼠标指针会变成形状，此时按住鼠标左键移动，即可调整曲线的弧度，如图4-53所示。

图4-51　直线路径

图4-52　曲线路径

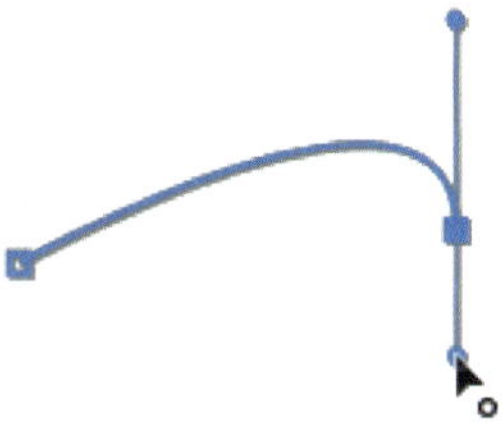

图4-53　调整曲线路径

将鼠标放置在锚点上，按住【Alt】键不放，当鼠标指针变成形状时单击，可以将平滑点转换为角点，相对应地，按住【Alt】键不放，当鼠标指针变成形状时单击并拖动，可将角点转换为平滑点，如图4-54所示。

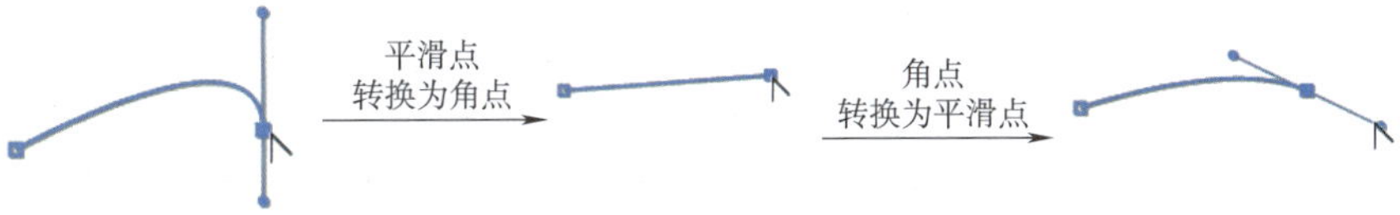

图4-54　锚点转换

（2）调整蒙版形状

设置蒙版时，经常需要调整蒙版的形状，在Premiere中，通过调整锚点，可以调整蒙版形状，具体介绍如下：

- 移动锚点：将鼠标悬停在锚点上，当鼠标指针变成形状时，按住鼠标左键并拖动，即可移动锚点的位置。锚点位置的改变会直接调整蒙版的形状。
- 添加锚点：将鼠标移动到路径上，当鼠标指针变成形状时，单击即可添加新的锚点。添加锚点后，可以进一步移动这些锚点，以便调整蒙版的形状。

（3）移动蒙版

将鼠标放置在蒙版中，当鼠标指针变成形状时，按住鼠标拖动可移动蒙版的位置。

（4）删除蒙版

在“效果控件”面板中，选中蒙版后按【Delete】键即可删除蒙版。

3. 扭曲视频效果文件夹

在“扭曲”文件夹中，包含12个视频效果，如“偏移”“变形稳定器”“镜像”等，如图4-55所示。

“扭曲”文件夹中的视频效果主要用于对图像进行几何变形。其中，“变形稳定器”和“果冻效应修复”视频效果主要用于调整由于手持相机拍摄导致的画面抖动和画面扭曲；其余视频效果均用于设置图像的变形，通过调整参数可以设置不同的扭曲程度。图4-56所示为原素材，图4-57和图4-58所示为“波形变形”和“镜像”的参数设置及效果图。

图4-55 “扭曲”文件夹

图4-56 原素材

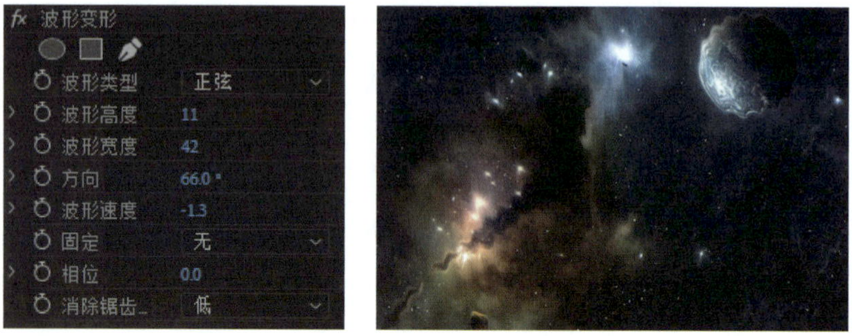

图4-57 “波形变形”视频效果

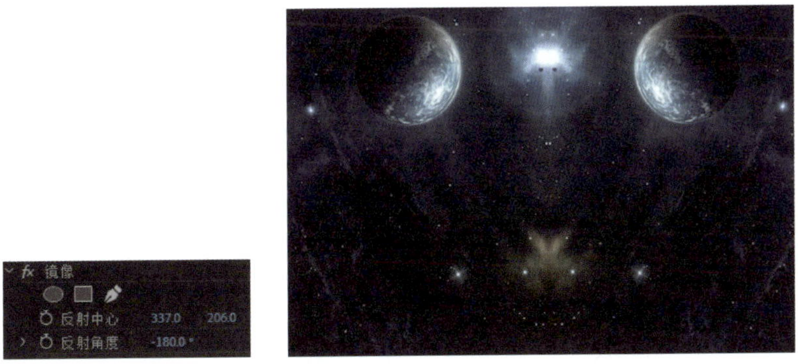

图4-58 “镜像”视频效果

4. 模糊与锐化视频效果文件夹

在“模糊与锐化”文件夹中，包含6个视频效果，如“Camera Blur”“方向模糊”“高斯模糊”等，如图4-59所示。

其中，“Camera Blur”“减少交错闪烁”“方向模糊”“高斯模糊”视频效果可以使画面变得模糊、朦胧；而“钝化蒙版”“锐化”视频效果则可以使画面更加清晰。例如，原素材如图4-60所示，为其分别应用“方向模糊”和“钝化蒙版”视频效果，如图4-61和图4-62所示。

图4-59 “模糊与锐化”文件夹

图4-60 原素材

图4-61 “方向模糊”视频效果

图4-62 “钝化蒙版”视频效果

5. 变换视频效果文件夹

“变换”文件夹中的视频效果可以对视频进行翻转、裁剪等操作。共包含5个视频效果，如“垂直翻转”“水平翻转”“羽化边缘”等，如图4-63所示。

其中，“垂直翻转”是可以将画面沿着水平线翻转180°；“水平翻转”则是沿垂直线翻转180°；“羽化边缘”是将画面四周产生羽化或虚化的效果；“自动重构”可以将素材的位置、角度进行调整；“裁剪”视频效果可以将画面进行切割，从而能修改素材的尺寸。例如，原素材如图4-64所示，为其应用“裁剪”视频效果，依次设置其顶部和底部数值为20%，即可得到相应的效果图，如图4-65所示。

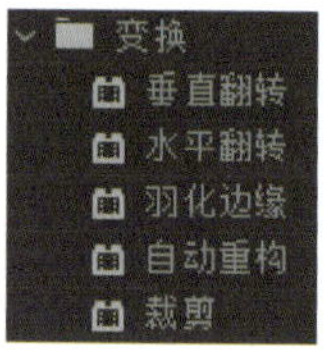

图4-63 “变换”文件夹

图4-64 原素材

图4-65 “裁剪”视频效果

6. 光照效果视频效果

“光照效果”位于“调整”文件夹内，它能够通过控制光源数量为素材添加光照效果。为素材应用“光照效果”后，可以在“效果控件”面板中看到“光照效果”参数，如图4-66所示。

在“光照效果”参数中，包含很多参数，下面对常用的参数进行介绍：

- “光照1”～“光照5”：用于设置投射到素材上的光源效果，展开光照参数，可以看到光照参数，如图4-67所示。在光照参数中，可以设置光源的类型、颜色、位置、半径等。

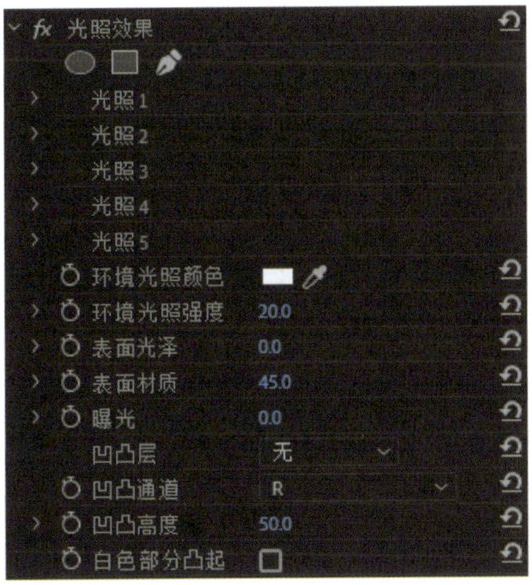

图4-66　“光照效果”参数

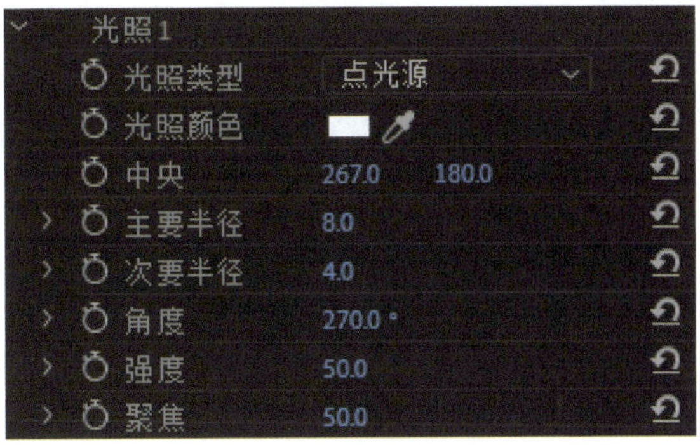

图4-67　光照参数

- “环境光照颜色”：用于设置环境光的颜色。默认为白色，此时画面颜色为原素材的颜色。若更改“环境光照颜色”，则画面的颜色会叠加“环境光照颜色”中设置的颜色。
- “环境光照强度”：用于设置环境光的强度。
- “表面光泽”：用于设置光照中高光部分的光照强度。
- “表面材质”：用于设置光照中中性光的光照强度。
- “曝光”：用于设置整个画面的光照强度。

为素材应用“光照效果”的效果如图4-68所示。

图4-68　应用“光照效果”的效果

4.2.4　实现步骤

1. 设置镜像效果

Step 01 打开Premiere软件，新建项目，将项目命名为“【案例4-2】制作水中倒影视频”，单击“确定”按钮，完成项目的创建。

Step 02 选择“文件”→“新建”→“序列”命令（或按【Ctrl+N】组合键），弹出“新建序列”对话框，在对话框里设置相关参数，如图4-69所示。单击“确定”按钮即可新建序列。

Step 03 选择“文件”→“导入”命令（或按【Ctrl+I】组合键），导入图4-70所示的“大山.jpg”图像素材和“洱海.mp4”视频素材到“项目”面板中。

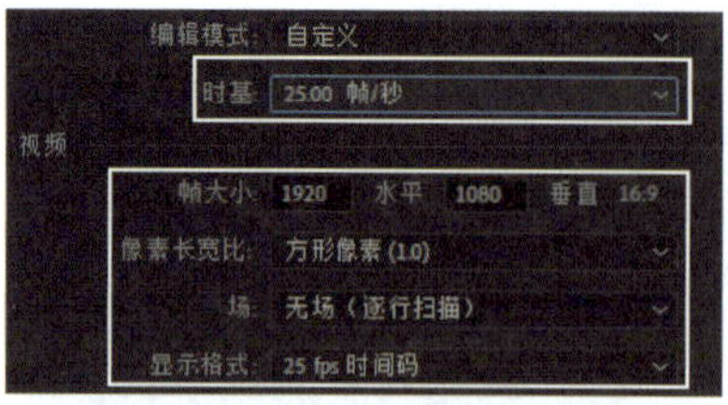

图4-69 新建序列

大山.jpg

洱海.mp4

图4-70 图像素材和视频素材

Step 04 将图像素材添加到V1轨道上，并更改图像的持续时间为11秒2帧。

Step 05 在“效果”面板中打开“扭曲”效果文件夹，在文件夹中选择“镜像”视频效果，将其拖动到图像素材上。

Step 06 在“效果控件”面板中设置镜像参数，如图4-71所示。效果如图4-72所示。

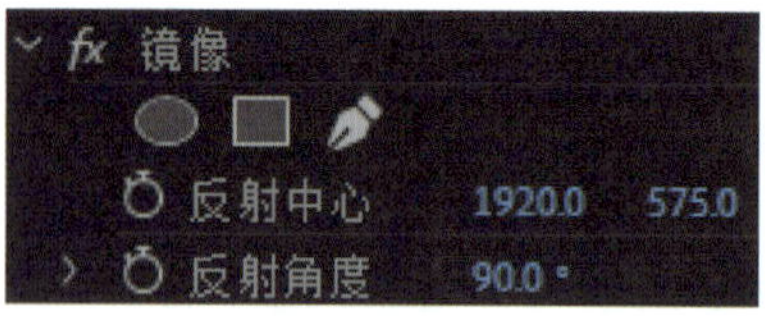

图4-71 设置镜像参数

图4-72 效果图

Step 07 在“效果”面板中打开“模糊与锐化”效果文件夹，在文件夹中选择“相机模糊”视频效果，将其拖动到图像素材上。

Step 08 在“效果控件”面板中设置模糊参数，如图4-73所示。效果如图4-74所示。

图4-73 模糊参数

图4-74 模糊效果图

Step 09 使用“创建4点多边形蒙版”工具■，绘制图4-75所示的蒙版。

图4-75　绘制蒙版

2. 调整水波

Step 01 将视频素材添加到V2轨道中，在“效果”面板中搜索“裁剪”视频效果，将其拖动到视频素材上。

Step 02 在“效果控件”面板中设置裁剪参数，如图4-76所示。效果如图4-77所示。

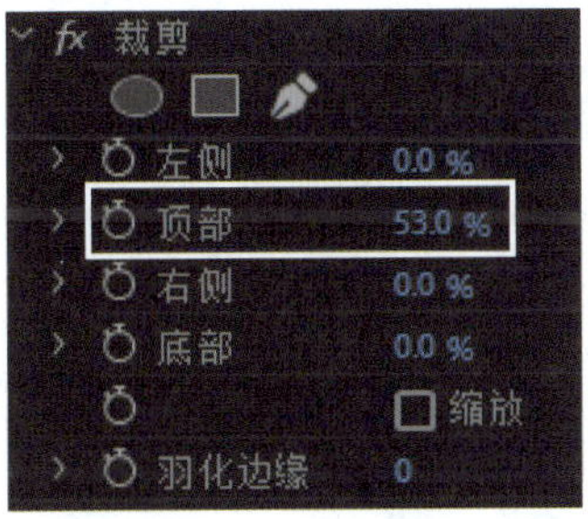

图4-76　裁剪参数

裁剪前　　裁剪后

图4-77　裁剪效果图

Step 03 将视频素材的不透明度设置为60%，“混合模式”为变暗，如图4-78所示，效果如图4-79所示。

图4-78　设置视频素材的不透明度和混合模式

图4-79 调整不透明度和混合模式的效果图

Step 04 在“效果”面板中搜索“光照效果”视频效果，将其拖动到图像素材上。

Step 05 在“效果控件”面板中设置光照参数，如图4-80所示。效果如图4-81所示。

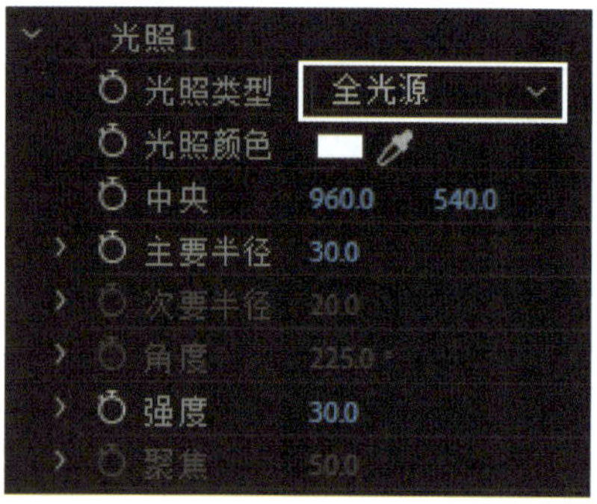

图4-80 设置光照参数

图4-81 光照效果

Step 06 按【Ctrl+S】组合键保存项目，并将项目中所用的素材打包。

至此，水中倒影视频制作完成。

4.3 【案例4-3】制作手写字效果

在Premiere中，利用视频效果可以制作出字幕效果，如机打字效果、手写字效果等。本案例将制作一个手写字的效果，通过本案例的学习，读者能够掌握书写、Noise HLS视频效果的应用。

4.3.1 效果展示

本案例最终效果为老式电视机中的手写字效果，其截图示例如图4-82所示。

图4-82 手写字效果截图示例

视频

案例4-3 制作手写字效果

扫一扫二维码查看案例具体效果。

4.3.2 案例分析

本案例相对来说较为烦琐，而且考验耐心。本案例可以分为两部分来制作，第1部分是制作手写字背景，第2部分是书写文字，具体介绍如下：

1. 制作手写字背景

在打造手写字背景视频时，一个精心策划的制作流程至关重要。首先，针对可能存在的视频抖动问题，利用先进的视频稳定效果技术，将素材调整为平滑且稳定的画面，确保观众在观看时拥有舒适的视觉体验。接下来，为了营造出一种复古的电视机效果，巧妙地添加适量的杂色元素，这不仅增强了视频的质感，还让人仿佛穿越回了那个充满怀旧气息的年代。最后，为了进一步提升视频的电影感，应用精细的裁剪效果，通过精心挑选的画面构图，引导观众的视线，使整个作品更具吸引力和故事性。

2. 书写文字

在制作这部分时需要有耐心并且仔细。书写文字时有如下几个小技巧：

- 在“节目监视器”中移动画笔位置比在“效果控件”中设置参数更为省力。
- 在移动画笔位置时，需要按住画笔锚点的边缘，以防不小心移动了手柄。
- 若移动错误，按【Ctrl+Z】组合键撤销即可。

书写文字后，要应用关键帧，使文字隐藏。

4.3.3 必备知识

1. 书写视频效果

“书写”这一视频效果位于“过时”文件夹内，它能够为素材增添一种独特的手写字动画魅力，其丰富的参数设置让创作过程更加灵活多变，如图4-83所示。

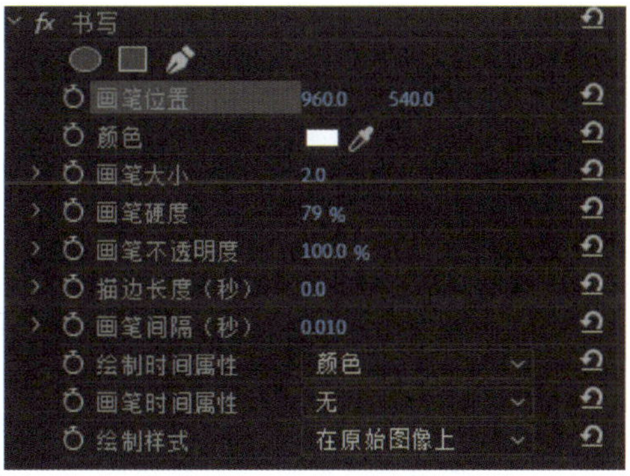

图4-83 “书写”参数设置

在图4-83所示的参数面板中，可以细致地调整画笔的各项属性，如画笔的起始位置、大小、硬度、颜色等。在实际操作中，画笔位置的精确控制是实现流畅书写效果的关键。为了模拟真实的手写过程，通常需要配合关键帧技术来逐帧调整画笔的移动轨迹。

为素材添加“书写”视频效果后，设置“节目监视器”的缩放级别，可以看到一个白色的圆形画笔（如果素材色调偏浅，可能难以识别画笔，因此需要调整画笔的颜色），在“效果控件”面板中选中“书写”视频效果名称，画笔中心会出现十字框，此时，在“节目监视器”中拖动画笔定义起始位置，移动时间滑块并添加关键帧，拖动画笔的位置，重复此步骤实现书写效果，书写效果如图4-84所示。

在使用画笔的过程中，当在关键帧处轻轻拖动画笔时，系统会自动在该点添加一个锚点作为精准定位。默认情况下，所有锚点均被设定为平滑点，从而确保绘制出的线条流畅而连续。每个平滑点均配备有灵活的手柄，通过拖动手柄，可以调整线条的弯曲程度与书写效果。

若想将平滑线条变为更加硬朗、棱角分明的线条，只需按住【Ctrl】键不放单击平滑点，即可瞬间将其从平滑点转变为角点。这一转换过程直观且高效，如图4-85所示。

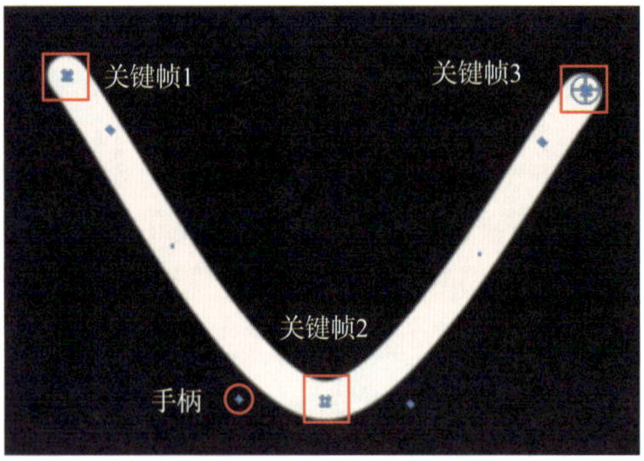

图4-84　书写效果

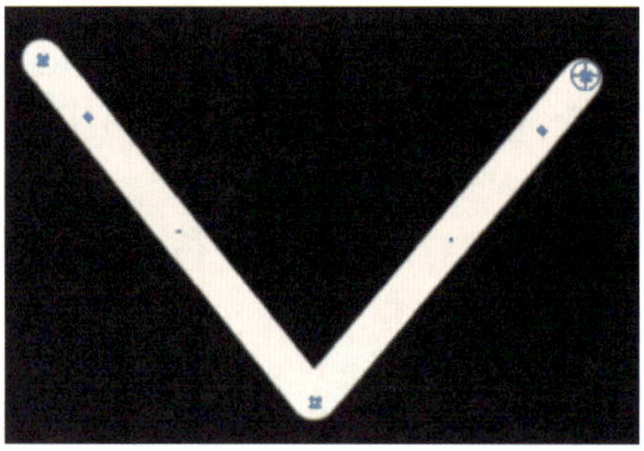

图4-85　平滑点转换为角点

在绘制线条之前有几个小技巧，具体介绍如下：

- 描边长度要有一个数值，不能为0，否则在书写时会很卡，数值越大，可以绘制的线条越长。
- 画笔间隔通常要设置为最小值，即0.001，否则会导致绘制出来的图案不连贯，如图4-86所示。

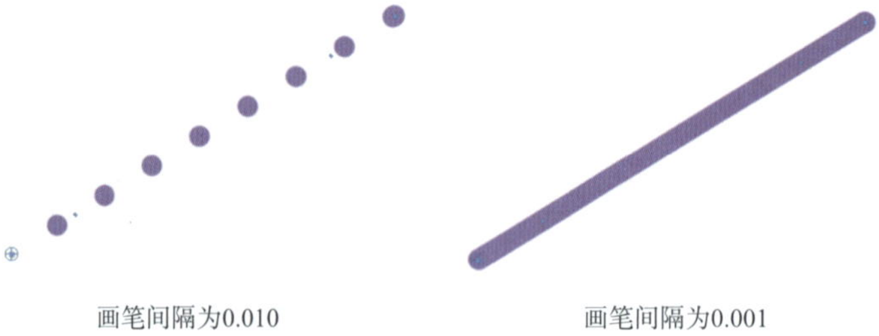

图4-86　画笔间隔大与小的对比图

- 完成书写之后，将“绘制样式”设置成“显示原始图像”会显示原来的素材内容，而不是在素材之上绘制从而遮盖素材，如图4-87所示。

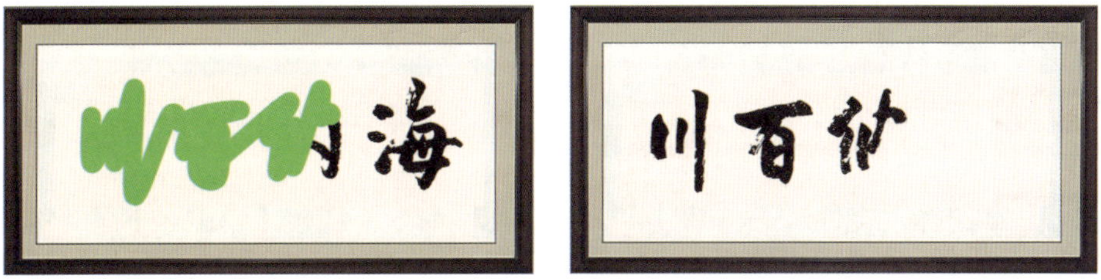

覆盖原来的素材内容　　显示原来的素材内容

图4-87 设置绘制样式

2. Noise HLS视频效果

Noise HLS视频效果位于Obsolete文件夹中，它能够为素材添加杂点，以制作艺术风格的效果。为素材应用Noise HLS视频效果后，在“效果控件”面板中可以看到Noise HLS的参数，如图4-88所示。

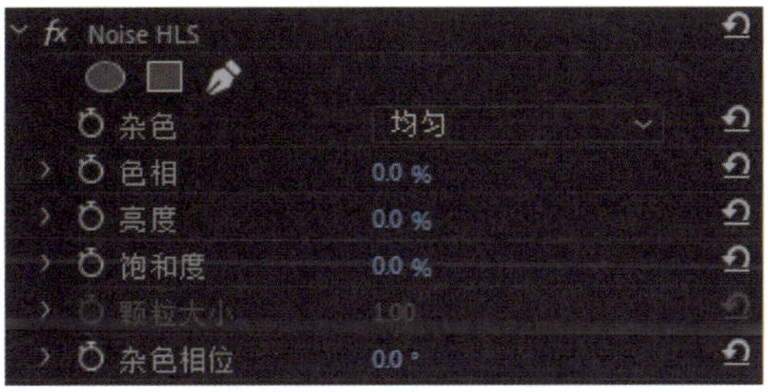

图4-88 Noise HLS的参数

在Noise HLS的参数中，可以设置杂色的样式、色彩、对比度等，具体介绍如下：

- “杂色”：用于设置杂色样式，包括“均匀”“方形”“颗粒”。
- “色相”：用于设置杂点的色彩，数值越小，杂点的颜色越接近素材本身的颜色，数值越大，杂点越接近黑白两色。
- “亮度”：用于设置杂点的对比度，数值越大，杂点之间的对比度越强，反之越弱。
- “饱和度”：用于设置杂点的饱和度，数值越大，杂点的饱和度越高，颜色越鲜艳。
- “颗粒大小”：当设置“杂色”为颗粒时，才会激活该参数，用于设置杂点的大小。
- “杂色相位”：用于设置杂点的分布状态。

读者可以根据画面效果和实际要求设置参数。为素材应用Noise HLS的效果如图4-89所示。

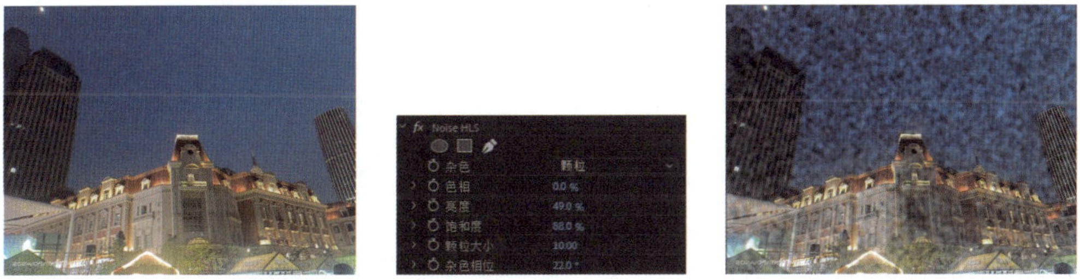

原素材　　参数设置　　应用效果

图4-89 素材应用Noise HLS的效果

4.3.4 实现步骤

1. 制作手写字背景

Step 01 打开Premiere软件，新建项目，将项目命名为“【案例4-3】制作手写字效果”，单击“确定”按钮，完成项目的创建。

Step 02 选择“文件”→“新建”→“序列”命令（或按【Ctrl+N】组合键），弹出“新建序列”对话框，在其中设置相关参数，如图4-90所示。单击“确定”按钮即可新建序列。

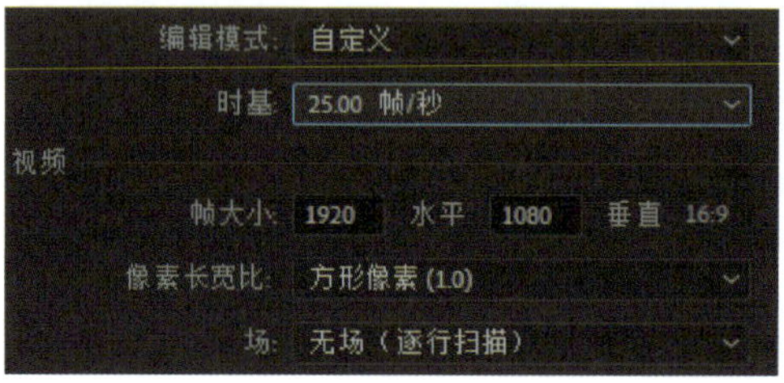

图4-90 新建序列

Step 03 选择“文件”→“导入”命令（或按【Ctrl+I】组合键），导入图4-91所示的“老式电影.png”图像素材和“水上摩托.mp4”音视频素材到“项目”面板中。

图4-91 图像素材和音视频素材

Step 04 依次将音视频素材和图像素材添加至V1和V2轨道中，并更改图像的持续时间为15秒4帧，如图4-92所示。

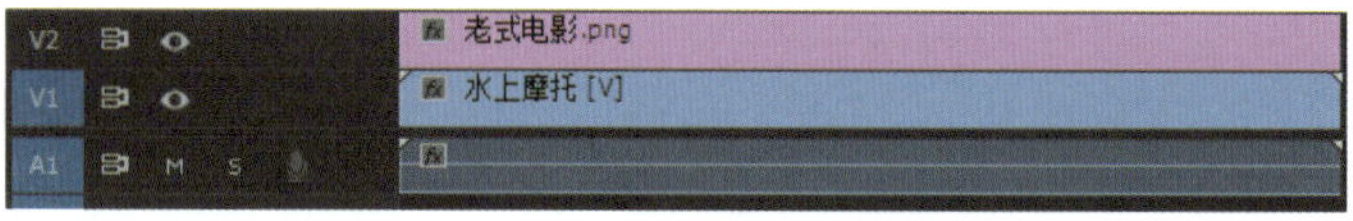

图4-92 添加素材到轨道中

Step 05 在“效果”面板中打开“扭曲”效果文件夹，在文件夹中选择“变形稳定器”效果，将其拖动到视频素材上，等待后台分析，如图4-93所示。

图4-93 等待后台分析

Step 06 待后台分析完毕，在“效果”面板中打开Obsolete文件夹，在文件夹中选择Noise HLS效果，将其添加到音视频素材上，并设置参数，如图4-94所示。添加杂色效果对比如图4-95和图4-96所示。

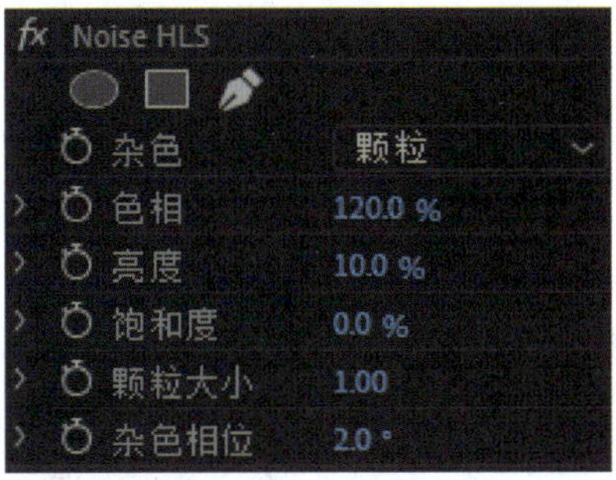

图4-94　设置Noise HLS参数

图 4-95　使用 Noise HLS 视频效果前

图 4-96　使用 Noise HLS 视频效果后

Step 07 在“效果”面板中找到“裁剪”效果，将其添加到音视频素材中。

Step 08 将时间滑块定位在0秒处。在“效果”面板中找到“裁剪”参数，依次单击“顶部”和“底部”前方的“切换动画”按钮，激活并添加关键帧。

Step 09 分别将“顶部”和“底部”的数值设置成50%，并设置“羽化边缘为80”，如图4-97所示。

图4-97　设置裁剪参数

Step 10 将时间滑块定位在2秒10帧处，在此处为“顶部”和“底部”添加关键帧，并将数值重置为0%。

2. 书写文字

Step 01 按【Ctrl+I】组合键导入图像素材CFPL.png，将其添加至V3轨道中10帧的位置，将其持续时间设置为14秒19帧，画面效果如图4-98所示。

图4-98　添加素材到V3轨道中

Step 02 在“效果”面板中找到“书写”效果，将其添加到V3轨道的素材上。

Step 03 在“效果控件”面板中设置相关参数，如图4-99所示。此时“节目监视器”面板中的效果如图4-100所示。

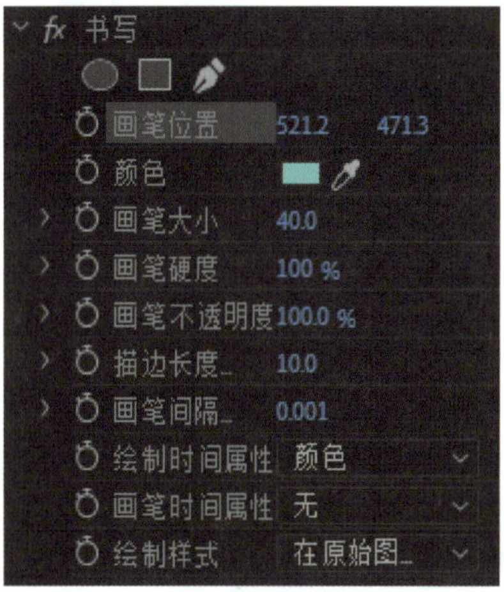

图4-99　设置参数

图4-100　“节目监视器”面板中的效果

Step 04 将时间滑块定位在第10帧处，将“节目监视器”的缩放级别调整为100%。

Step 05 单击“效果控件”面板中“书写”参数中“画笔位置”前方的“切换动画”按钮激活关键帧。

Step 06 选中“书写”视频效果名称，然后选中“节目监视器”面板，按【→】键，向后跳2帧，也就是12帧的位置，在“节目监视器”面板中小幅度移动画笔，如图4-101所示。

Step 07 再按【→】键向后跳1帧，继续调整画笔的位置，如图4-102所示。

Step 08 按照Step 06和Step 07的方法，在“乘”字上继续涂抹，涂抹完成效果如图4-103所示。

图4-101　移动画笔

图4-102　调整画笔的位置

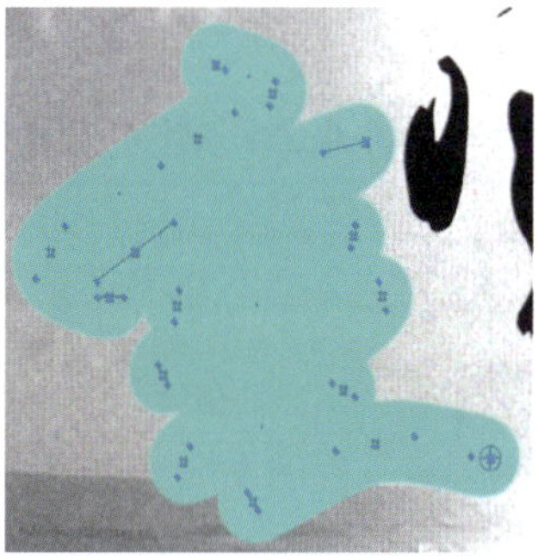

图4-103　涂抹完成效果

Step 09 重复涂抹步骤，将四个字书写完成，如图4-104所示。

图4-104　四个字书写完成

Step 10 在“效果控件”面板中设置“绘制样式”为“显示原始图像”。

Step 11 选中文字的“不透明度”参数，在6秒的位置添加关键帧，将不透明度设置为100%。在7秒的位置添加关键帧，并设置不透明度为0%

Step 12 按【Ctrl+S】组合键保存项目，并将项目中所用的素材打包。

至此，手写字效果制作完成。

4.4 【案例4-4】制作彩色浮雕效果

在日常生活中，浮雕艺术无处不在，它作为雕刻艺术的一种独特形式，巧妙融合了雕塑的立体感与绘画的色彩与细腻。本案例将制作一个彩色浮雕效果，通过本案例的学习，读者能够掌握Obsolete、过渡、透视等视频效果的应用。

4.4.1 效果展示

本案例将一幅图像制作成带边框的彩色浮雕效果，其截图示例如图4-105所示。

图4-105　彩色浮雕效果截图示例

扫一扫二维码查看案例具体效果。

视频

案例4-4
制作彩色浮雕效果

4.4.2 案例分析

本案例包含一个图像素材，可以将其分成制作彩色浮雕效果和制作背景两部分实现。

1. 制作彩色浮雕效果

为了丰富视频内容，为所选素材添加“彩色浮雕”与“查找边缘”两个视频效果，并为两个视频效果添加关键帧，以实现动态变化的彩色浮雕动画效果。

2. 制作背景

为了增强视频的视觉吸引力，可以先创建一个颜色遮罩作为背景相框，随后应用“边缘斜面”与“块溶解”两个视频效果，并利用关键帧，打造出背景相框逐渐生成并融入画面的动态效果。

4.4.3 必备知识

1. 颜色遮罩

颜色遮罩可以创建不同颜色的单色素材，选择“文件”→“新建”→“颜色遮罩”命令，弹出“新建颜色遮罩”对话框，如图4-106所示。

在“新建颜色遮罩”对话框中设置视频尺寸、时基等参数后，单击“确定”按钮，弹出“拾色器”对话框，如图4-107所示。

在对话框中选择一个颜色，单击“确定”按钮，确定颜色，弹出“选择名称”对话框，如图4-108所示。

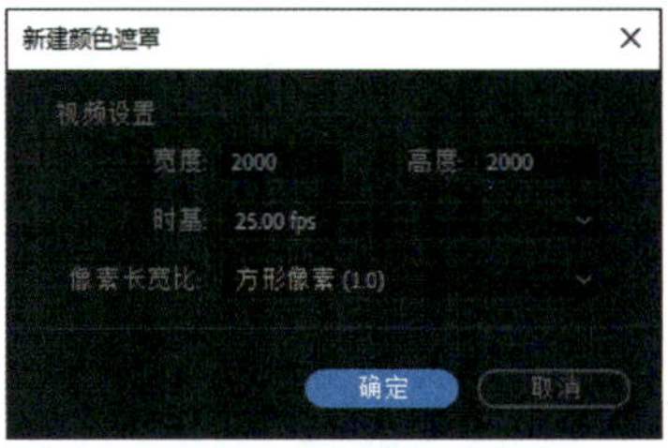

图4-106 “新建颜色遮罩”对话框

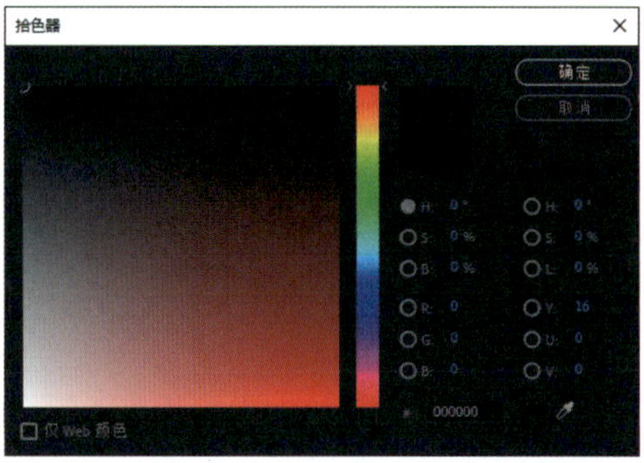

图4-107 “拾色器”对话框

设置颜色遮罩的名称后，单击“确定”按钮，颜色遮罩会作为素材存放在“项目”面板中，以便随时调用。在“项目”面板或“时间轴”面板中双击颜色遮罩，随时可以打开“拾色器”对话框，此时可以对颜色进行更改。

注意：

颜色遮罩的参数一般与序列相匹配，若无特殊情况，不作修改。

2. 边缘斜面视频效果

“边缘斜面”视频效果位于“过时”文件夹内，它能够在素材周围产生立体的斜边效果。为素材应用“边缘斜面”视频效果后，可以在“效果控件”面板中看到“边缘斜面”参数，如图4-109所示。

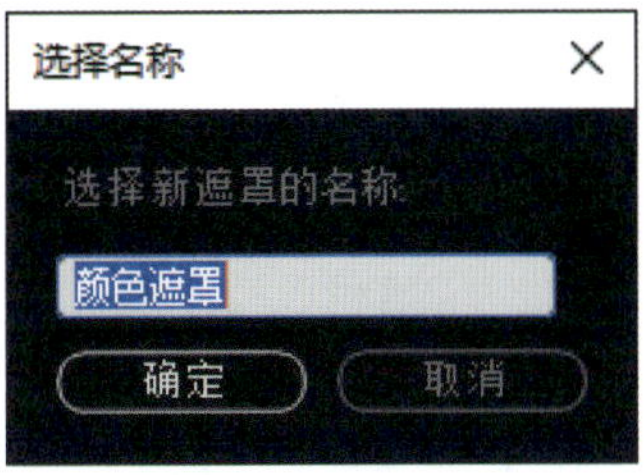

图4-108 “选择名称”对话框

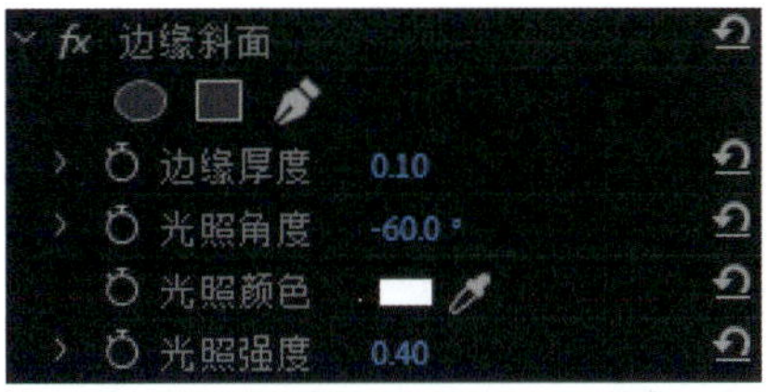

图4-109 “边缘斜面”参数

在“边缘斜面”参数中，包含“边缘厚度”“光照角度”“光照颜色”“光照强度”四个参数，对这些参数的具体介绍如下：

- “边缘厚度”：用于设置斜边大小。
- “光照角度”：用于设置斜边的方向。
- “光照颜色”：用于设置斜边的颜色。
- “光照强度”：用于设置斜边的突出强度。

为素材应用“边缘斜面”视频效果如图4-110所示。

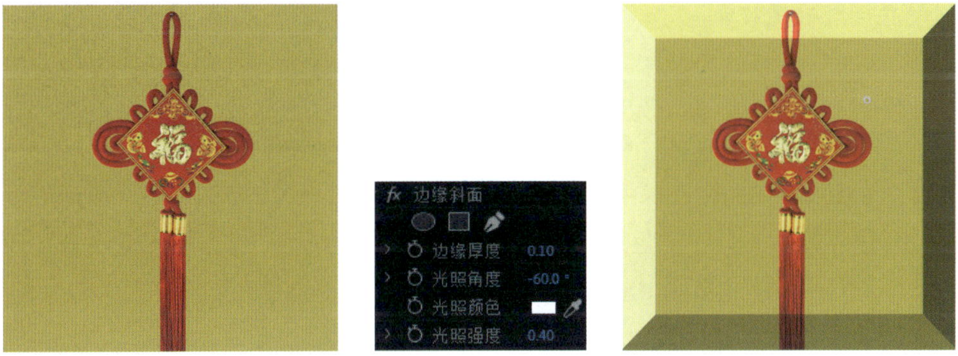

原素材　　效果参数　　“边缘斜面”效果

图4-110 应用“边缘斜面”视频效果

3. 块溶解视频效果

“块溶解”视频效果位于“过渡”文件夹内，它能够在素材上生成随机块，配合关键帧后，调整参数可以将素材隐藏。为素材应用“块溶解”视频效果后，可以在“效果控件”面板中看到“块溶解”参数，如图4-111所示。

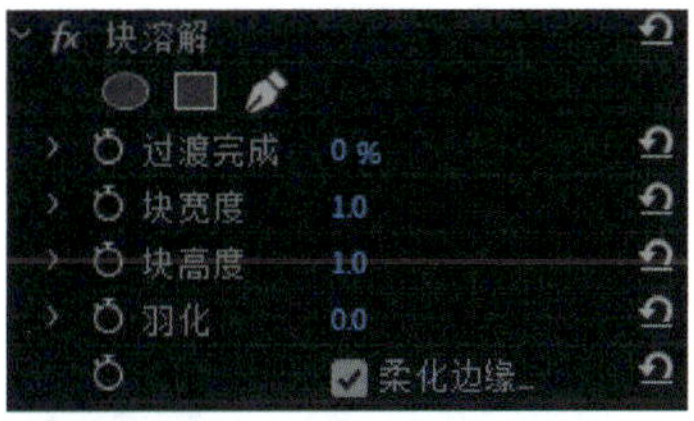

图4-111 “块溶解”参数

在“块溶解”参数中，包含“过渡完成”“块宽度”“块高度”“羽化”“柔化边缘”五个参数，对这些参数的具体介绍如下：

- “过渡完成”：用于设置块数量，数值越高，块的数量越多，当块的数量达到100%时，会完全取代图像，从而显示出下层轨道中的素材。
- “块宽度”：用于设置块的宽度，数值越大，块越宽。

- “块高度”：用于设置块的高度，数值越大，块越高。
- “羽化”：用于设置块的模糊程度，数值越大，块越模糊。
- “柔化边缘”：用于设置块边缘的羽化程度，勾选后，即便将“羽化”设置为0，边缘效果仍会展现出一定的模糊感。

为素材应用“块溶解”视频效果如图4-112所示。

原素材

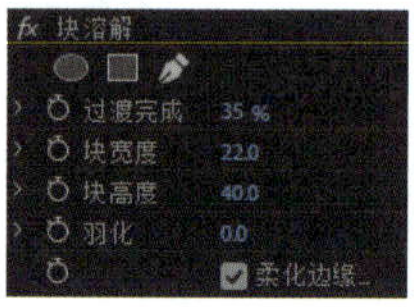

效果参数

“块溶解”效果

图4-112　应用“块溶解”视频效果

在图4-112中，原素材位于V2轨道中，而V1轨道中是一个颜色为绿色的颜色遮罩，当设置“过渡完成”参数大于0%时，就会出现随机块，以显示V1轨道中的颜色遮罩而隐藏V2轨道中的原素材。

4. 彩色浮雕视频效果

“彩色浮雕”视频效果位于“风格化”文件夹内，它能够使素材产生浮雕效果。为素材应用“彩色浮雕”视频效果后，可以在“效果控件”面板中看到“彩色浮雕”参数，如图4-113所示。

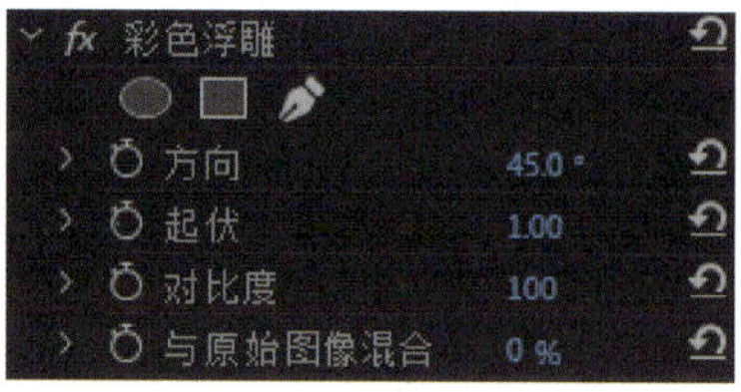

图4-113　“彩色浮雕”参数

在“彩色浮雕”参数中，包括“方向”“起伏”“对比度”“与原始图像混合”四个参数，对这些参数的具体介绍如下：

- “方向”：用于设置浮雕的角度。
- “起伏”：用于设置浮雕的起伏程度。
- “对比度”：用于设置素材的对比度。
- “与原始图像混合”：用于设置浮雕与原素材的混合程度。

为素材应用“彩色浮雕”视频效果如图4-114所示。

原素材

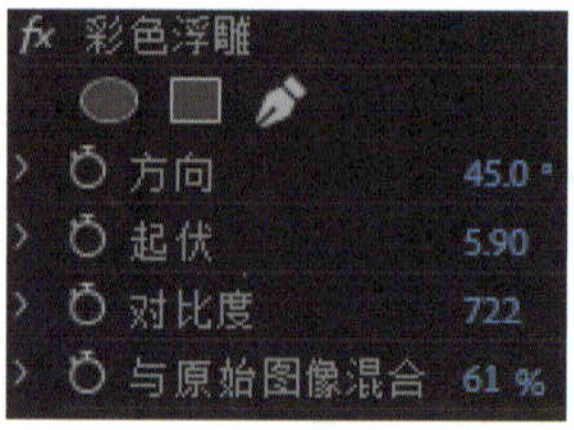

效果参数

“彩色浮雕”效果

图4-114　应用“彩色浮雕”视频效果

5. 查找边缘视频效果

“查找边缘”视频效果位于“风格化”文件夹内，它能够使素材以线条的方式展示。为素材应用“查找边缘”视频效果后，可以在“效果控件”面板中看到“查找边缘”参数，如图4-115所示。

图4-115 “查找边缘”参数

在“查找边缘”参数中，只有“反转”和“与原始图像混合”两个参数，其中，“反转”可以使素材中的颜色变为相反色或互补色。“与原始图像混合”则用于设置应用效果后的素材与原素材的混合程度。

为素材应用“查找边缘”视频效果如图4-116所示。

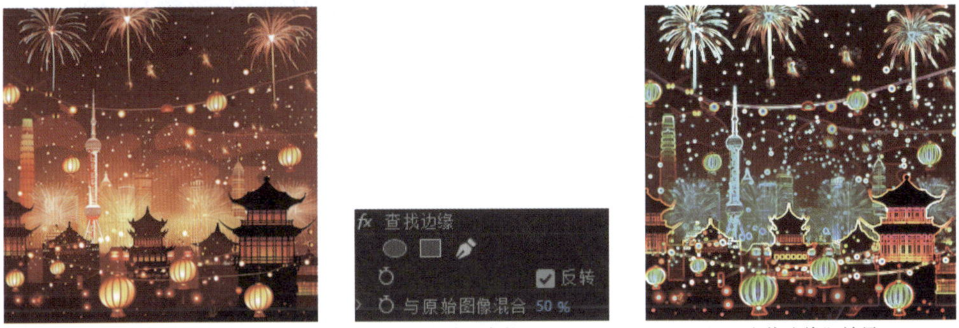

图4-116 应用“查找边缘”视频效果

4.4.4 实现步骤

1. 制作彩色浮雕效果

Step 01 打开Premiere软件，新建项目，将项目命名为“【案例4-4】彩色浮雕效果”，单击“确定”按钮，完成项目的创建。

Step 02 选择“文件”→“新建”→“序列”命令（或按【Ctrl+N】组合键），弹出“新建序列”对话框，在对话框中设置相关参数，如图4-117所示。

Step 03 选择“文件”→“导入”命令（或按【Ctrl+I】组合键），导入图4-118所示的“丹顶鹤.jpg”图像素材，将其添加到V2轨道中，设置持续时间为5 s。

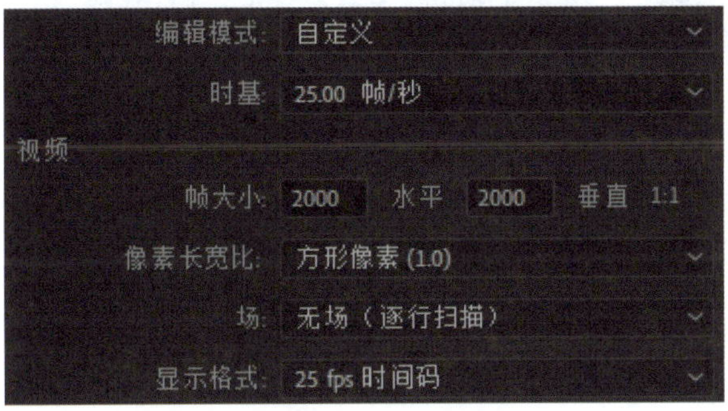

图4-117 新建序列

图4-118 丹顶鹤

Step 04 在“效果”面板中搜索“查找边缘”视频效果，为V2轨道中的素材应用该效果。

Step 05 选中V2轨道中的素材，在“效果控件”面板中选中“查找边缘”，将时间滑块定位在0秒处，激活并添加“与原始图像混合”关键帧。并勾选“反转”复选框，如图4-119所示。

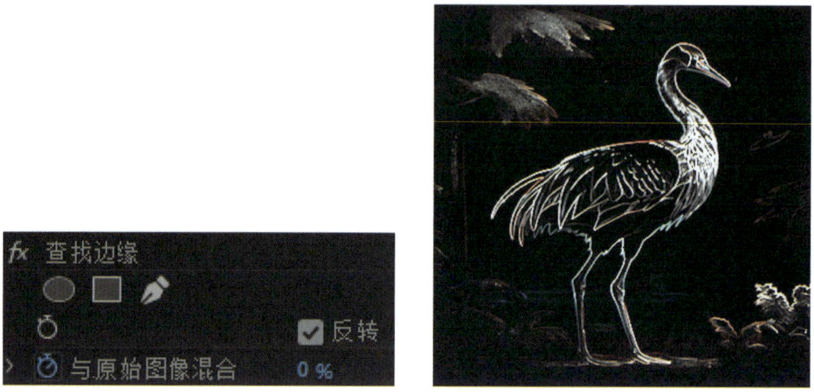

参数设置　　效果

图4-119 “查找边缘”视频效果

Step 06 将时间滑块定位在2秒处，设置“与原始图像混合”为100%。

Step 07 继续为V2轨道中的素材应用“彩色浮雕”视频效果。

Step 08 在“效果控件”面板中选中“彩色浮雕”，将时间滑块定位在0秒处，激活并添加“起伏”关键帧，设置“起伏”参数为40，如图4-120所示。

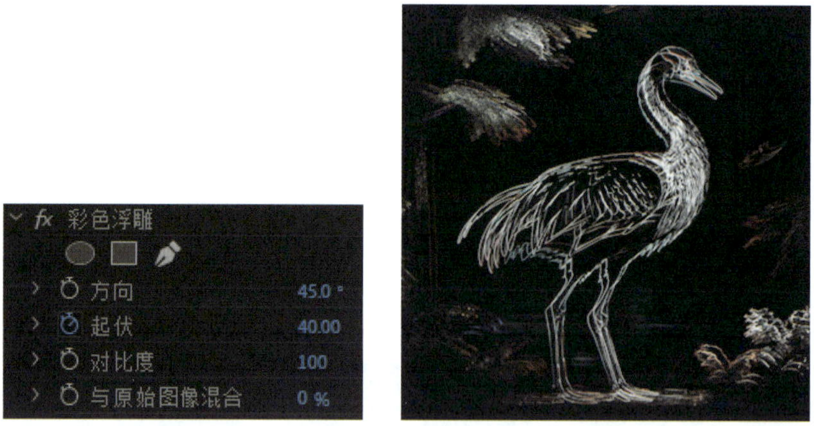

参数设置　　效果

图4-120 “彩色浮雕”视频效果

Step 09 将时间滑块定位在3秒处，为“缩放”激活并添加关键帧。

Step 10 移动时间滑块至3秒10帧处，调整“缩放”参数为80。

2. 制作背景

Step 01 在“项目”面板中单击“新建项”按钮，在弹出的菜单中选择“颜色遮罩”命令，如图4-121所示。

Step 02 在弹出的“新建颜色遮罩”对话框中，单击“确定”按钮，如图4-122所示。

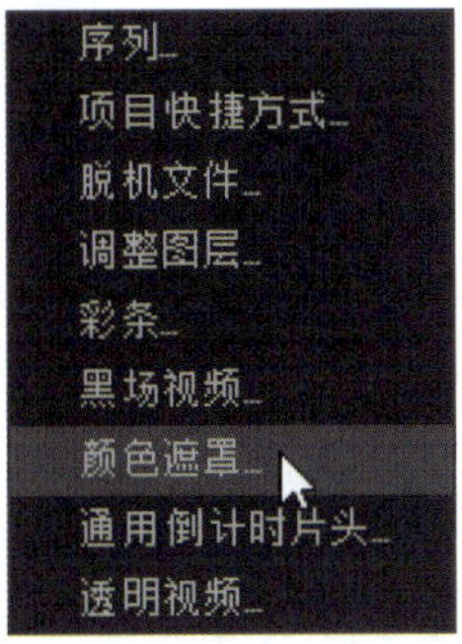

图4-121 新建颜色遮罩

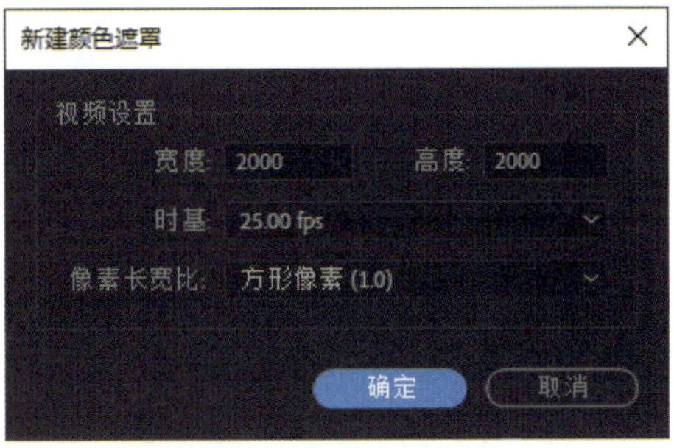

图4-122 “新建颜色遮罩”对话框

Step 03 在弹出的“拾色器”对话框中设置颜色为棕色（RGB：95、45、0），如图4-123所示。

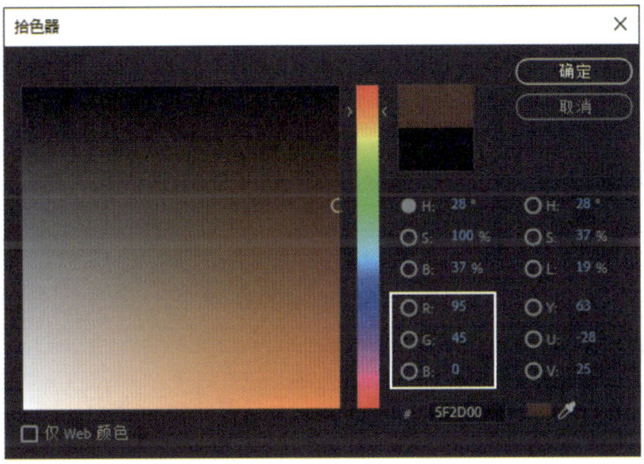

图4-123 “拾色器”对话框

Step 04 单击“确定”按钮，弹出“选择名称”对话框，在其中设置名称为“相框”，如图4-124所示。单击“确定”按钮，该颜色遮罩添加到“项目”面板中。

Step 05 将“相框”添加到V1轨道中，设置持续时间为5 s。

Step 06 在“效果”面板中找到“块溶解”视频效果，将其添加到V1轨道的素材上，在“效果控件”面板中设置相关参数，如图4-125所示。应用“块溶解”视频效果如图4-126所示。

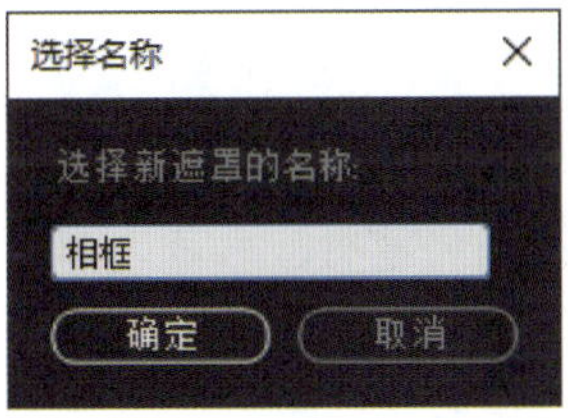

图4-124 “选择名称”对话框

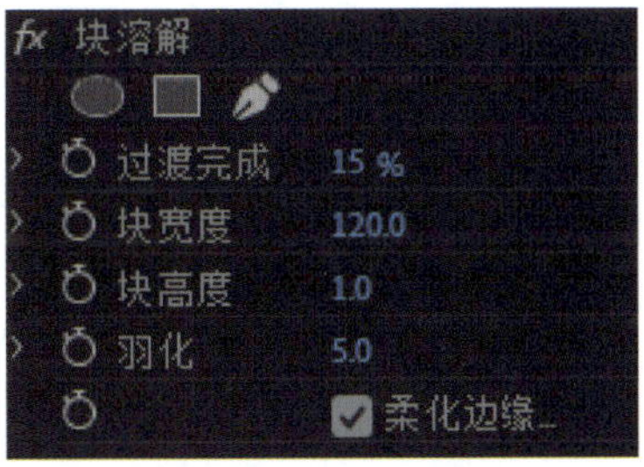

图4-125 “块溶解”参数

Step 07 在“效果”面板中找到“边缘斜面”视频效果，将其添加到V1轨道的素材上。

Step 08 将时间滑块定位在3秒10帧处，为“边缘厚度”激活并添加关键帧，并设置参数为0。

Step 09 将时间滑块定位在3秒15帧处，设置“边缘厚度”为0.04，效果如图4-127所示。

图4-126 “块溶解”视频效果

图4-127 “边缘斜面”视频效果

Step 10 选择V1轨道中的素材，然后在“效果控件”面板中选中“边缘斜面”视频效果，按【Ctrl+C】组合键复制视频效果。

Step 11 选中V2轨道中的素材，在“效果控件”面板中，按【Ctrl+V】组合键粘贴视频效果。

Step 12 在3秒15帧的关键帧处，调整“边缘厚度”为0.01、光照角度为60°、光照颜色为棕色（RGB：142、102、66）。

Step 13 按【Ctrl+S】组合键保存项目，并将项目中所用的素材打包。

至此，彩色浮雕效果制作完成。

拓展案例：制作局部模糊效果

通过所学知识，使用“风格化”视频效果与蒙版制作一个局部模糊的效果，如图4-128所示。

图4-128 局部模糊的效果

第5章 素材合成技巧

学习目标

知识目标：

◎ 了解调色基础，能够说出色彩属性和色彩模式的概念；

◎ 熟悉颜色界面，能够使用颜色界面为素材调色；

◎ 熟悉合成简介，能够说出合成素材的方法。

能力目标：

◎ 熟悉与抠图、调色相关的视频效果，能够熟练应用这些视频效果对素材进行编辑；

◎ 掌握蒙版抠图的方法，能够利用蒙版进行抠图。

素质目标：

◎ 提升对传统文化艺术的鉴赏能力和审美情趣；

◎ 通过端午主题的艺术创作，提升个人艺术修养，激发文化创造力；

◎ 培养创新思维，探索将传统文化元素融入现代生活的新方式。

在Premiere中，合成技术能够巧妙地将多个素材融合为一个连贯、统一的视频作品。在此过程中，为了确保素材间的无缝衔接，往往需要对每个素材进行精细的调色处理与精确的抠图操作，以调整色彩平衡、移除背景，使各个元素能够自然融合。Premiere作为一款强大的视频编辑软件，内置了丰富的视频效果工具，本章将深入讲解专业的素材合成技巧，让视频创作更加得心应手。

5.1 【案例5-1】制作怀旧老电影效果

怀旧老电影与文化传承之间存在着密切的联系。这些老电影不仅是历史的见证和文化的载体，更是推动文化传承与发展的重要力量。本案例将制作一个怀旧老电影的效果，通过本案例的学习，读者能够掌握调色的基础知识和一些常用调色视频效果的应用。

5.1.1 效果展示

本案例是将正常色彩的视频制作成老电影感觉，老电影是黑白的，并且带有一些噪波，怀旧老电影效果截图示例如图5-1所示。

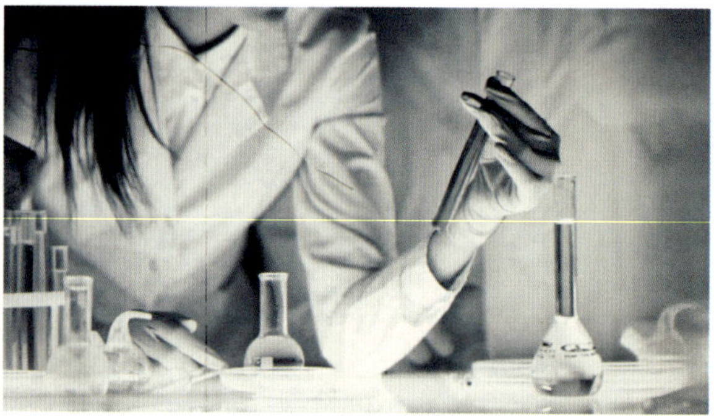

图5-1 怀旧老电影效果截图示例

视频

案例5-1

制作怀旧老电影效果

扫一扫二维码查看案例具体效果。

5.1.2 案例分析

本案例共包含2个音视频素材和1个音频素材，在制作本案例时，首先需要切换到“颜色”界面，这样更方便调色，先将主体音视频素材去色，即生成黑白效果；然后添加老电影的噪波，并使两个音视频素材的时长一致，同时也要删除音视频素材中的音频，噪波素材不是透明的，需要更改一下素材的混合模式，才可看到混合效果；最后添加音频到A1轨道上，在音频中，24秒后出现人声，在24秒处添加编辑点，并删除后半段素材。

5.1.3 必备知识

1. 调色基础

为了在调色时更得心应手，在调色之前要先了解和计算机色彩有关的知识，如色彩属性、颜色模式等。下面对这些知识进行详细讲解。

（1）色彩属性

色彩共有三个属性，即色相、饱和度、明度，任何一种颜色都具备这三种属性，具体介绍如下：

- 色相：色相是色彩的首要特征，是区别各种不同色彩的最准确的标准。当在不同波长光的照射下，人眼会感觉到不同的颜色，把这些色彩的外在表现特征称为色相，如图5-2所示。

图5-2 色相

- 饱和度：饱和度又称“纯度”，是指色彩的鲜艳度。饱和度越高，颜色越纯，色彩也越鲜明。一旦一种颜色与其他颜色进行混合，颜色的饱和度就会下降，色彩就会变暗、变淡。当颜色饱和度降到最低时就会失去色相，变为无彩色（黑、白、灰）。饱和度变化如图5-3所示。

图5-3　饱和度变化

- 明度：明度指的是色彩光亮的程度，所有颜色都有不同程度的光亮。明度变化如图5-4所示。

图5-4　明度变化

在图5-4所示的明度变化中，最左侧的红色明度高，最右侧的红色明度低。在无色彩中，明度最高的为白色，最暗为黑色。需要注意的是色彩明度的变化往往会影响到纯度，例如，红色加入白色后，明度提高了，纯度却会降低。

（2）色彩模式

在Premiere中，常见的颜色模式有RGB、HSB和HLS，具体介绍如下：

- RGB模式：在浏览计算机显示器中的图像时，人们所见的丰富色彩皆由红色、绿色与蓝色的巧妙搭配与融合所构成。在Premiere中，一个图像中的红色、绿色、蓝色各有一个通道，例如，图5-5所示的“拾色器”对话框中，R右侧的数值为红色比重，G右侧的数值为绿色比重，B右侧的数值为蓝色比重。当三个颜色的比重均为0时，混合出黑色；相反，当三个颜色的比重均为255时，混合出白色；当红色比重为255，绿色和蓝色比重为0时，图像为正红色，依此类推。
- HSB模式：HSB色彩模式采用颜色的三属性来表色，H为色相，S表示饱和度，B则表示明度。将颜色三属性进行量化，饱和度和明度以百分比值0%~100%表示，色相以角度0°~359°表示，如图5-6所示。

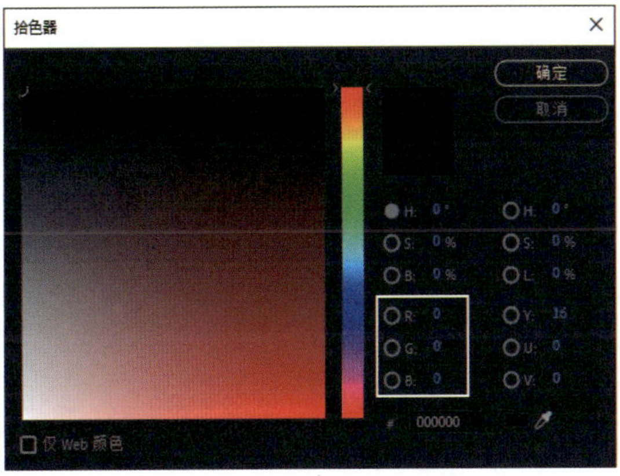

图5-5　“拾色器”对话框

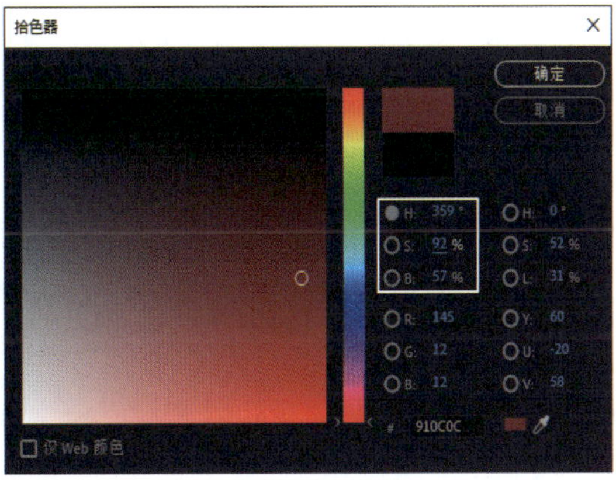

图5-6　HSB模式

- HSL模式：HSL色彩模式采用色相（H）、饱和度（S）、亮度（L）来表色，与HSB类似。但HSL中的亮度是指图像的明暗度，图5-7描述的是调整图像亮度与明度的对比图。

原图　　调整亮度　　调整明度

图5-7　调整亮度与明度对比图

2. 颜色界面

在Premiere中，选择“窗口”→“工作区”→“颜色”命令，切换到“颜色”界面，如图5-8所示。

图5-8　“颜色”界面

在图5-8中，最右侧为“Lumetri颜色”面板，控制区中多了一个“Lumetri范围”面板。关于这两个面板的具体介绍如下：

（1）*“Lumetri颜色”面板*

在“Lumetri颜色”面板中可以对素材的颜色进行校正，其中包含六种用于调色的控件，如“基本校正”“创意”“曲线”等，如图5-9所示。

下面详细介绍“Lumetri颜色”面板中各控件的功能。

- “基本校正”：它是一个可以快速校正素材偏色的控件，可以加载主流的LUT（look-up table，是一种用于色彩校正的查找表）。该控件中包含“颜色”和“灯光”两个选项，“基本校正”控件如图5-10所示。

图5-9 “Lumetri颜色”面板

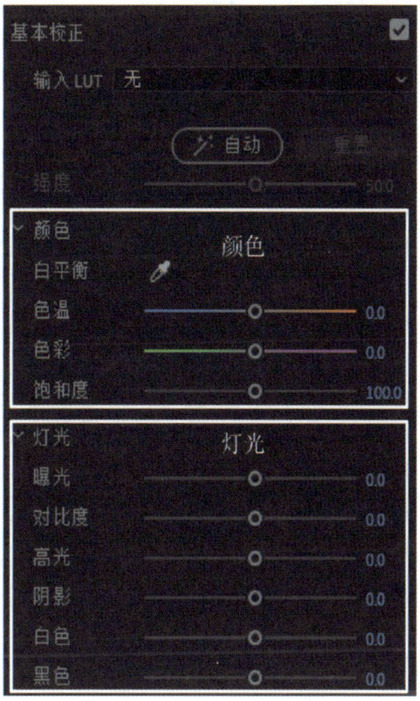

图5-10 “基本校正”控件

在这两个选项下方的子参数中，可以更为细微地调整素材的“色温”“对比度”“高光”等。单击“重置”按钮 恢复数值，单击“自动”按钮 自动处理。

- “创意”：在该控件中，包含Look和调整两个选项，如图5-11所示。

Look中提供了一些滤镜，单击Look下拉按钮 ，选择其中一个滤镜选项，然后单击下方预览图中的切换按钮 ，查看滤镜预览图，若对预览效果满意，单击预览图可以应用滤镜。调整中提供了一些参数，通过这些参数可以调整选中素材的锐化程度、饱和度等。

- “曲线”：可以调整素材的亮度和颜色，在该控件中包括“RGB曲线”和“色相饱和度曲线”两个参数。其中，“RGB曲线”用于调整素材的颜色及亮度，在“RGB曲线”中包含四个颜色按钮，如图5-12所示。

四个按钮依次代表图像的亮度、红色通道、绿色通道和蓝色通道。选中需要调整的颜色按钮，将鼠标放置在曲线上，当鼠标指针变成 形状时单击，即可出现锚点，此时鼠标指针变成 形状，按住鼠标左键拖动即可移动锚点，从而调整素材的颜色，按住【Ctrl】键单击锚点，鼠标指针会变成 形状，此时可以删除锚点，恢复曲线。

“色相饱和度曲线”可以基于色相范围精确地控制颜色的饱和度，包括“色相与饱和度”“色相与色相”“色相与亮度”“亮度与饱和度”等，如图5-13所示。

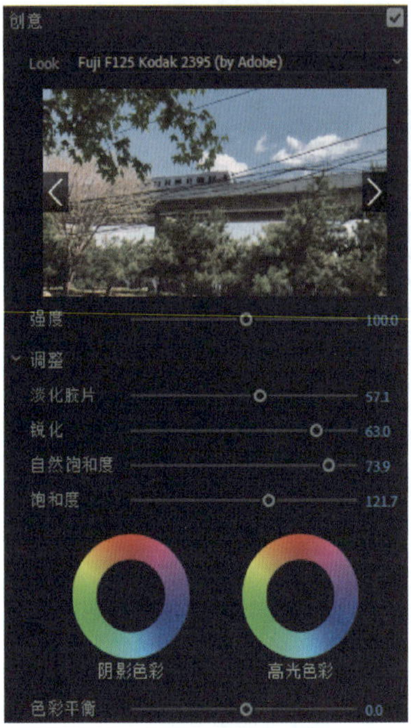

图5-11 “创意”选项

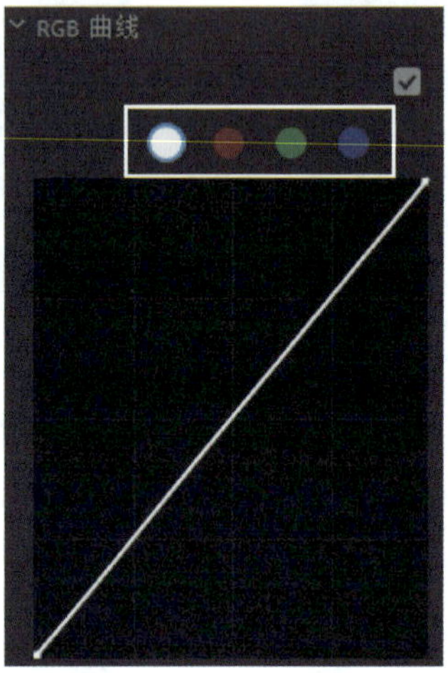

图5-12 RGB曲线

图5-13 色相饱和度曲线

“色相饱和度曲线”的使用方法与“RGB曲线”类似，此处不再赘述。

- “色轮和匹配”：该控件中包含“颜色匹配”和三个色轮，单击“颜色匹配”右侧的“比较视图”按钮 比较视图 ，可以查看参考画面和当前画面，如图5-14所示。

参考画面 当前画面

图5-14 参考画面和当前画面

通过“色轮和匹配”的三个色轮，可以对素材的中间调、阴影和高光的亮度及颜色进行调整。将鼠标指针悬停在色轮中间时，会出现一个加号图标，如图5-15所示。

将鼠标指针放在指定色轮上单击，则可以使素材的中间调、阴影或高光部分偏向所移动区域的颜色。每个色轮的左侧有一个亮度滑块，用于调整颜色的亮度。

- “HSL辅助”：该控件包含“键”“优化”“更正”三个选项，如图5-16所示。

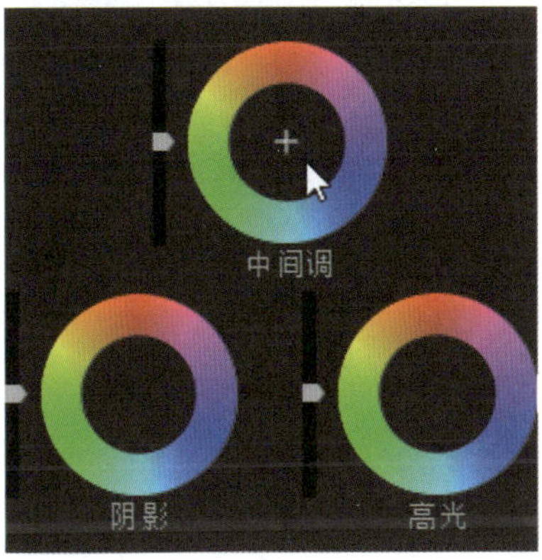

图5-15　加号图标

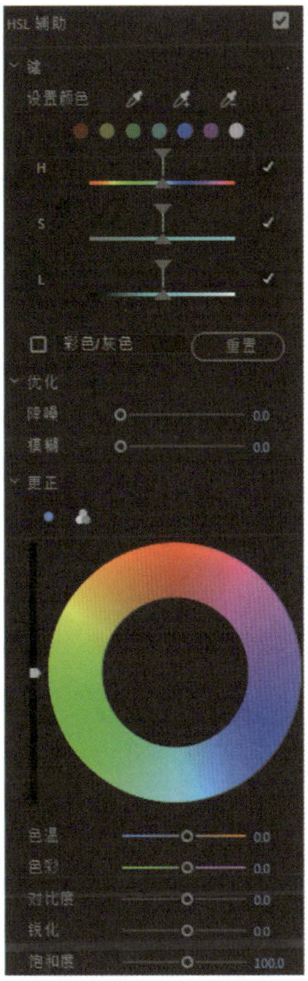

图5-16　“HSL辅助”

在“键”中使用“设置颜色”右侧的三个吸管按钮吸取指定颜色，即可选中当前素材中的指定颜色，然后在“优化”和“更正”选项中调整选中的颜色。

- “晕影”：可以使素材的四周形成较暗或较亮的边缘。图5-17所示为调整晕影参数前后的对比图。

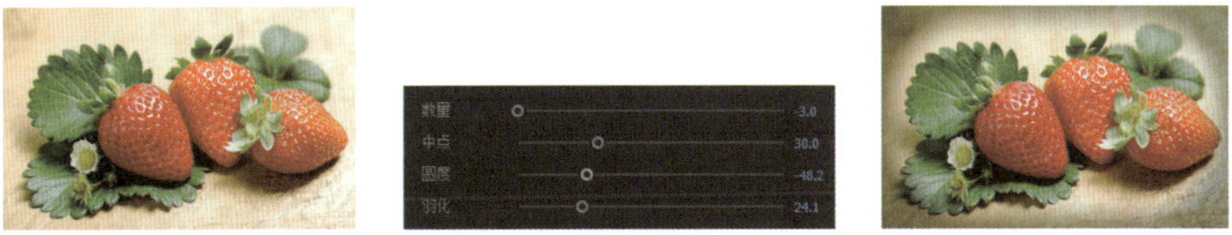

调整晕影参数前　　调整晕影参数　　调整晕影参数后

图5-17　调整晕影参数前后的对比效果

视频效果包含“Lumetri颜色”视频效果，将它添加到素材上后，在“效果控件”面板中也可以对其参数进行调整，但“Lumetri颜色”面板中的显示更为直观。如果不添加“Lumetri颜色”视频效果，那么在“颜色”界面调整“Lumetri颜色”面板中任意参数，同样可以自动添加“Lumetri颜色”视频效果至“效果控件”面板中。

（2）“Lumetri范围”面板

“Lumetri范围”面板中提供了一组图像分析工具，这些分析工具标题统称为“示波器”，用于查看颜色的客观信息。由于各个计算机的亮度、颜色的显示和人眼主观的不同，在观看颜色时往往不会那么准确，因此查看颜色的客观信息是很重要的。在该面板中可以显示多个示波器，从而提供了一个有关素材的客观视图。其中比较常用的示波器有“矢量示波器YUV”和“分量（RGB）”两个。

- “矢量示波器YUV”：单击面板下方的“设置”按钮，会弹出一个快捷菜单，如图5-18所示。

在快捷菜单中选择“矢量示波器YUV”，不需要的示波器再次单击即可取消选择。此时“Lumetri范围”面板中会显示示波器，如图5-19所示。

图5-18　快捷菜单

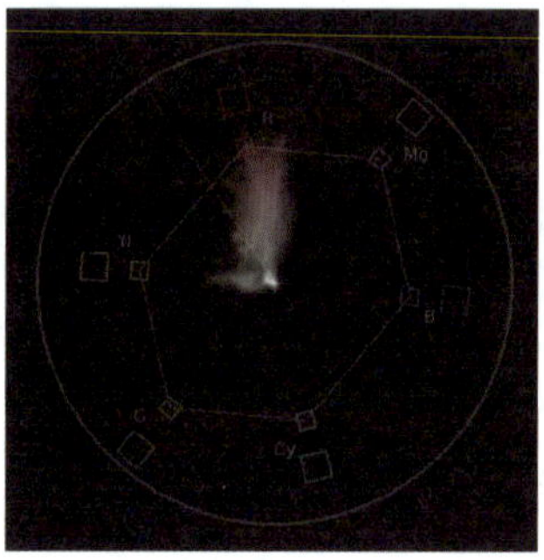

图5-19　示波器

该示波器可以查看“节目监视器”面板中显示画面的色相和饱和度，中间的像素即为图像的颜色区域分布显示。从“矢量示波器YUV”中可以看出中间的像素偏向“R”处，因此可以得出图像是以红色为主的，矢量示波器对应的画面如图5-20所示。

在“矢量示波器YUV”中共有六个颜色目标，代表了六种颜色，具体见表5-1。

图5-20　矢量示波器对应的画面

表5-1　颜色目标对照表

颜色目标	代表的颜色
R	红色
G	绿色
B	蓝色
Yl	黄色
Cy	青色
Mg	洋红色

每个颜色目标对应两个不同大小的方框，小方框与小方框连接了一条细线，如图5-21所示。

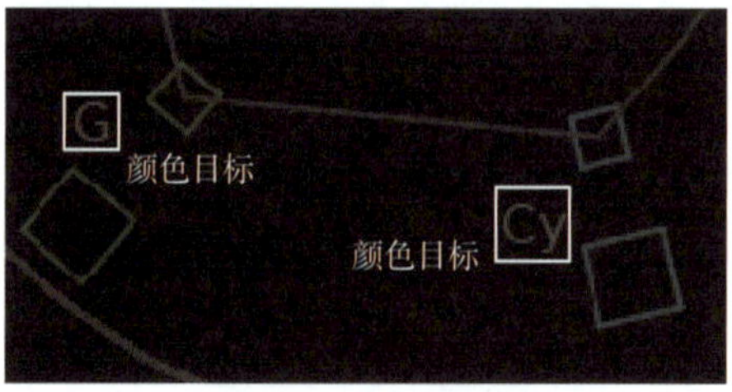

图5-21　小方框

观察图5-21可知，小方框与小方框连接的细线组成六边形，代表了YUV颜色的范围。当像素越接近某个颜色目标，就越接近颜色目标的颜色，如果像素出现在圆圈的中心，也就是不接近任何颜色目标，那么说明素材无颜色饱和度，如图5-22所示。越接近颜色目标则颜色的饱和度越高，如图5-23所示。

画面　　矢量示波器

图5-22　无颜色饱和度

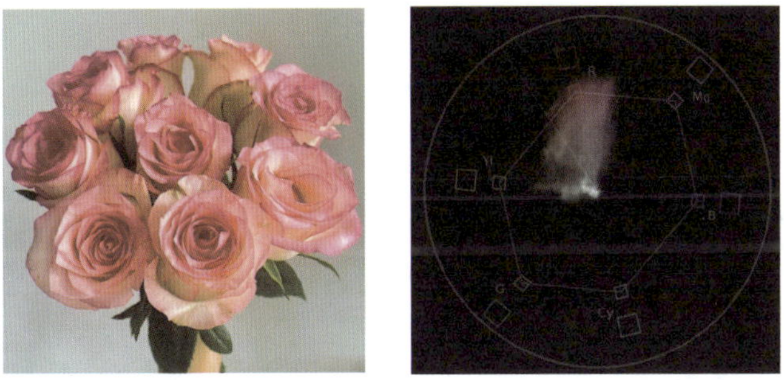

画面　　矢量示波器

图5-23　高颜色饱和度

“矢量示波器YUV”中的小方框是YUV的颜色限制，当图像的颜色超出了小方框，说明画面中的饱和度很高。而大方框是RGB的颜色限制，比YUV的饱和度更高。图5-24所示的示波器显示红色的饱和度过高。

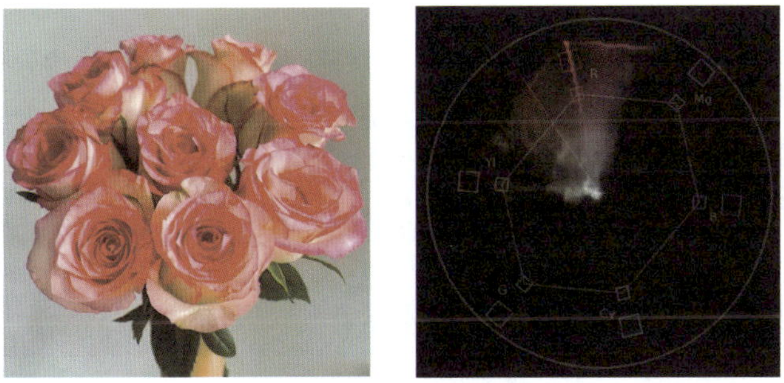

画面　　矢量示波器

图5-24　饱和度过高

- “分量（RGB）”：在图5-18所示的快捷菜单中选择“分量（RGB）”示波器，它可以显示红、绿、蓝三个通道，在“分量（RGB）”示波器中，当坐标轴接近0时，代表颜色的数量越少，画面越黑，颜色信息越往上说明颜色的数量越多，画面越亮。在图5-25所示的“分量（RGB）”示波器中，红色明显很低，而绿色和蓝色很高，说明图像偏向青色（蓝色和绿色混合会生成青色）。

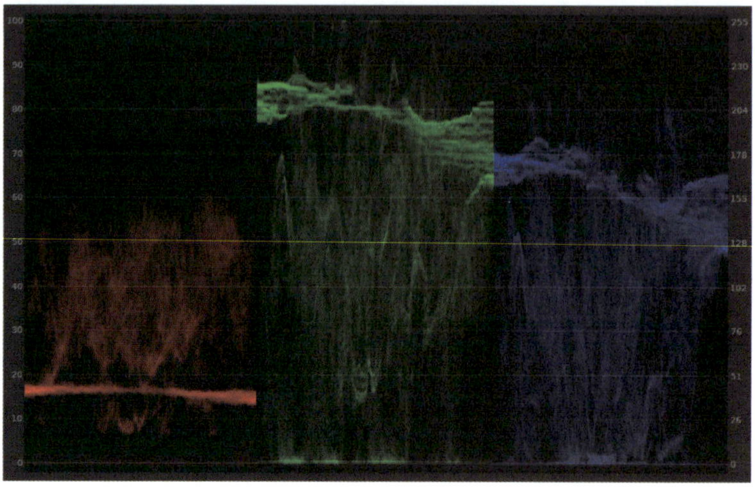

图5-25 “分量（RGB）”示波器

图5-25所示的“分量（RGB）”示波器所对应的画面如图5-26所示。

图5-26 图5-25所示的“分量（RGB）”示波器所对应的画面

值得一提的是，当素材画面中有白色或灰色时，红、绿、蓝三个部分会有类似的图案，因为这些部分有相同数量的红、绿、蓝。

3. ProcAmp视频效果

ProcAmp视频效果可以调整素材的亮度、对比度、色相和饱和度等参数，是一个较为常用的视频效果，在“效果”面板中搜索“ProcAmp”即可看到该视频效果。应用ProcAmp视频效果的参数及对应效果如图5-27所示。

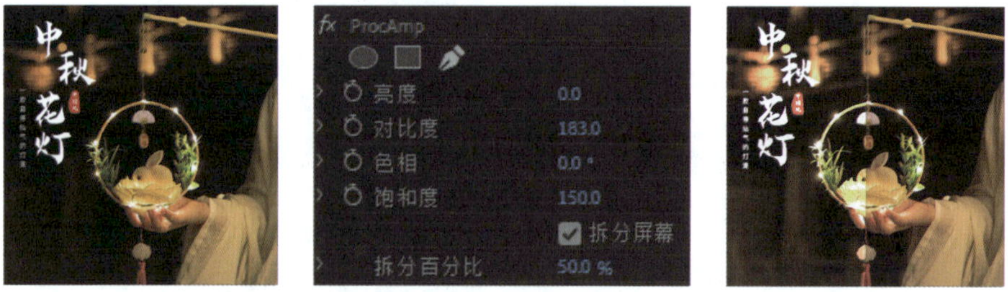

原素材　　ProcAmp 视频效果参数　　效果

图5-27 应用ProcAmp视频效果的参数及对应效果

4. “更改为颜色”视频效果

“更改为颜色”视频效果可以将素材中的某一个颜色替换成另一个颜色。在“效果”面板中搜索“更改为颜色”即可看到该视频效果，将视频效果应用到素材上后，在“自”

和“至”参数右侧分别有一个颜色块和一个吸管，通常情况下，使用“自”右侧的吸管吸取画面中要替换掉的颜色，再通过“至”“更改”“更改方式”“容差”中的参数调整颜色。应用“更改为颜色”视频效果的参数及对应效果如图5-28所示。

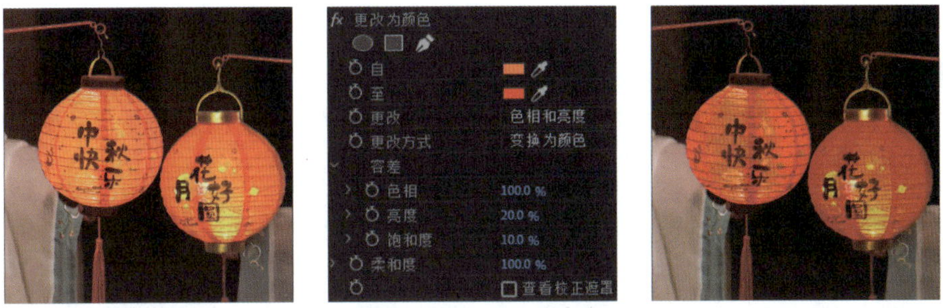

原素材　　“更改为颜色”视频效果参数　　效果

图5-28　应用“更改为颜色”视频效果的参数及对应效果

5. “快速颜色校正器”视频效果

“快速颜色校正器”可以快速地调整素材的颜色。将视频效果应用到素材上后，可以在“效果控件”面板中看到“快速颜色校正器”参数，如图5-29所示。

在“快速颜色校正器”参数中，通过“色相平衡和角度”控制器可以快速调整素材的色相，通过“饱和度”可以调整素材的饱和度，通过色阶可以调整素材的对比度。其中“色相平衡和角度”控制器包括色相环、圆心、平衡增益和色域几部分。“色相平衡和角度”控制器如图5-30所示。

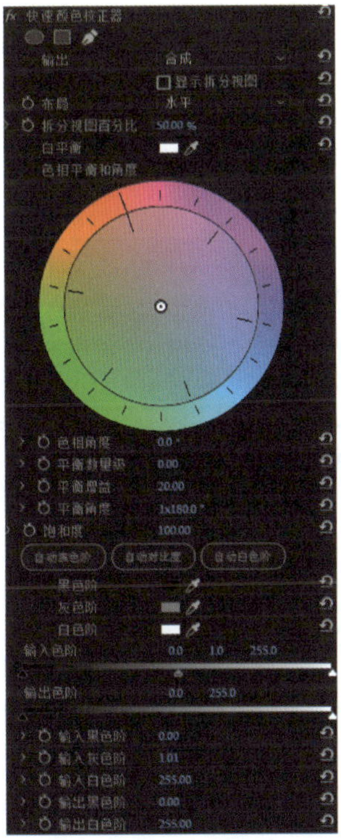

图5-29　“快速颜色校正器”参数

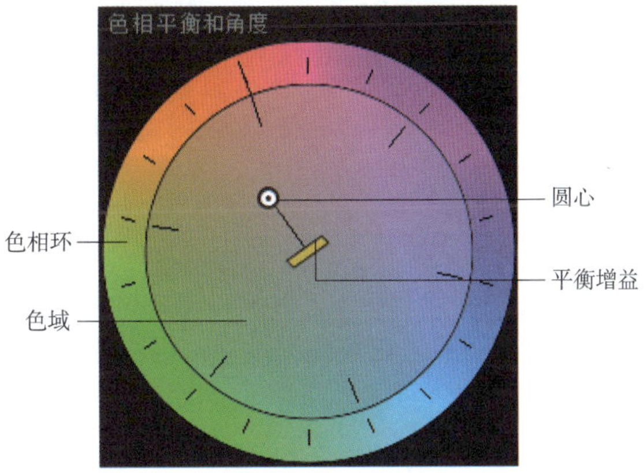

图5-30　“色相平衡和角度”控制器

色相环中显示各种颜色，拖动色相环可以调整色相角度。当圆心在色域中的某个位置时，则代表该位置的颜色即为调整后的画面色调。平衡增益可以调整色域中颜色的饱和度。调整“色相平衡和角度”的效果如图5-31所示。

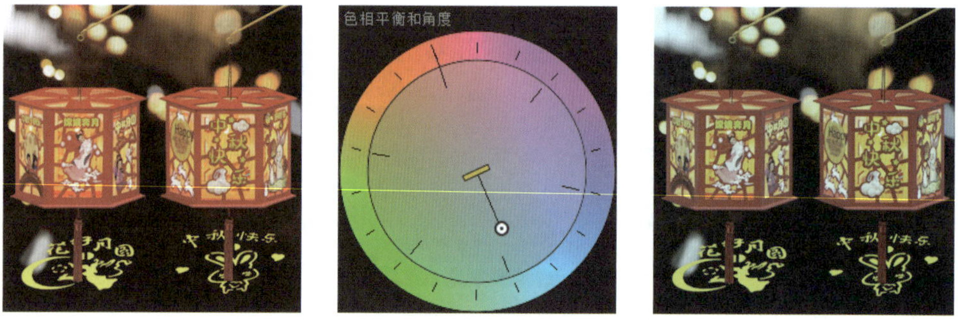

原素材　　调整色相平衡和角度　　效果

图5-31　调整“色相平衡和角度”的效果

5.1.4　实现步骤

Step 01 打开Premiere软件，新建项目，将项目命名为“【案例5-1】制作怀旧老电影效果”，单击“确定”按钮，完成项目的创建。

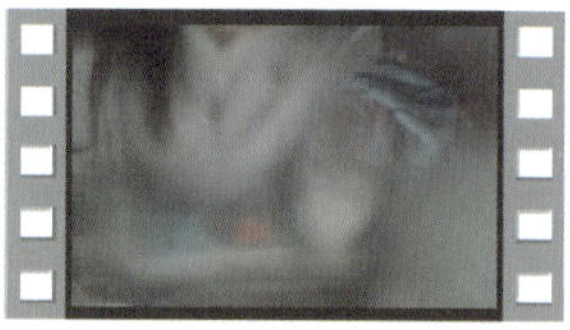

药剂师.mp4

图5-32　音视频素材

Step 02 选择“文件”→“导入”命令（或按【Ctrl+I】组合键），导入图5-32所示的“药剂师.mp4”音视频素材到“项目”面板中。

Step 03 将音视频素材拖动到“时间轴”面板中，以创建序列。选择“颜色”工作区，切换到“颜色”界面。删除音视频素材中的音频。

Step 04 选中素材，在右侧的“Lumetri颜色”面板的“基本校正”中设置“饱和度”为0，参数设置和效果展示如图5-33所示。

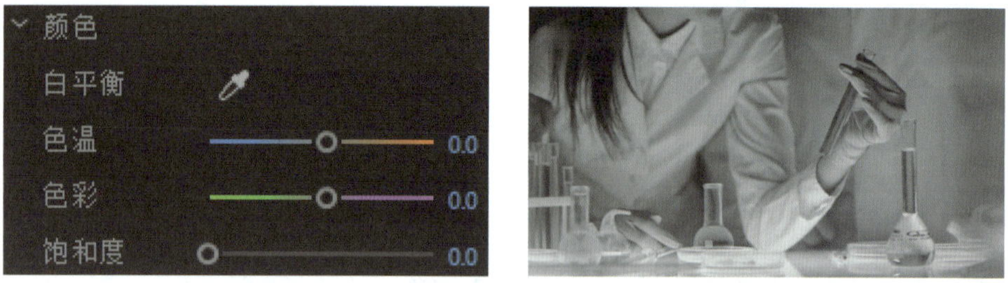

参数设置　　效果展示

图5-33　“饱和度”参数设置和效果展示

Step 05 单击“创意”控件，展开“创意”的参数，单击一次预览图右侧的箭头按钮▶，如图5-34所示。切换预设效果，再单击预览图应用预设效果，应用后的效果如图5-35所示。

图 5-34　查找预设效果

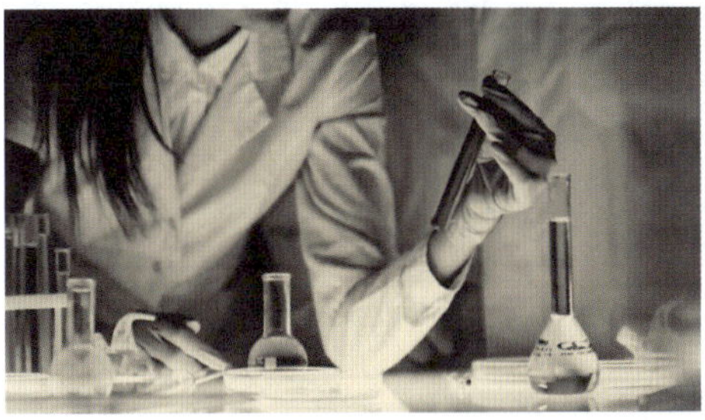

图 5-35　应用预设效果

Step 06 单击“曲线”控件，展开参数，选中白色图标，如图5-36所示。

Step 07 将鼠标指针放置在曲线上方，当鼠标指针变成形状时，在图5-37所示的位置添加锚点，将锚点向上移动，如图5-38所示。调整曲线前后的效果如图5-39所示。

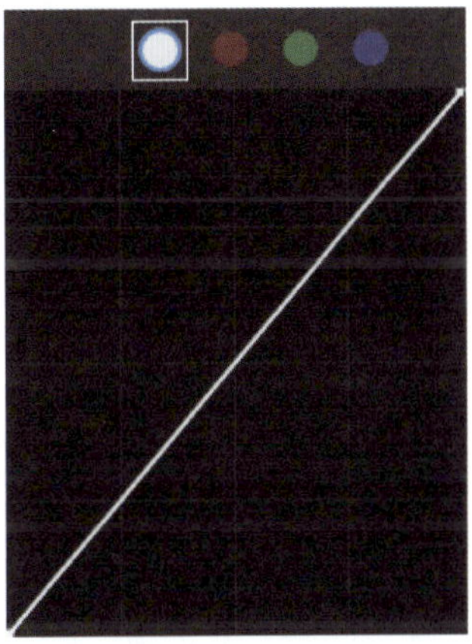

图5-36　“曲线”控件

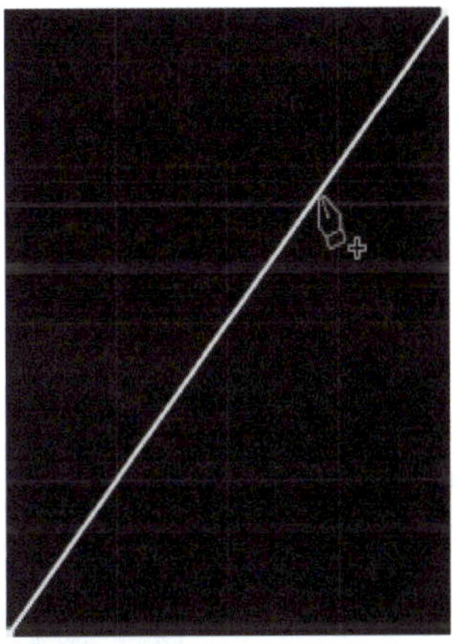

图5-37　添加锚点

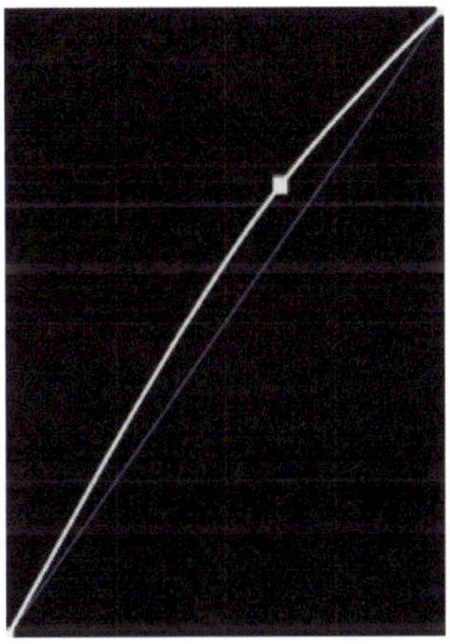

图5-38　移动锚点

调整曲线前　　调整曲线后

图5-39　调整曲线前后对比图

Step 08 单击“晕影”控件，展开参数，将数量调整为-1，如图5-40所示。得到效果如图5-41所示。

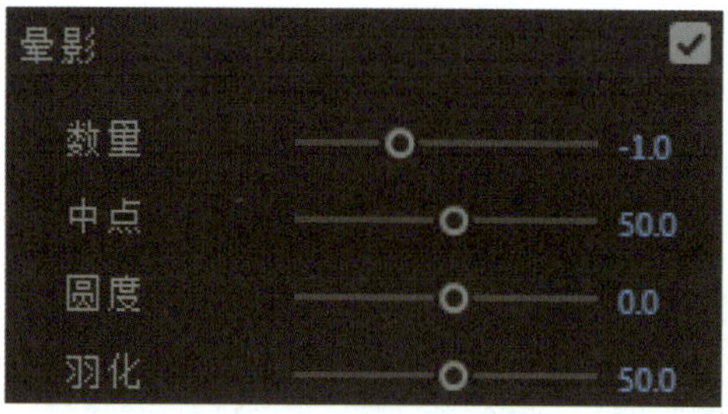

图5-40 调整晕影参数

图5-41 效果图

Step 09 选择“文件”→“导入”命令（或按【Ctrl+I】组合键），导入图5-42所示的“老电影噪波.mp4”音视频素材到“项目”面板中。

Step 10 将“老电影噪波.mp4”音视频素材添加到V2轨道中，并删除视频中的音频，如图5-43所示。

图5-42 音视频素材

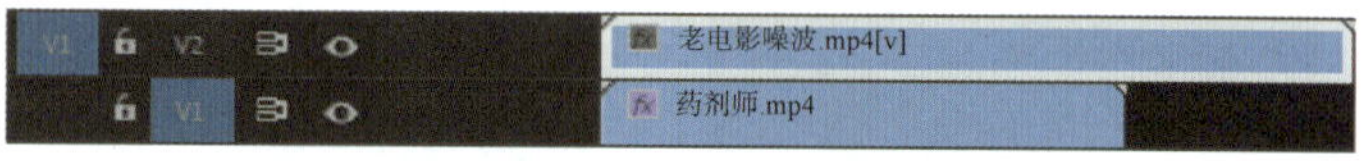

图5-43 添加音视频素材到V2轨道中

Step 11 将时间滑块定位在24秒20帧处，按【Ctrl+K】组合键添加编辑点，并删除V2轨道中后半段素材片段，使两段素材长度一致，如图5-44所示。

Step 12 在“效果控件”面板中，设置“老电影噪波.mp4”音视频素材的混合模式为“柔光”，效果如图5-45所示。

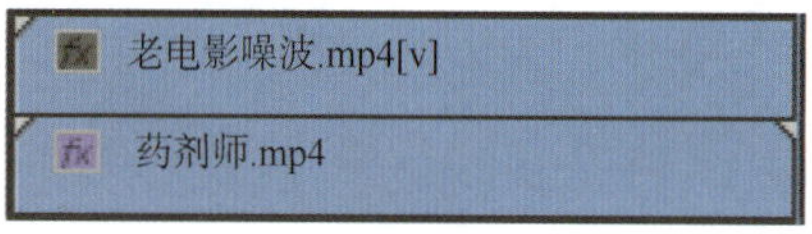

图5-44 删除素材片段

图5-45 柔光效果

Step 13 选择“文件”→“导入”命令（或按【Ctrl+I】组合键），导入“M5-1.mp3”音频素材到“项目”面板中，并添加到A1轨道中。

Step 14 选中“M5-1.mp3”音频素材，将时间滑块定位在24秒处，按【Ctrl+K】组合键添加编辑点，并删除后半段素材片段，如图5-46所示。

Step 15 按【Ctrl+S】组合键保存项目，并将项目中所用的素材打包。

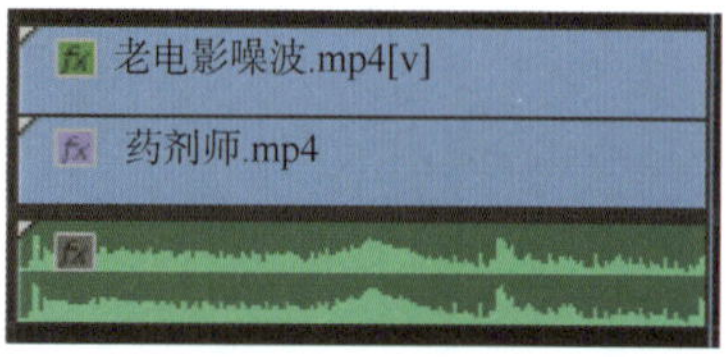

图5-46 删除音频素材的片段

5.2 【案例5-2】抠图换背景

在后期制作阶段，面对众多绿幕视频素材，一个常见的需求便是精准地将绿幕背景中的主体提取出来，以融入不同的创意背景中。为了实现这一效果，Premiere中的一系列强大视频效果成为不可或缺的工具。其中，“超级键”以其高效便捷的特性，成为抠图处理中的佼佼者。本案例将制作一个抠图换背景的效果，通过本案例的学习，读者能够了解合成的相关知识并掌握“超级键”“图像遮罩键”“差值遮罩”的使用方法。

5.2.1 效果展示

在炫酷的背景中，伴随着优美的歌声，舞者在跳舞，抠图效果如图5-47所示。

图5-47　抠图效果

扫一扫二维码查看案例具体效果。

视频

案例5-2
抠图换背景

5.2.2 案例分析

本案例包含两个视频：主体和背景。首先，删除背景视频的音频。接着，从主体视频中截取最后人物跳舞的片段。然后，调整两视频长度一致。最后，使用“超级键”去除主体视频的绿幕背景，实现抠图换背景效果。

5.2.3 必备知识

1. 合成简介

在影视作品中，为追求复杂效果，常用合成技术叠加多个视频素材。在Premiere中，通过在不同视频轨道上叠加素材，高层轨道素材优先显示，以创造丰富的视觉效果。叠加效果如图5-48所示。

图5-48　叠加效果

在实际应用中，可以通过不透明度、混合模式、Alpha通道和视频效果等方法对素材进行合成。具体介绍如下：

（1）通过不透明度合成素材

在Premiere中，每个素材都具备不透明度属性，通过适当设置此属性，可以实现素材间的自然叠加效果。例如，当将一个老鹰素材置于风景素材之上，并将老鹰素材的不透明度调整到50%时，在“节目监视器”中可以同时展现出上方的老鹰素材与下方的风景素材，形成一种和谐共存的视觉画面，如图5-49所示。

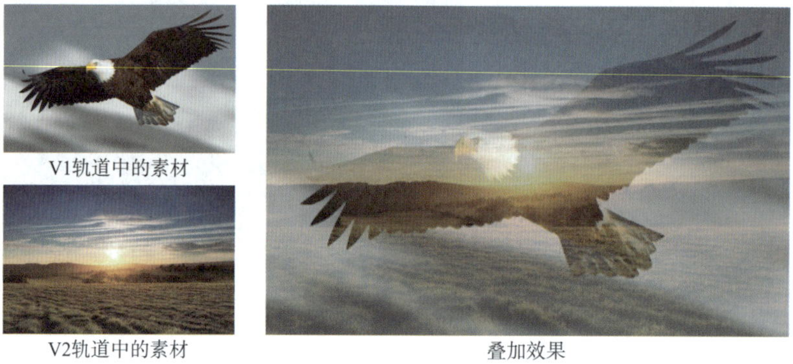

图5-49　通过不透明度合成素材

（2）通过混合模式合成素材

在Premiere中，通过混合模式也可以合成素材。在“不透明度”属性中，默认的混合模式为“正常”，单击“混合模式”下拉按钮，弹出混合模式列表，如图5-50所示。

在混合模式列表中，每个混合模式生成的合成效果都不一样。依旧以老鹰和风景素材为例，将老鹰素材的混合模式调整为“变暗”时，得到图5-51所示的效果，将老鹰素材的混合模式调整为“叠加”时，得到图5-52所示的效果。

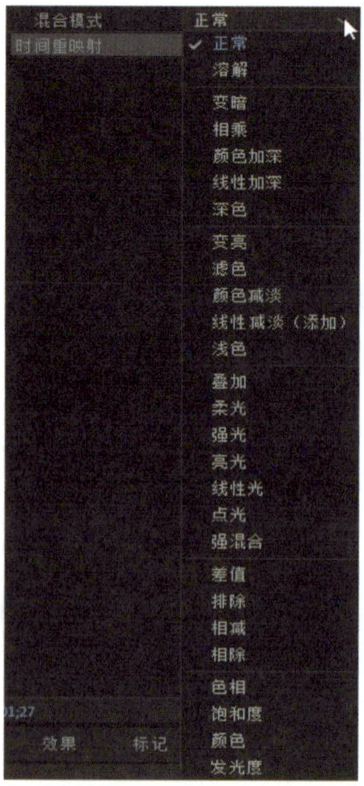

图5-50　混合模式列表

图5-51　“变暗”混合模式效果

图5-52　“叠加”混合模式效果

（3）通过Alpha通道合成素材

素材中除了包含可见的红、绿、蓝三个通道外，往往还包含一个不可见的通道，这个通道就是Alpha通道，用于存储素材的透明信息。在Premiere中查看Alpha通道时，素材中完全透明的区域显示为黑色，半透明区域显示为灰色，完全不透明区域显示为白色，Alpha通道如图5-53所示。

完全不透明　　半透明　　完全透明

图 5-53　Alpha 通道

在实际应用中，由于摄像机无法产生Alpha通道，所以包含Alpha通道的素材很少。

（4）通过视频效果合成素材

在Premiere中，有很多视频效果可以精确识别并提取画面中的特定颜色，将其设定为完全透明。这一过程中，画面中所有匹配该颜色的区域都将被巧妙"剔除"，如同隐形的画笔擦除了它们的存在，进而使得背后的背景图像无缝显露，实现了两幅图像的无缝融合与叠加。鉴于高质量、含Alpha通道的素材资源相对稀缺，抠图技术的重要性愈发凸显，它成为连接现实与想象、创造视觉奇观的桥梁。

在Premiere中，"超级键""图像遮罩键""差值遮罩""亮度键"等视频效果均用于抠图，不同的素材适合不同的视频效果。

2. "超级键"视频效果

"超级键"视频效果被存放在"键控"文件夹内，它可以根据指定颜色、不透明度、高光和阴影等参数精细地抠除素材中相应的区域，多用于抠取背景简单的素材。当为素材添加"超级键"视频效果后，在"效果控件"面板中即可看到相关参数，如图5-54所示。

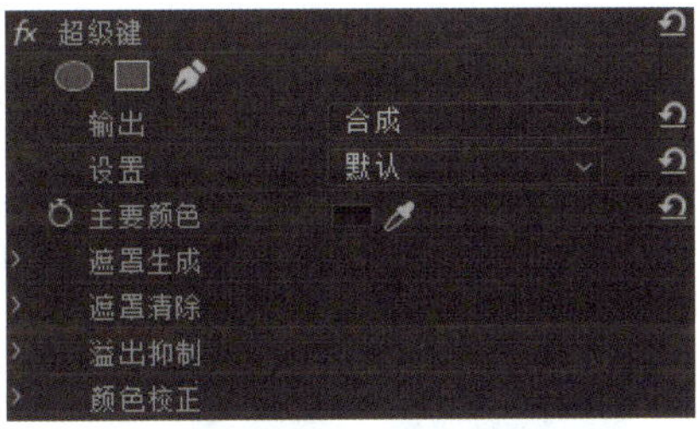

图 5-54　"超级键"视频效果参数

"超级键"包括"输出""主要颜色""遮罩生成"等常用参数，单击"主要颜色"右侧的"吸管"按钮，将鼠标指针移动到需要隐藏的颜色上单击，即可将背景变透明，如图5-55所示。

抠除绿背景前　　抠除绿背景后

图5-55　抠取背景前后效果图

在实际应用中，由于拍摄原因等，带有光线的背景比较多，因此直接使用"主要颜色”右侧的吸管抠除颜色的效果并不理想，如图5-56所示。

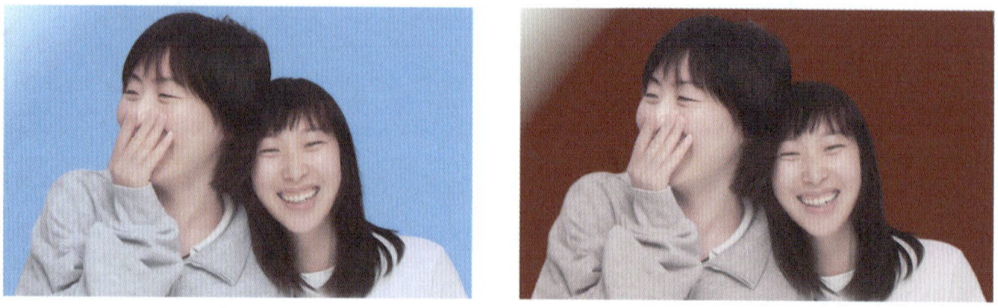

素材　　抠图后

图5-56　抠除颜色的效果并不理想

此时需要调整素材的Alpha通道等参数，在“效果控件”面板中将“输出”设置成“Alpha通道”，此时，画面会变成通道显示方式，如图5-57所示。

图5-57　通道显示方式

设置成“Alpha通道”的作用是利用Alpha通道将背景调整为透明。这时，在“效果控件”面板中调整“遮罩生成”中的参数，将背景全部调成黑色即可，然后再将“输出”设置为“合成”选项，设置“超级键”参数及效果图如图5-58所示。

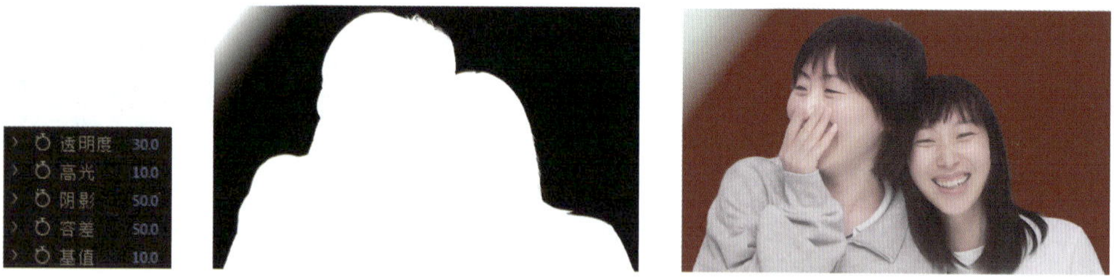

参数　　Alpha通道　　最终效果

图5-58　设置“超级键”参数及效果图

在图5-58所示的最终效果中，左上角还存在白色，这时可以通过绘制蒙版进行隐藏。

3. “图像遮罩键”视频效果

“图像遮罩键”视频效果存放在“过时”文件夹内，它是通过添加外部的素材，形成遮罩效果。该视频效果需要一个普通素材作为基底，和一个带有Alpha通道的素材作为遮罩，素材示例如图5-59所示。

在图5-59的素材示例中，ceyan.png是一个带有Alpha通道的素材，将“花.jpg”素材导入Premiere中，并添加到V1轨道上，然后为其应用“图像遮罩键”视频效果，可以在“效果控件”面板中看到“图像遮罩键”的参数，如图5-60所示。

ceyan.png　　花.jpg

图5-59　素材示例

“图像遮罩键”包括“设置”“合成使用”“反向”三个参数，首先单击视频效果名称右侧的“设置”按钮，导入ceyan.png作为遮罩的素材，添加遮罩，如图5-61所示。

图5-60　“图像遮罩键”的参数

图5-61　添加遮罩

添加遮罩后，设置“合成使用”可以改变合成效果，勾选“反向”复选框可以设置反向。需要注意的是，作为遮罩的素材其名称和所在文件夹的名称必须为英文，否则无效。

5.2.4　实现步骤

Step 01 打开Premiere软件，新建项目，将项目命名为“【案例5-2】抠图换背景”，单击“确定”按钮，完成项目的创建。

Step 02 选择“文件”→“导入”命令（或按【Ctrl+I】组合键），导入图5-62所示的“绿幕跳舞.mp4”和“舞台背景.mp4”音视频素材到“项目”面板中。

绿幕跳舞.mp4　　舞台背景.mp4

图5-62　音视频素材

Step 03 将“舞台背景.mp4”音视频素材拖动到“时间轴”面板中，以创建序列。删除音视频素材中的音频。

Step 04 将“绿幕跳舞.mp4”音视频素材添加到V2轨道中，如图5-63所示。

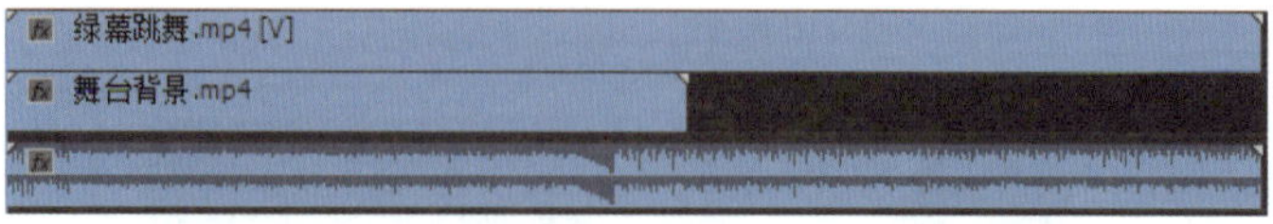

图5-63　添加素材到轨道中

Step 05 选中“绿幕跳舞.mp4”音视频素材，将时间滑块定位在2分18秒9帧的位置，按【Ctrl+K】组合键添加编辑点，并删除前半段素材及波纹，如图5-64所示。

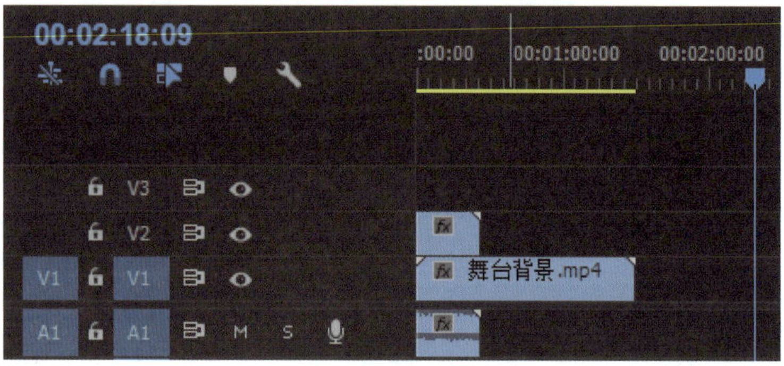

图5-64　删除V2前半段素材

Step 06 选中“舞台背景.mp4”音视频素材，将时间滑块定位在26秒17帧的位置，按【Ctrl+K】组合键添加编辑点，并删除后半段素材，使长度与V2轨道中的素材长度一致，如图5-65所示。

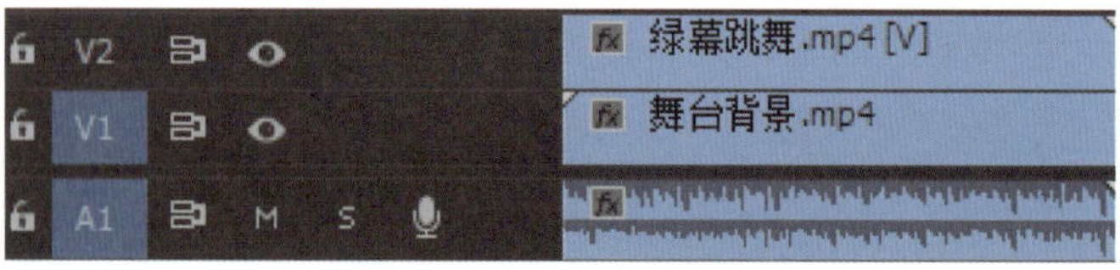

图5-65　删除V1后半段素材

Step 07 在“效果”面板中找到“超级键”视频效果，将其添加到“绿幕跳舞.mp4”素材上。

Step 08 在“效果控件”面板中，单击“超级键”的“主要颜色”参数后面的“吸管”按钮，将鼠标移动到“绿幕跳舞.mp4”的绿色背景上单击，吸取背景颜色，如图5-66所示。此时绿色背景即变成透明，如图5-67所示。

图 5-66　吸取绿幕背景

图 5-67　背景透明

Step 09 调整“绿幕跳舞.mp4”的位置。

Step 10 按【Ctrl+S】组合键保存项目，并将项目中所用的素材打包。

5.3 【案例5-3】制作端午节动态海报效果

端午节，这一蕴含深厚文化底蕴的中国传统节日，亦称龙舟节，洋溢着浓厚的民俗风情。节日里，人们竞相参与赛龙舟的壮阔场景，鼓声震天，桨影翻飞，不仅展现了团结协作的精神风貌，更寄托了对风调雨顺、国泰民安的美好祈愿。本案例将制作一个端午节动态海报效果，通过本案例的学习，读者能够进一步掌握抠图技巧。

5.3.1 效果展示

本案例为一个动态的海报效果，闪闪发光的月亮和文案从上至下移动到指定位置，龙舟从右向左、由小到大移动到指定位置，端午节动态海报效果截图示例如图5-68所示。

图5-68　端午节动态海报效果截图示例

视 频

案例5-3
制作端午节动态海报

扫一扫二维码查看案例具体效果。

5.3.2 案例分析

本案例包含了四个图像素材，本案例可分为两部分进行制作，具体介绍如下：

1. 为素材添加视频效果

由于本案例提供的所有图像素材均带纯色背景，所以需要使用不同的抠图技巧将所有图像素材的纯色背景变为透明，并调整素材的大小和位置，使画面和谐。

2. 制作动画效果

本案例中的动画效果包括端午节文案部分和龙舟部分，动画分解具体见表5-2。

表5-2　动画分解

素材	动画效果	动画设置
端午节文案	从上往下的位移效果	设置“位置”关键帧
	一闪一闪的发光效果	添加发光视频效果，并为发光效果设置关键帧
龙舟	从右往左的位移效果	设置“位置”关键帧
	从小到大的缩放效果	设置“缩放”关键帧

5.3.3　必备知识

1. “亮度键”视频效果

“亮度键”视频效果存放在“键控”文件夹内，它能够通过读取亮度信息创建遮罩，以抠除或保留视频中的特定部分。在实际工作中，为了获得最佳效果，使用的素材应具有明显的明暗对比。如果素材的明暗对比不够强烈，亮度键的效果可能不明显。

导入两个素材图像素材，如图5-69所示

小羊.jpg

遮罩.jpg

图5-69　两个图像素材

两个图像素材分别为“小羊.jpg”和“遮罩.jpg”，将这两个图像素材分别添加到V1和V2轨道中。将视频效果添加到“遮罩.jpg”素材上后，即可看到效果，如图5-70所示。

为素材应用“亮度键”视频效果后，在“效果控件”面板中能够看到“亮度键”的参数，如图5-71所示。

在“亮度键”参数中，通过精细调整“阈值”与“屏蔽值”参数，可以灵活地控制是提取图像的亮部区域还是暗部区域。当设置的“阈值”高于“屏蔽值”时，图像中的暗色部分将被转换为透明状态，反之，若“阈值”低于“屏蔽值”，则是图像的亮色部分被转变为透明。

图5-70　“亮度键”视频效果

图5-71　“亮度键”的参数

2. 蒙版抠图

当视频效果中的抠图结果不够理想时，可以采用蒙版作为替代或辅助手段，精准地将需要剔除的图像部分转化为透明状态，从而实现更加精细和自然的抠图效果。这种方法能够灵活控制图像的显示区域，确保最终画面的和谐与统一。

在大多数视频效果的下方都有三个蒙版工具，可以调整抠图效果。两个图像素材叠加在一起的效果如图5-72所示。

图5-72　两个图像素材叠加在一起的效果

使用“颜色键”视频效果将孔雀所在的图像素材中的地面背景变为透明。参数设置及对应效果如图5-73所示。

参数设置　　对应效果

图5-73　“颜色键”视频效果参数设置及效果

由图5-70所示的效果图可知，孔雀的一部分跟随背景被隐藏了，此时单击“颜色键”参数下方的“自由绘制贝塞尔曲线”按钮，在孔雀的阴影处勾勒，如图5-74所示。

图5-74　勾勒需要清除的区域

勾选“已反转”复选框，如图5-75所示，此时可以看到勾勒的区域显示，如图5-76所示。

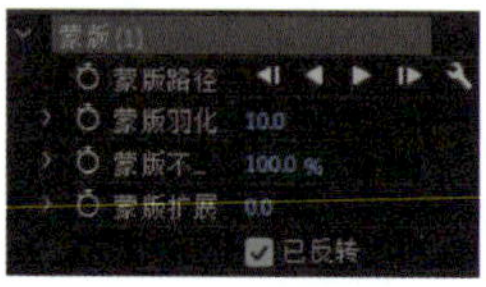

图5-75 勾选“已反转”复选框

图5-76 勾勒的区域显示

继续观察，会发现画面中又出现了多余区域，这时，可以通过“不透明度”下方的蒙版工具进行隐藏。

3. “非红色键”视频效果

“非红色键”视频效果存放在“过时”文件夹内，它能够基于绿色或蓝色调整颜色的不透明度。当为素材添加了该视频效果时，蓝色或绿色区域会变成半透明，两个叠加的素材如图5-77所示。

此时，为V2轨道中的视频素材应用“非颜色键”视频效果，可以看到视频素材中的绿色背景变成了半透明，如图5-78所示。

图5-77 两个叠加的素材

图5-78 绿色背景变成了半透明

在“效果控件”面板中可以看到“非红色键”参数，如图5-79所示。

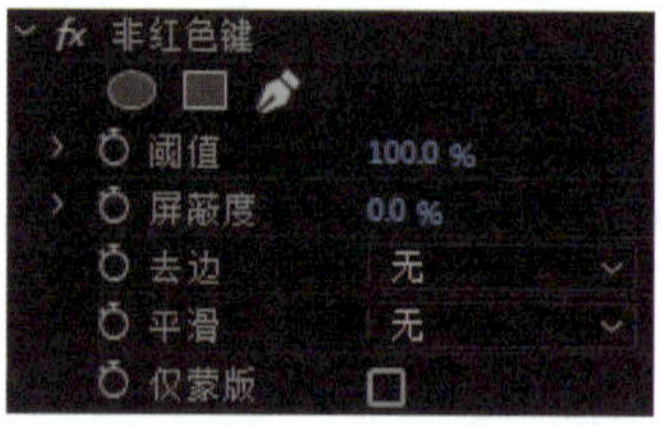

图 5-79 “非红色键”参数

通过调整“阈值”和“屏蔽度”可以将背景调整为全透明，参数和对应效果如图5-80所示。

参数　　对应效果

图5-80　“非红色键”参数和对应效果

观察图5-80可以看出，通过调整“阈值”和“屏蔽度”两个参数，成功地将V2轨道中视频素材的绿色背景完全转化为透明效果，实现了背景的无缝移除与内容的清晰呈现。

4. “颜色键”视频效果

“颜色键”视频效果存放在“键控”文件夹内，它可以抠出素材中所有与指定颜色类似的颜色。为素材应用“颜色键”视频效果后，可以在“效果控件”面板中查看“颜色键”参数，如图5-81所示。

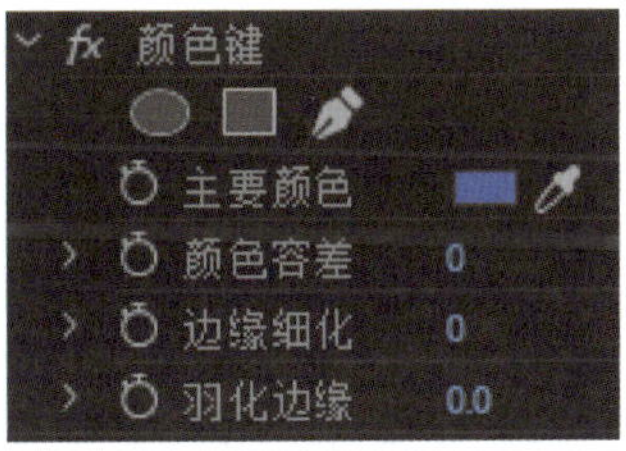

图5-81　“颜色键”参数

“颜色键”包含多个参数，如“主要颜色”“颜色容差”等。使用“主要颜色”右侧的吸管在“节目监视器”中吸取所需颜色，可以将指定颜色变透明。通过调整容差可以控制颜色的范围。还可以通过“边缘细化”和“羽化边缘”参数调整主体的边缘，以创建边缘的平滑过渡，应用“颜色键”视频效果的参数及对应效果如图5-82所示。

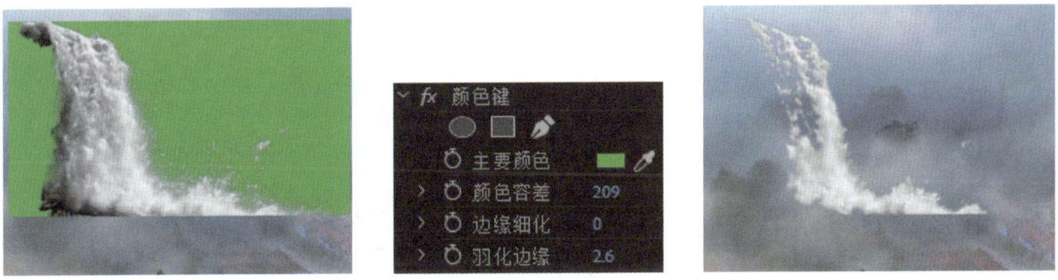

原素材　　“颜色键”参数　　效果

图5-82　应用“颜色键”视频效果的参数及对应效果

观察图5-82可知，“颜色键”视频效果成功地将绿色背景变为透明。

5. “差值遮罩”视频效果

“差值遮罩”视频效果存放在“过时”文件夹内，它可以对比两个相似画面的素材，去除两个画面相似的部分，而留下差异较大的部分。通常用于抠取视频素材中的主体。通过一个对比层与源层进行比较，如图5-83所示。

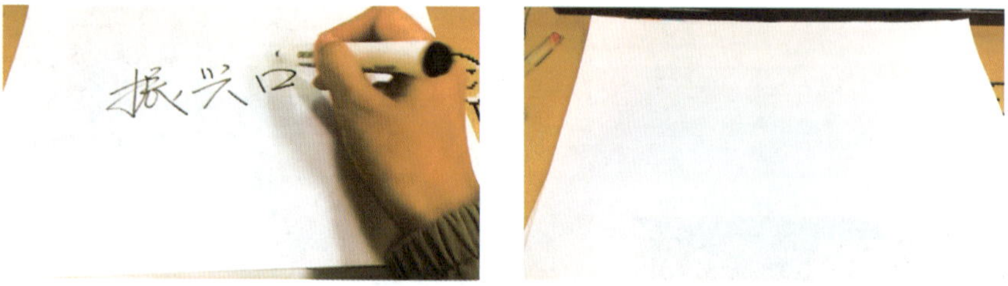

源层　　　　对比层

图5-83　对比层与源层

将时间滑块定位在第一帧（视频素材中无主体的空背景的任何一帧都可以），在“节目监视器”面板中单击“导出帧”按钮，弹出“导出帧”对话框，如图5-84所示。

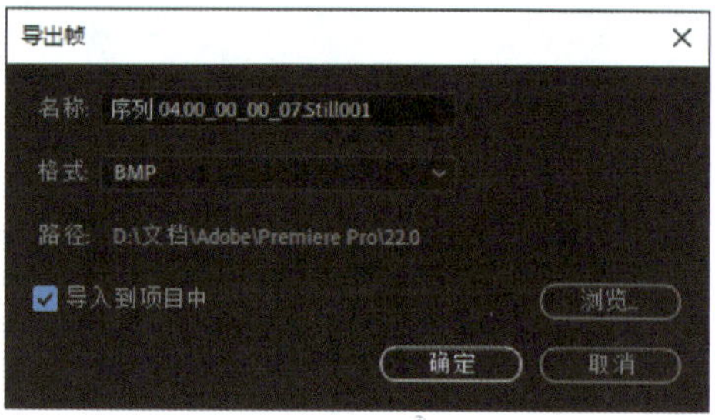

图5-84　“导出帧”对话框

在“导出帧”对话框中勾选“导入到项目中”复选框，将帧添加到项目中，并且添加到视频素材下面的轨道上，调整其持续时间，如图5-85所示。

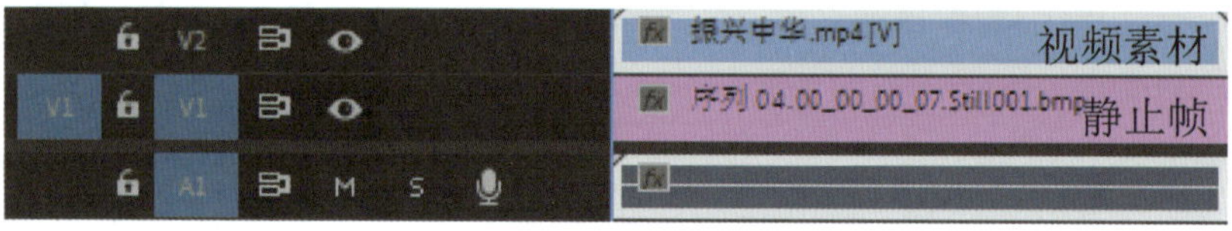

图5-85　添加素材至轨道上

将“差值遮罩”视频效果添加到视频素材上，在“效果控件”面板中设置“差值图层”为静止帧所在的轨道，此处应选择“视频1”。此时，隐藏V1轨道，即可看到效果图，如图5-86所示。

当然，在“效果控件”面板中，可以细致地调整该视频效果的各项参数，以达到期望的视觉效果。然而，值得注意的是，由于光线条件及拍摄环境的多样性，仅依赖这一视频效果进行抠图处理，其效果往往难以尽如人意。为了获得更加精准和自然的抠图效果，通常建议结合使用其他视频特效工具以及蒙版，通过综合调整来优化最终的视频呈现。

图5-86　“差值遮罩”抠图效果

5.3.4　实现步骤

1. 为素材添加视频效果

Step 01 打开Premiere软件，新建项目，将项目命名为“【案例5-3】制作端午节动态海报”，单击“确定”按钮，完成项目的创建。

Step 02 选择“文件”→“导入”命令（或按【Ctrl+I】组合键），导入图5-87所示的图像素材到“项目”面板中。

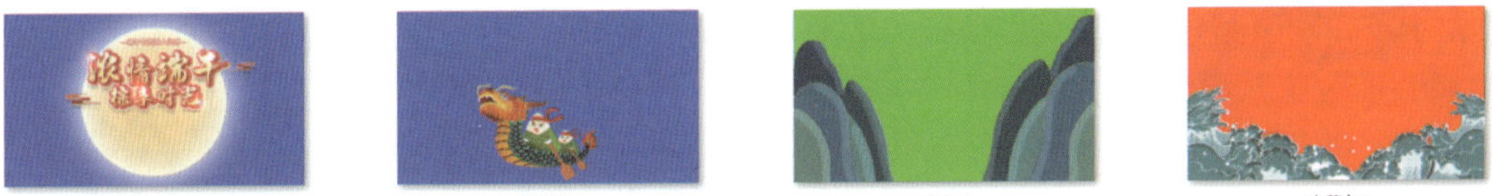

图5-87　两个图像素材

Step 03 将“山.jpg”拖动到时间轴面板中，创建序列，“山.jpg”默认存放在V1轨道中。

Step 04 将V1轨道中的“山.jpg”拖动到V2轨道中。

Step 05 创建一个颜色为红色（#922828）的颜色遮罩，将其放到V1轨道中作为背景。

Step 06 选中V2轨道中的素材，在“效果”面板中找到“超级键”视频效果，将其添加到V2轨道的素材上，使用“主要颜色”右侧的吸管吸取背景颜色，使颜色变为透明，参数和对应效果分别如图5-88和图5-89所示。

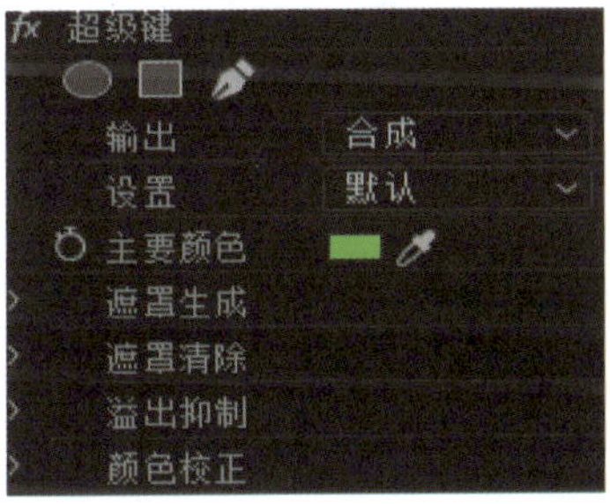

图 5-88　“超级键”参数

图 5-89　“超级键”对应效果

Step 07 将“水花.jpg”拖动到V3轨道中，为其应用“颜色键”视频效果，使用“主要颜色”右侧的吸管吸取背景颜色，使背景变为透明，并调整“颜色容差”为100、“边缘细化”为1、“羽化边缘”为1.0，参数和对应效果分别如图5-90和图5-91所示。

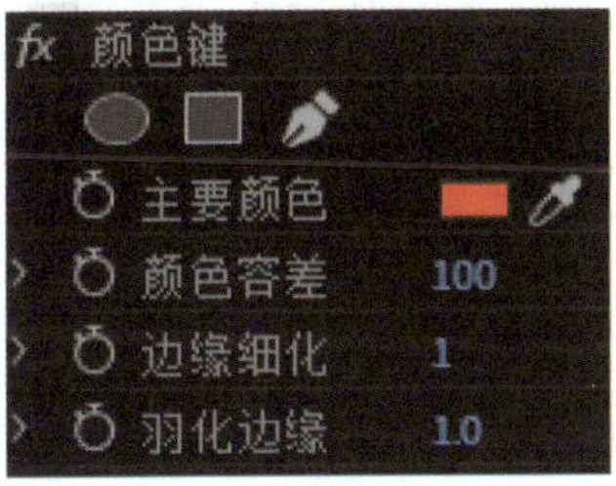

图 5-90　“颜色键”参数

图 5-91　“颜色键”对应效果

Step 08 将“端午节文案.jpg”和“龙舟.jpg”拖动到时间轴面板中，并调整素材排列顺序，如图5-92所示。

Step 09 单击“龙舟.jpg”素材所在轨道的“切换轨道输出”按钮隐藏轨道。

Step 10 选中“端午节文案.jpg”素材，为其应用“非红色键”视频效果，单击“创建椭圆形蒙版”按钮，然后在“节目监视器”面板中设置蒙版大小，如图5-93所示。

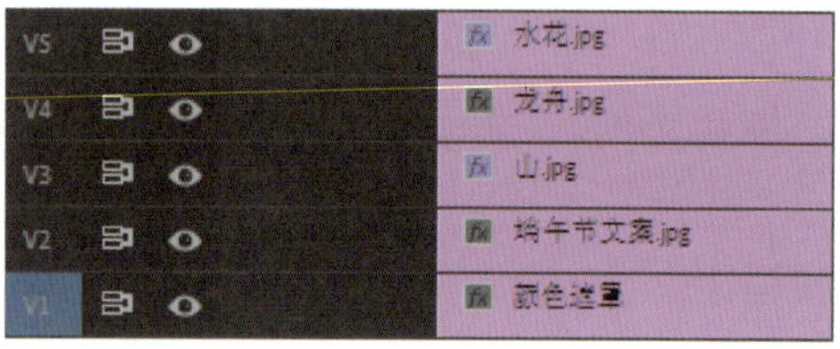

图5-92 素材排列顺序

图5-93 设置蒙版大小

Step 11 在“非红色键”参数中，勾选“已反转”复选框，设置“阈值”为4%。参数设置和对应效果分别如图5-94和图5-95所示。

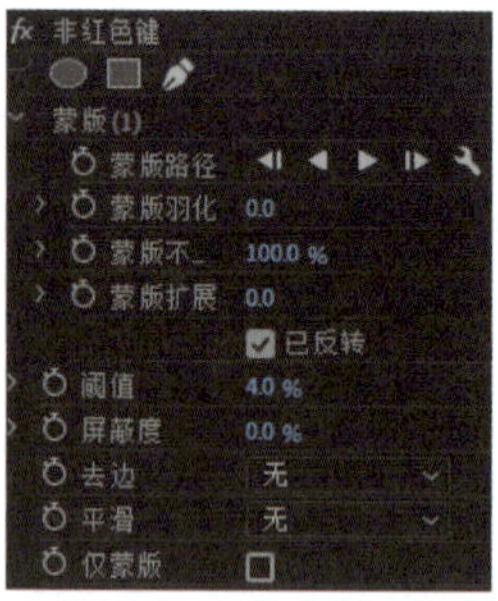

图5-94 “非红色键”参数设置

图5-95 “非红色键”对应效果

Step 12 在“效果控件”面板中设置“位置”为“960.0，420”。

Step 13 显示“龙舟.jpg”，为其应用“颜色键”视频效果，并去除背景颜色。

Step 14 在“效果控件”面板中设置“位置”和“缩放”，参数和素材的大小及位置分别如图5-96和图5-97所示。

图5-96 “位置”和“缩放”参数

图5-97 素材的大小及位置

2. 制作动画效果

Step 01 在“时间轴”面板中选中“龙舟.jpg”图像素材，将时间滑块定位在3秒处。

Step 02 在“效果控件”面板中依次单击“位置”和“缩放”左侧的“切换动画”按钮，激活并添加关键帧。

Step 03 将时间滑块定位在0秒处，依次设置“位置”和“缩放”的参数，如图5-98所示。

Step 04 在“时间轴”面板中选中“端午节文案.jpg”图像素材，将时间滑块定位在1秒处。

Step 05 在“效果控件”面板中单击“位置”左侧的“切换动画”按钮，激活并添加关键帧。

Step 06 将时间滑块定位在0秒处，设置“位置”的参数，如图5-99所示。

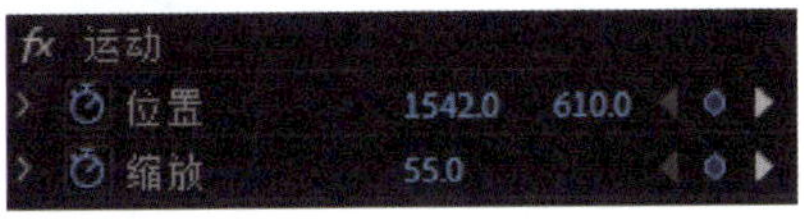

图5-98 “位置”和“缩放”的参数

图5-99 “位置”的参数

Step 07 为“端午节文案.jpg”图像素材应用“VR发光”视频效果。

Step 08 将时间滑块定位在0秒处，依次单击“VR发光”参数中“发光半径”和“发光亮度”左侧的“切换动画”按钮，激活并添加关键帧，然后设置参数，如图5-100所示。

Step 09 将时间滑块定位在10帧处，设置“发光半径”为50，“发光亮度”为1。

Step 10 将时间滑块定位在1秒5帧处，设置“发光半径”为0，“发光亮度”为0。

Step 11 复制Step 09和Step 10中的添加的关键帧，将时间滑块定位在2秒处，粘贴关键帧。

Step 12 按照Step11的方法，在3秒15帧处再次粘贴关键帧。

Step 13 按【Ctrl+S】快捷键保存项目，并将项目中所用的素材打包。

拓展案例：制作海龟游泳效果

通过所学知识，使用关键帧，“超级键”视频效果和“颜色”面板制作海龟游泳的效果，如图5-101所示。

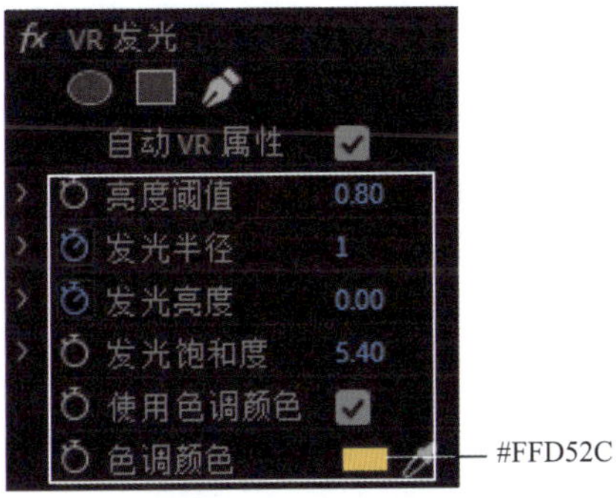

图5-100 设置参数

图5-101 海龟游泳的效果

第6章 为视频添加字幕

学习目标

知识目标：

◎熟悉文本属性，能够说出文本有哪些属性。

能力目标：

◎掌握创建文本的方法，能够使用工具创建文本；

◎掌握文本的编辑方法，能够完成选择文本、旋转文本等操作；

◎掌握手动创建字幕的方法，能够手动创建字幕；

◎掌握自动创建字幕的方法，能够高效实现字幕的自动化创建；

◎熟悉创建图形的方法，能够完成矩形、椭圆等图形的创建；

◎掌握创建滚动字幕的方法，能够创建自动垂直移动的字幕。

素质目标：

◎引导积极传播安全文化，提高公众对安全问题的认识和重视程度；

◎培养高度专注与持久耐心，确保他们拥有足够的耐心去精雕细琢作品。

字幕是指以文本的形式显示电视、电影、舞台作品中的对话等非影像内容，在电影银幕或电视屏幕下方出现的解说文本、影片的片名、演职员表等都称为字幕。由于很多字词同音，只有通过字幕文本和音频结合来观看，才能更加清楚节目内容。本章将带领读者认识Premiere软件中的字幕及其使用方法。

6.1 【案例6-1】为视频添加文本

视频添加文本具有多种作用，不仅可以强调视频中的关键信息点，确保观众不会错过重要信息。还能对视频中难以用画面表达的信息进行补充说明。本案例将为一个短视频添加文本，通过本案例的学习，读者能够掌握Premiere中创建和调整文字的方法。

6.1.1　效果展示

当视频播放至尾声，两行清晰而恰当的文本浮现在屏幕上，以一种简洁而有力的方式，加深了观众对视频内容的印象，为整个视频内容画上一个圆满的句号，为视频添加文本效果截图示例如图6-1所示。

图6-1　为视频添加文本效果截图示例

视频
案例6-1
为视频添加文本

扫一扫二维码查看案例具体效果。

6.1.2　案例分析

本案例包含一个视频素材和一个音频素材，在原视频素材不变的情况下，在画面中添加字幕，配上音频即可完成案例的制作。

6.1.3　必备知识

1. 创建文本

在Premiere中，“文字工具”和“垂直文字工具”可以创建不同方向的文本，下面对创建文本的方法进行讲解。

（1）使用文字工具创建文本

“文字工具”能够创建水平文本，水平文本是指沿着水平方向进行排列的文本类型。在工具栏中选择“文字工具”T，在“节目监视器”面板中单击，可以看到文本框，如图6-2所示。

此时直接输入文字，即可得到水平文本，如图6-3所示。

图6-2　文本框

图6-3　水平文本

按【Enter】键可以换行，输入完文本后，单击“选择工具”，可以完成文本的输入。

（2）使用垂直文字工具创建文本

“垂直文字工具”能够创建垂直文本，所谓垂直文本是指沿着垂直方向进行排列的文本类型。“垂直文字工具”的使用方法和“文字工具”的使用方法一致。长按“文字工具”，在弹出的工具列表中选择“垂直文字工具”，如图6-4所示。

选择“垂直文字工具”后，在“节目监视器”面板中单击，输入文字，然后单击“选择工具”，可以完成文本的输入。垂直文本如图6-5所示。

另外，在Premiere中，选择“图形和标题”→“新建图层”命令可以看到“新建图层”子菜单，如图6-6所示。

图6-4　工具列表

图6-5　垂直文本

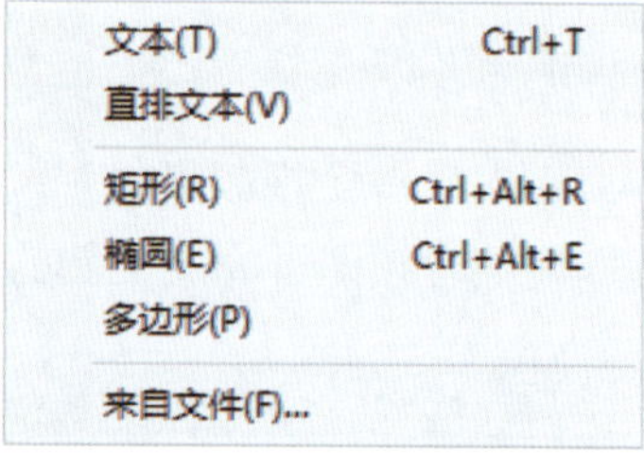

图6-6　“新建图层”子菜单

在“新建图层”子菜单中，选择“文本”命令（或按【Ctrl+T】组合键）可以创建水平文本，选择“直排文本”命令，可以创建垂直文本。

在创建文本的过程中，若没有选中文本素材，那么创建的文本会作为单独的一个文字素材，被添加到空白轨道中，但不会被存放在“项目”面板中。若选中文本素材，继续创建文本，则创建的文本会被存放在原有文本素材中。

值得一提的是，在创建文本时，文本不会自动换行，需要按【Enter】键换行，若想创建自动换行的段落文本，可以选择“文字工具”或“垂直文字工具”，在“节目监视器”面板中单击并拖动，此时可以绘制一个指定大小的文本框，如图6-7所示。

在文本框中输入文字，当文字的长度到达文本框边缘时，会自动换行。

2. 文本属性

创建文本后，在“时间轴”面板中选中文本素材，在“效果控件”面板中可以看到文本属性，如图6-8所示。

图6-7　指定大小的文本框

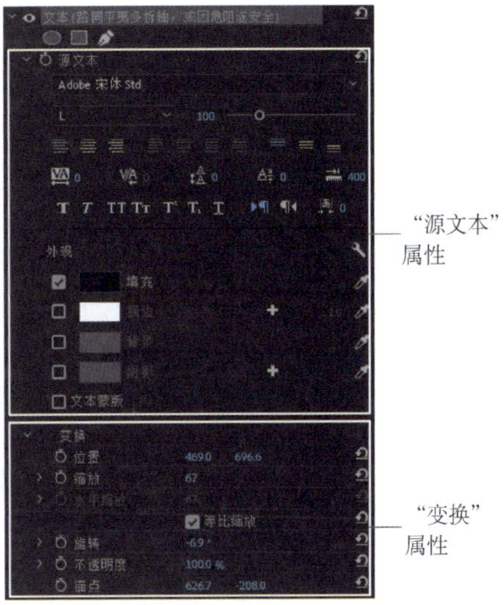

图6-8　文本属性

在文本属性中，包括“源文本”属性和“变换”属性，下面对这两个属性进行讲解。

（1）“源文本”属性

在“源文本”属性中，可以设置文本的字体、字号等，“源文本”属性如图6-9所示。

在“源文本”属性中，包括字体、字号、段落对齐方式等参数，对这些参数的介绍如下：

- 字体：用于设置字体。
- 字号：用于设置文本大小。
- 段落对齐方式：用于设置段落的对齐方式，如左对齐、居中对齐等。
- 字体距离：用于设置同一段文本中，字与字或行与行之间的距离。
- 特殊字体样式：用于设置字体的特殊样式，如加粗、倾斜等。
- 字体填充颜色：用于设置文本的颜色，单击色块会弹出“拾色器”对话框，如图6-10所示。

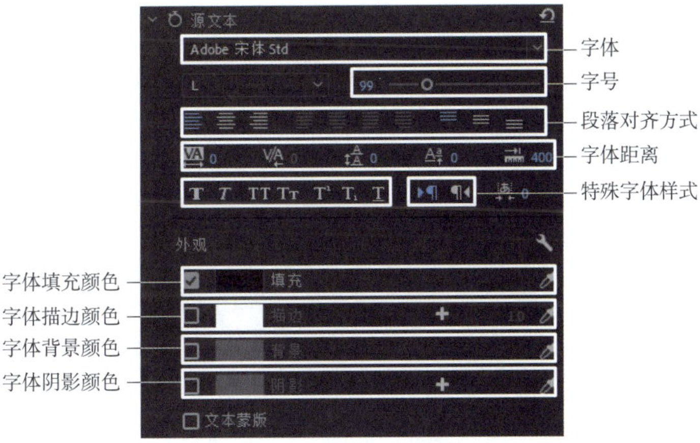

图6-9　“源文本”属性

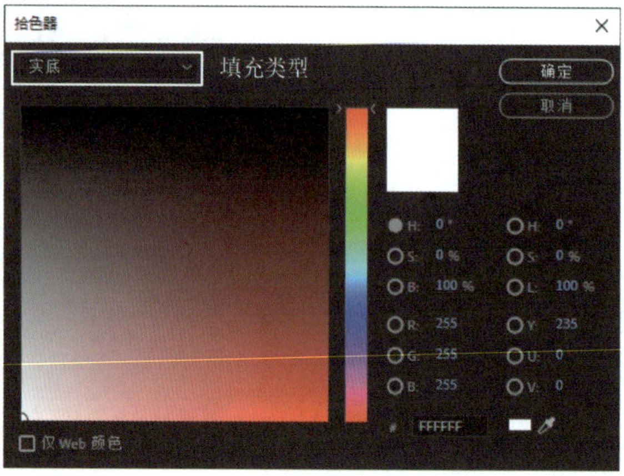

图6-10 “拾色器”对话框

在“拾色器”对话框中，可以设置填充类型，包括“实底”“线性渐变”“径向渐变”，选择后两者时，“拾色器”对话框中会出现渐变滑块，如图6-11所示。

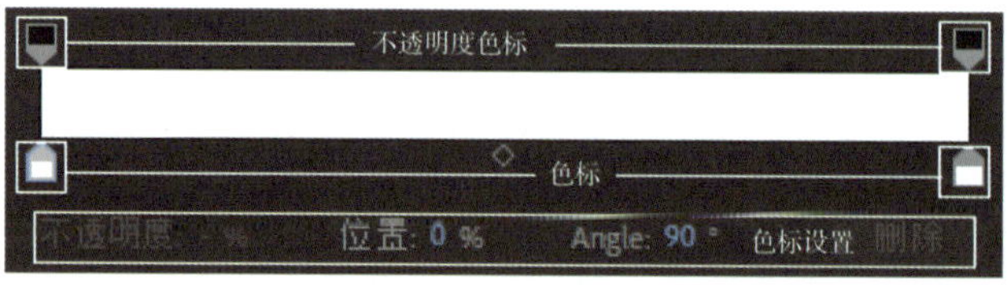

图6-11 渐变滑块

在渐变滑块中，包括两个不透明度色标和两个色标，其中不透明度色标用于控制色标颜色的透明程度，而色标则用于控制色标的颜色。将鼠标悬停在滑块的上下两侧后单击，即可添加色标，如图6-12所示。

图6-12 添加色标

另外，选中不透明度色标或色标后，可以设置色标的不透明度、位置、角度等，还可以删除不透明度色标或色标。

- 字体描边颜色：用于设置文本的描边颜色，单击右侧的“向此图层添加描边”按钮 ➕，可以为文本添加多个描边。
- 字体背景颜色：用于设置文本的背景颜色。
- 字体阴影颜色：用于设置文本的阴影颜色，单击右侧的“向此图层添加阴影”按钮 ➕，可以为文本添加多个阴影。

（2）“变换”属性

在“变换”属性中，可以调整文本的位置、大小、角度、不透明度等，“变换”属性如图6-13所示。

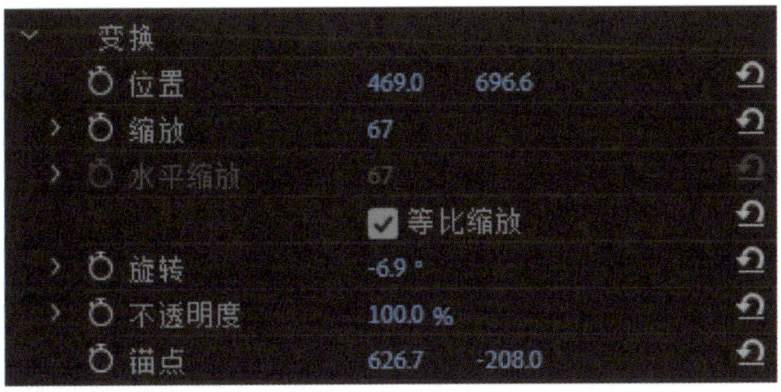

图6-13 “变换”属性

在“变换”属性中，包括“位置”“缩放”“旋转”等参数，对这些参数的介绍如下：

- “位置”：用于精确设置文本的位置。
- “缩放”：用于设置文本的大小。
- “旋转”：用于设置文本的角度。
- “不透明度”：用于设置文本的不透明度。

3. 编辑文本

创建文本后，为了完善内容或调整布局，常需进行一系列细致的编辑操作。文本的基础编辑包括选择文本、移动文本、编辑文本内容、旋转文本、复制文本和删除文本，下面对文本的基础编辑进行讲解。

（1）选择文本

在工具栏中选择“选择工具”，在“节目监视器”面板中单击文本，即可选中文本，此时，文本周围会出现定界框，如图6-14所示。

在使用“选择工具”选择文本时有如下几个小技巧：

- 部分选择：选择“选择工具”后，按住【Shift】键的同时单击多个文本，可以同时选中多个文本。还可以通过框选的方式选中多个文本。
- 全选：在选中其中一个文本后，按【Ctrl+A】组合键可以选中该文本素材中的所有文本。
- 取消选择：单击空白处可以取消选择。

（2）移动文本

使用“选择工具”单击并拖动文本即可移动文本。当然，在“效果控件”面板中，调整文本属性“变换”参数中的“位置”可以精确地移动文本。

（3）编辑文本内容

使用“文字工具”和“垂直文字工具”单击指定的文本，即可进入编辑状态，重新编辑文本内容即可。

在选中“选择工具”的状态下，双击指定的文本，即可进入编辑状态，重新编辑文本内容即可。

（4）旋转文本

选中文本，将鼠标指针悬停在定界框边缘，待鼠标指针变为形状时，单击并拖动鼠标，即可旋转文本，如图6-15所示。

图6-14 定界框

图6-15 旋转文本

观察图6-15可知，在旋转文本时，以左下角的中心点⊕为中心进行旋转的，若想调整中心点的位置，可以拖动中心点图标将中心点移动到指定位置。

（5）复制文本

选中文本后，按【Ctrl+C】组合键复制文本，按【Ctrl+V】组合键粘贴文本到选中的文本素材中。

（6）删除文本

选中文本，按【Delete】键，可以快速删除选中的文本，在“时间轴”面板中，选中轨道上的文本素材，可以删除文本素材及其中的所有文本。

4. 基本图形面板

在“基本图形”面板中，可以更方便地设置图形和文本，选择“窗口”→“工作区”→“字幕和图形”命令，打开“字幕和图形”工作区，在该工作区的右侧显示“基本图形”面板，如图6-16所示。

在“基本图形”面板中，图层区域会显示同一段文本素材中所包含的文本或图形，选中指定的文本或图形，下方会显示对应的参数。选中文本的情况下，图6-16下方文本参数中的“样式”和“外观”参数与“效果面板”中的“源文本”和“外观”参数一致，此处不再赘述。而“对齐并变换”参数和“效果面板”中的“变换”参数类似，只是比“变换”参数多了对齐功能，通过“基本图形”面板可以对选中的文本或图形进行对齐。

在对齐功能中，包括多个对齐按钮，如图6-17所示。

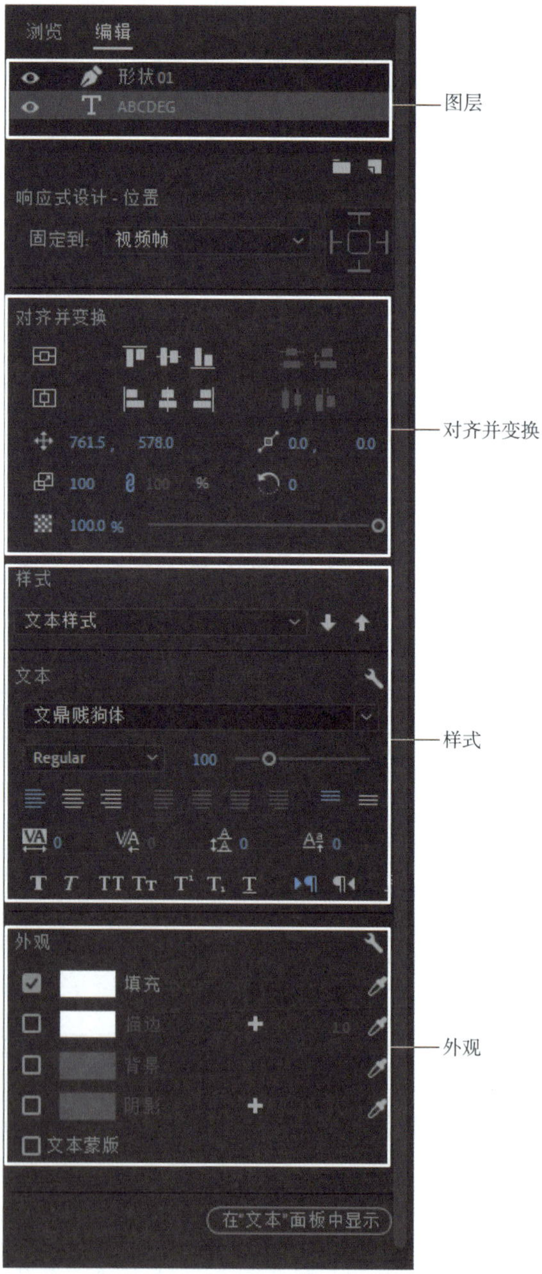

图6-16 “基本图形”面板

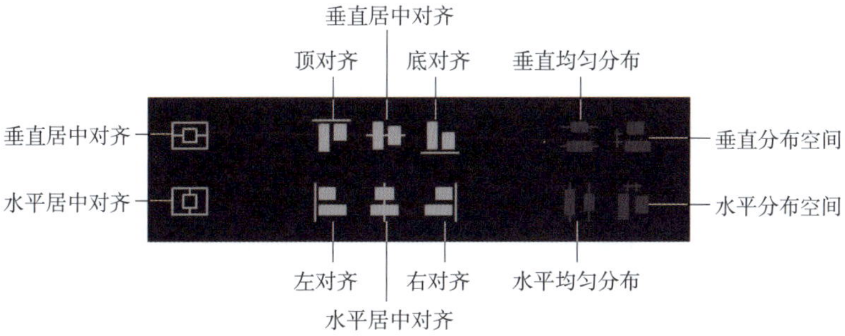

图6-17　多个对齐按钮

对齐功能中各按钮的介绍如下：

- 垂直居中对齐：用于将选中的文本或图形与序列进行垂直居中对齐。
- 水平居中对齐：用于将选中的文本或图形与序列进行水平居中对齐。
- 顶对齐：用于将选中的两个及以上的文本或图形，以其中最顶部的文本或图形作为基准进行对齐。若仅选中单一文本或图形，则会自动将其对齐至所在序列的顶部。
- 垂直居中对齐：用于将选中的两个及以上文本或图形，以其垂直中线为基准进行居中对齐。若仅选中单一文本或图形，则会自动将其与所在序列的垂直中线进行对齐。
- 底对齐：用于将选中的两个及以上文本或图形，以其中底部的文本或图形作为基准进行对齐。若仅选中单一文本或图形，则会自动将其对齐至所在序列的底部。
- 左对齐：用于将选中的两个及以上文本或图形，以其中最左侧的文本或图形作为基准进行对齐。若仅选中单一文本或图形，则会自动将其对齐至所在序列的最左侧。
- 水平居中对齐：用于将选中的两个及以上文本或图形，以其水平中线为基准进行居中对齐。若仅选中单一文本或图形，则会自动将其与所在序列的水平中线进行对齐。
- 右对齐：用于将选中的两个及以上文本或图形，以其中最右侧的文本或图形作为基准进行对齐。若仅选中单一文本或图形，则会自动将其对齐至所在序列的最右侧。
- 垂直均匀分布：用于将选中的三个及以上文本或图形，以文本或图形的垂直中线为基准，进行平均分布。
- 水平均匀分布：用于将选中的三个及以上文本或图形，以文本或图形的水平中线为基准，进行平均分布。
- 垂直分布空间：用于将选中的三个及以上的文本或图形的垂直间距进行平均分布。
- 水平分布空间：用于将选中的三个及以上的文本或图形的水平间距进行平均分布。

多学一招：如何安装字库

Premiere 中预装了若干基本字体以满足常用需求，但面对创意无限的视频设计项目，往往需要更广泛、更具特色的字体来丰富视觉效果。这时，手动安装外部字体库便成为一个必要且灵活的解决方案。

将准备好的字库复制到 C 盘 Windows 文件夹下的 Fonts 文件夹内，即可安装字库，重启 Premiere 后即可应用字体。

6.1.4 实现步骤

Step 01 打开Premiere软件，新建项目，将项目命名为“【案例6-1】为视频添加字幕”，单击“确定”按钮，完成项目的创建。

Step 02 选择“文件”→“导入”命令（或按【Ctrl+I】组合键），导入图6-18所示的“刹车动画.mov”视频素材到“项目”面板中。

Step 03 将视频素材拖动到“时间轴”面板中，以创建序列。

Step 04 将时间滑块定位在第4分7秒处。

Step 05 在工具栏中选择“文字工具”T，在“节目监视器”面板中输入文字“安全出行，文明相伴 关爱生命，从我做起”，如图6-19所示。

图6-18 “刹车动画”视频素材

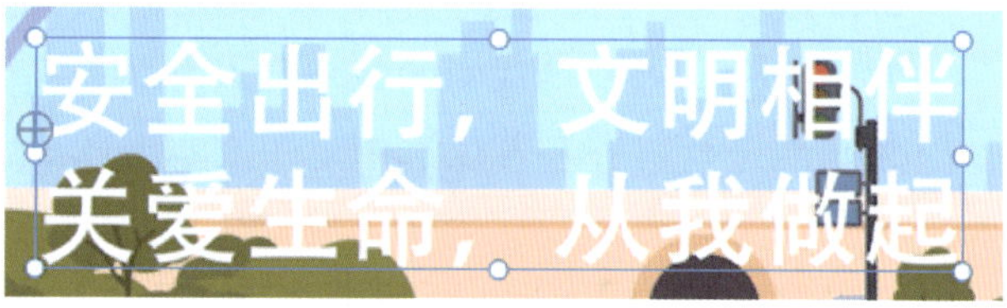

图6-19 输入文字

Step 06 选择“窗口”→“工作区”→“字幕和图形”命令，切换到“字幕和图形”工作区并打开“基本图形”面板。

Step 07 在“基本图形”面板中，依次单击“垂直居中对齐”按钮和“水平居中对齐”按钮，将文本与序列居中对齐。

Step 08 在“基本图形”面板中，设置“字体”为方正兰亭粗黑简体、“字距调整”为240、“行距”为50，文本样式如图6-20所示。

Step 09 勾选“描边”和“阴影”复选框，设置“描边”颜色为绿色（#1D7E20），“描边宽度”为20，文本样式如图6-21所示。

Step 10 将时间滑块定位在4秒15帧处。

Step 11 在“效果控件”面板中，单击“缩放”左侧的“切换动画”按钮，激活并添加关键帧。

图 6-20　文本样式 1

图 6-21　文本样式 2

Step 12 将时间滑块定位在4秒7帧处，将“缩放”参数设置为0。

Step 13 选择“文件”→“导入”命令（或按【Ctrl+I】组合键），导入“M6-1.mp3”音频素材到“项目”面板中。

Step 14 将音频素材添加到A1轨道中，如图6-22所示。

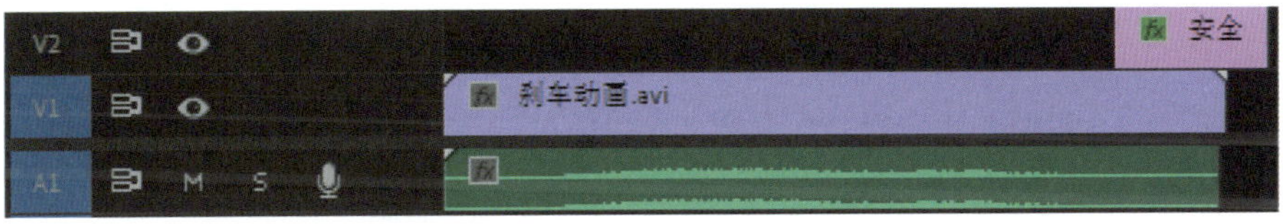

图6-22　将音频素材添加到A1轨道中

Step 15 将时间滑块定位在5秒处，删除V2轨道中的多余部分。

Step 16 按【Ctrl+S】组合键保存项目，并将项目打包至指定文件夹。

至此，为视频添加文本完成。

6.2　【案例6-2】自动识别音频字幕

字幕是在电影、电视节目、视频和戏剧表演等视听内容中，以文本形式出现在屏幕上的对话或叙述。它们通常位于屏幕底部，不仅能帮助观众更好地理解视频内容，尤其在不同语言环境下，还能提升视频的吸引力和专业感。在视频编辑过程中，字幕的添加与调整是一个至关重要的环节。本案例将自动识别音频字幕，通过本案例的学习，读者能够掌握自动创建字幕的方法。

6.2.1　效果展示

本案例涉及一部教程视频，为了增强视频的可理解性，视频底部配有字幕，以便观众可以同时通过视觉和听觉两种方式获取信息。自动识别音频字幕截图示例如图6-23所示。

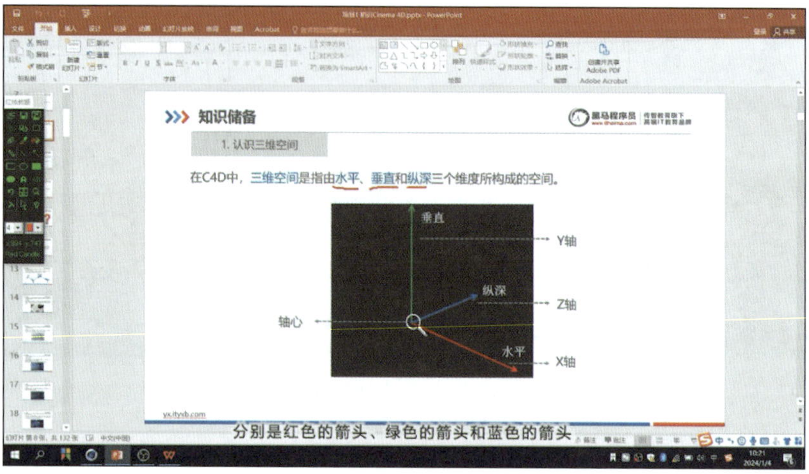

图6-23 自动识别音频字幕截图示例

视频

案例6-2 自动识别音频字幕

扫一扫二维码查看案例具体效果。

6.2.2 案例分析

本案例包含一个音视频素材，通过自动创建字幕的方法自动识别出音频中的字幕。然而，尽管自动化技术已经相当成熟，但由于背景噪声、口音差异、专业术语等因素，自动创建的字幕可能会出现一些识别错误。为了保证字幕的准确性和可读性，在初步生成字幕之后，通常还需要进行一系列的手动编辑和修正。

6.2.3 必备知识

1. 手动创建字幕

在Premiere中，手动创建字幕是指手动输入一系列文本，其默认位置位于画面的底部，字幕示例如图6-24所示。

图6-24 字幕示例

选择“窗口”→“文本”命令，或选择“窗口”→“工作区”→“字幕和图形”命令，打开“文本”面板，如图6-25所示。

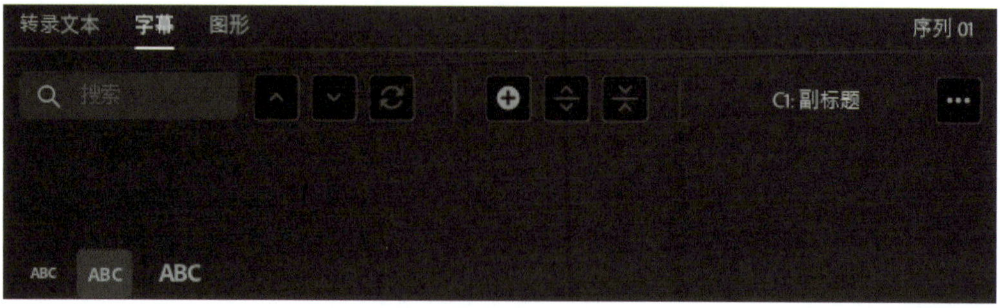

图6-25 “文本”面板

在“文本”面板中，包括“转录文本”“字幕”“图形”三个选项卡，选择“字幕”选项卡，切换到字幕参数区域，图6-25展示的即为“字幕”参数区域。

在“文本”面板中单击“添加新字幕分段”按钮，可以添加字幕，如图6-26所示。

图6-26　添加字幕

在文本框中输入所需的字幕后，单击界面的空白区域即可完成字幕的输入。创建字幕后，系统将在时间滑块当前位置自动添加一个字幕素材，并将其放置在时间轴顶部的C1轨道中，如图6-27所示。

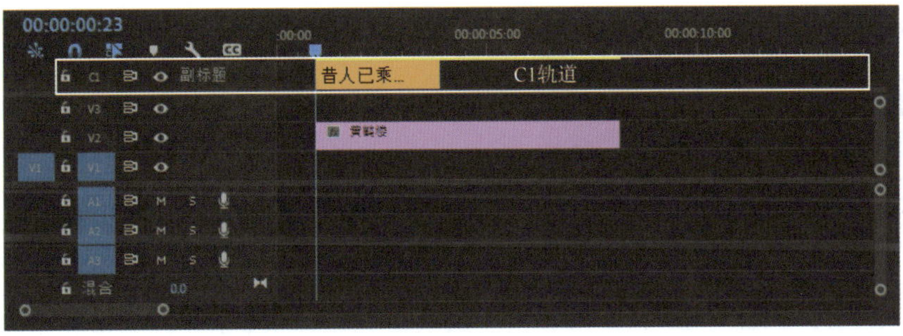

图6-27　将字幕素材放置在C1轨道中

需要注意的是，若Premiere中无字幕，则时间轴中不显示C系列轨道。拖动时间滑块到指定位置，可以继续添加字幕。

2. 自动创建字幕

Premiere提供了便捷的自动字幕生成功能，它能够从音频轨道中识别对话内容，并据此生成相应的字幕。在“文本”面板中，选中“转录文本”选项卡，在该参数区域中，单击“转录序列”按钮，弹出“创建转录文本”对话框，如图6-28所示。

在“创建转录文本”对话框中，可以通过“音频分析”区域的选项指定要转录的音轨，例如，选择“音频1”（A1）或“音频2”（A2）轨道等。选择音轨示例如图6-29所示。

此外，还需根据音频中对话的实际语言来设置“语言”选项：如果音频是英语，则应选择“英语”；若是中文，则应选择“简体中文”，依此类推。这样的设置确保了转录过程的准确性和有效性。选择语言示例如图6-30所示。

完成设置后，单击“转录”按钮，在“转录文本”参数区域，可以看到转录进度，如图6-31所示。

等待几秒，即可将音频中的对话转录为文本，如图6-32所示。

在“转录文本”参数区域中，单击“创建说明性文字”按钮，弹出“创建字幕”对话框，如图6-33所示。

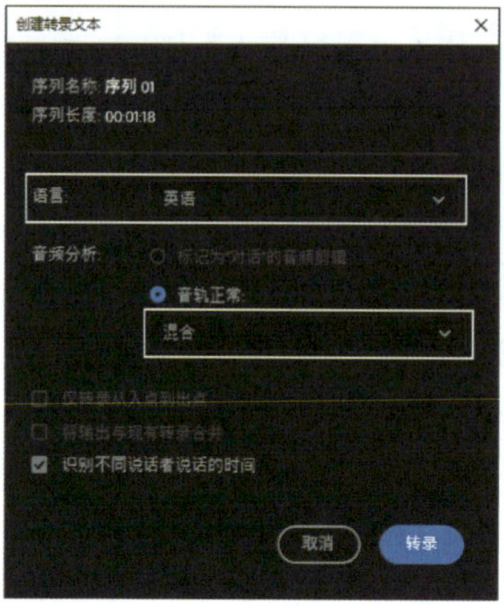

图6-28 “创建转录文本”对话框

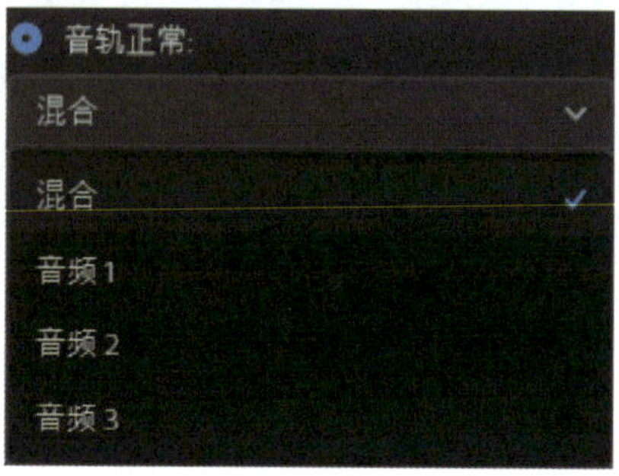

图6-29 选择音轨示例

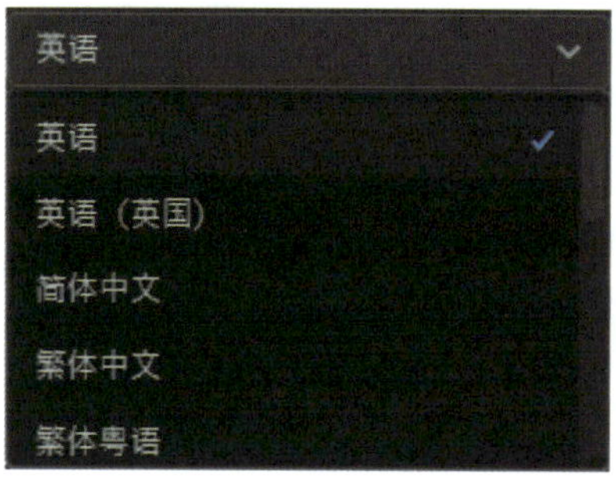

图6-30 选择语言示例

图6-31 转录进度

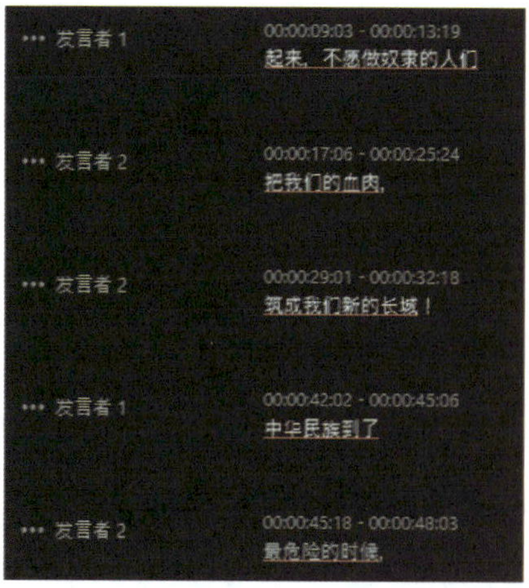

图6-32 转录为文本

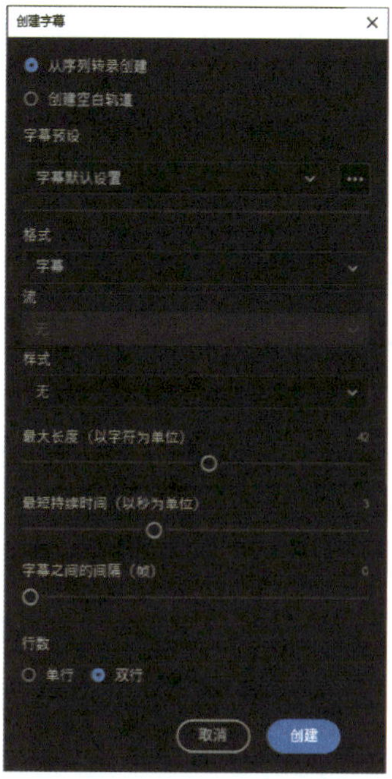

图6-33 “创建字幕”对话框

在“创建字幕”对话框中，单击“确定”按钮，可以将转录的文本放置在时间轴中，自动显示并切换至“字幕”参数区域，创建字幕如图6-34所示。

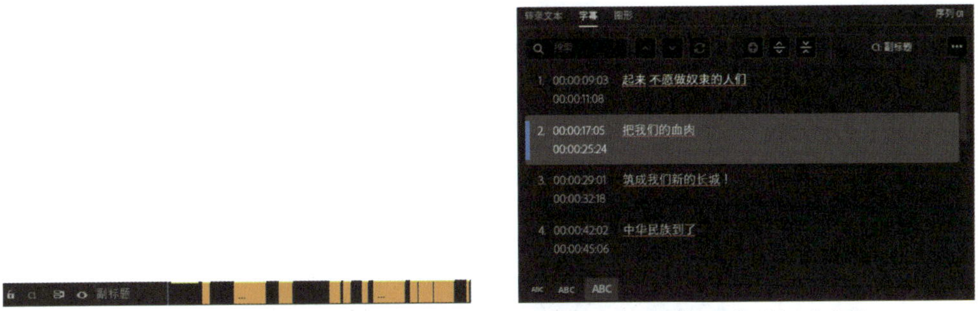

时间轴面板中的字幕　　“字幕”参数区域中的字幕

图6-34　创建字幕

若字幕中有不准确的文本，在“文本”面板的“字幕”参数区域，双击指定字幕，即可进入编辑状态，更改文本内容即可，编辑字幕如图6-35所示。

图6-35　编辑字幕

注意：

如对转录结果不满意，或参数选择有误，可以单击…按钮，在弹出的菜单中选择“重新转录序列”命令，重新进行转录操作。

3. 创建图形

在Premiere中，不仅可以创建字幕，还可以利用内置的图形工具制作各种图形，从而增强视频的表现力。创建图形的工具包括“矩形工具”“椭圆工具”“多边形工具”“钢笔工具”，下面对这些工具进行讲解。

（1）矩形工具

“矩形工具”用于绘制矩形或正方形。在工具栏中，选择“矩形工具”，在“节目监视器”面板中单击并拖动鼠标即可绘制矩形，如图6-36所示。

在绘制矩形时，按住【Shift】键的同时进行绘制，可以绘制正方形。在“效果控件”或“基本图形”面板中，可以调整矩形的样式，如颜色、不透明度等。

（2）椭圆工具

“椭圆工具”可以绘制圆形或椭圆形。在工具栏中长按“矩形工具”，此时会弹出图形工具列表，如图6-37所示。

在图形工具列表中选择“椭圆工具”，在“节目监视器”面板中单击并拖动即可绘制椭圆，如图6-38所示。

绘制椭圆时按住【Shift】键可以绘制圆。在“效果控件”或“基本图形”面板中，也可以调整椭圆的样式，如颜色、不透明度等。

图6-36 绘制矩形

图6-37 图形工具列表

图6-38 绘制椭圆

（3）多边形工具

“多边形工具”可以绘制三边及以上的多边形。在图形工具列表中选择“多边形工具”，在“节目监视器”面板中单击并拖动即可绘制三角形，如图6-39所示。

图6-39 绘制三角形

默认情况下，使用“多边形工具”可绘制等腰三角形，按住【Shift】键的同时可绘制等边三角形。若想得到五边形、六边形等，可以在“基本图形”面板中，设置“边数”的数值。此外，在“效果控件”或“基本图形”面板中，同样也可以调整多边形的样式，如颜色、不透明度等。

（4）钢笔工具

“钢笔工具”可以绘制自由图形，其使用方法与第4章中介绍的绘制自由蒙版的方法相同，因此这里不再重复说明。

6.2.4 实现步骤

Step 01 打开Premiere软件，新建项目，将项目命名为“【案例6-2】自动识别音频字幕”，单击“确定”按钮，完成项目的创建。

Step 02 选择“文件”→“导入”命令（或按【Ctrl+I】组合键），导入图6-40所示的“认识三维空间.mp4”音视频素材到“项目”面板中。

Step 03 将音视频素材添加到“时间轴”面板中，以创建序列。

Step 04 在“文本”面板中，选择“转录文本”选项卡，单击“转录序列”按钮，弹出“创建转录文本”对话框，如图6-41所示。

Step 05 在“创建转录文本”对话框中，设置“语言”为“简体中文”，“音轨正常”为“音频1”，然后单击“转录”按钮转录文本。

Step 06 稍等片刻，在“转录文本”参数区域，即可看到转录的字幕，如图6-42所示。

Step 07 单击“创建说明性字幕”按钮，弹出“创建字幕”对话框，如图6-43所示。

Step 08 在“创建字幕”对话框中，设置“行数”为“单行”，然后单击“创建”按钮，创建字幕。

Step 09 在“文本”面板中，切换到“字幕”选项卡，选中其中一行字幕，按【Ctrl+A】组合键全选字幕，然后在“基本图形”面板中设置字幕样式，如图6-44所示。

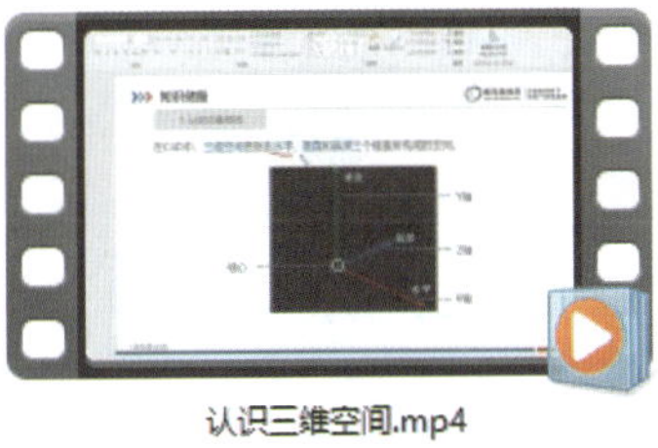

图6-40　“传承匠心案例讲解”音视频素材

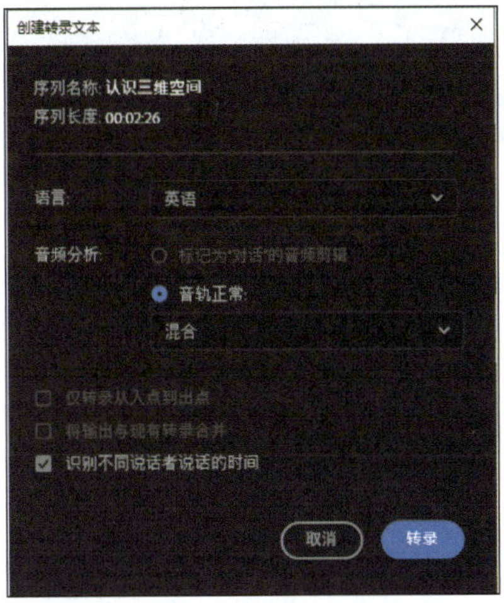

图6-41　“创建转录文本”对话框

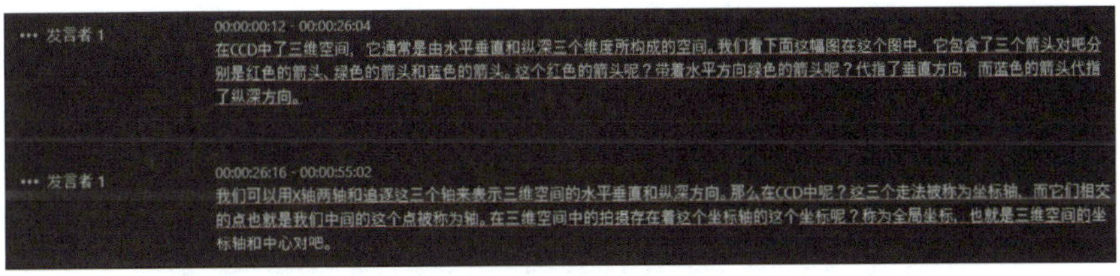

图6-42　转录的字幕

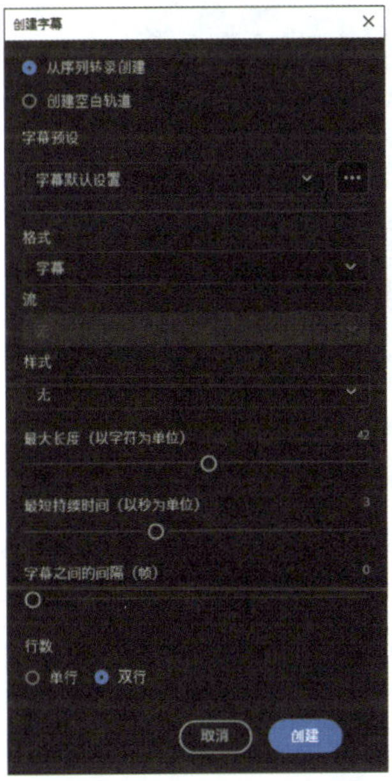

图6-43　“创建字幕”对话框

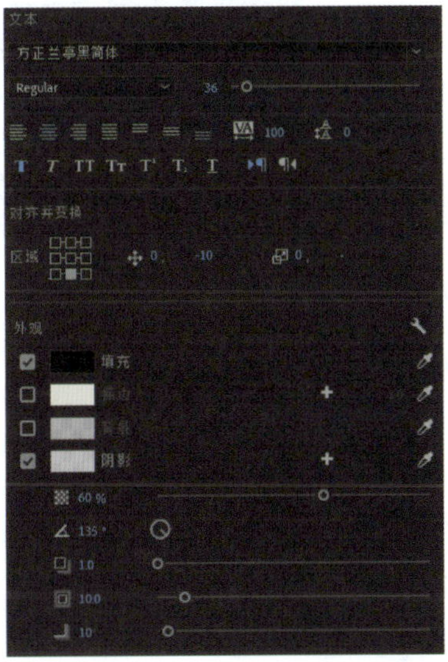

图6-44　设置字幕样式

Step 10 在“字幕”参数区域中，逐一修改字幕内容，修改字幕内容前后示例如

图6-45所示。

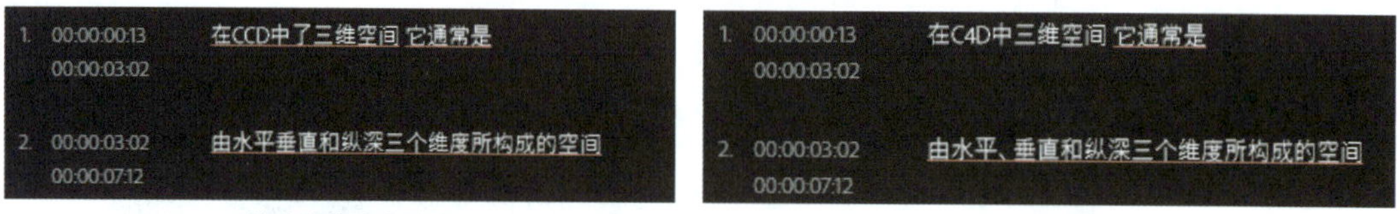

修改字幕内容前　　　　修改字幕内容后

图6-45　修改字幕内容前后示例

Step 11 按【Ctrl+S】组合键保存项目，并将项目打包至指定文件夹。

至此，自动识别音频字幕完成。

6.3 【案例6-3】制作片尾字幕效果

电视、电影结尾的演员表或是视频中的弹幕可以通过Premiere建立。前两节中讲解了创建静态字幕，本案例将制作一个片尾字幕效果，通过本案例的学习，读者能够掌握创建运动字幕的方法。

6.3.1 效果展示

片尾字幕缓缓向上滚动，直至滑出屏幕边缘，片尾字幕效果截图示例如图6-46所示。

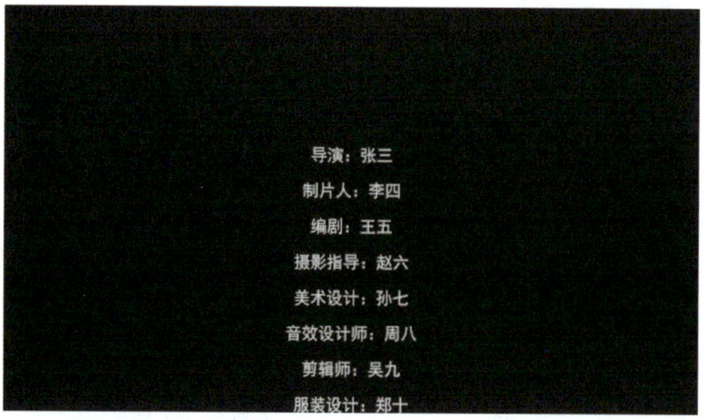

图6-46　片尾字幕效果截图示例

视频

案例6-3
制作片尾字幕效果

扫一扫二维码查看案例具体效果。

6.3.2 案例分析

本案例需要使用“创建滚动字幕”完成片尾字幕的制作，在制作时，可以自定义视频停留时间，以及字幕滚动效果，本案例是在开始播放2秒后，片尾字幕开始滚动，直至滑出屏幕边缘。

6.3.3 必备知识

创建滚动字幕

滚动字幕是指那些在屏幕上垂直移动的字幕，通常会出现在影片的开头或结尾部分。

这种字幕形式常见于电影的片头演职员表或片尾致谢环节，通过从下往上连续滚动的方式展示信息。

使用“文字工具”创建文字后，在“基本图形”面板中单击图层区域的空白处，此时，下方会显示“响应式设计-时间”设置区域，“基本图形”面板如图6-47所示。

在“响应式设计-时间”设置区域中勾选“滚动”复选框，此时会展开滚动的参数，如图6-48所示。

滚动的参数包括“启动屏幕外”“结束屏幕外”“预卷”等，具体介绍如下：

- “启动屏幕外”：勾选此复选框后，字幕将在开始时完全从屏幕外滚入。
- “结束屏幕外”勾选此复选框后，字幕将完全滚出屏幕，直到完全看不见为止。
- “预卷”：用于设置字幕在开始滚动之前停留的帧数，即字幕静止显示的时间。

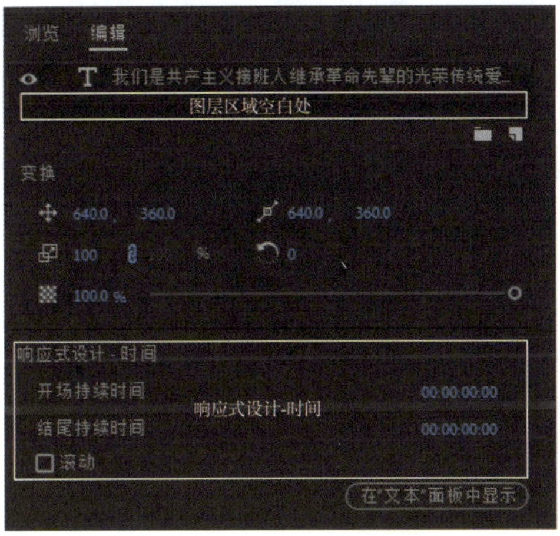

图6-47　“基本图形”面板

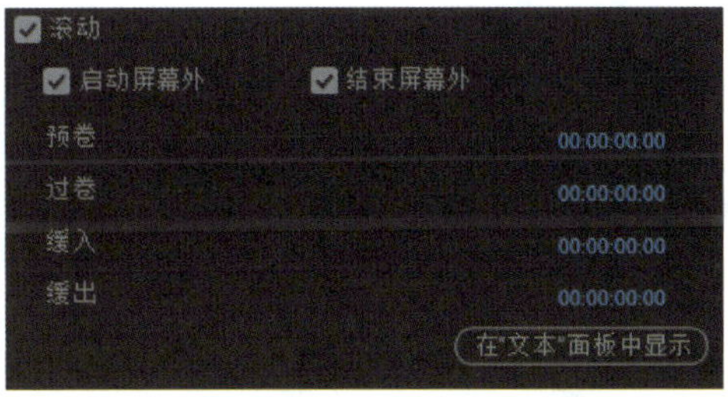

图6-48　滚动的参数

- “过卷”：用于设置字幕在滚动结束后停留的帧数，即字幕停止滚动后的静止时间。
- “缓入”：用于设置字幕开始滚动时的速度，以平滑过渡的方式出现，避免字幕突然显现。
- “缓出”：用于设置字幕即将结束时的速度，以平滑过渡的方式消失，避免字幕突然消失。

需要注意的是，字幕的持续时间也会影响其滚动速度。在实际应用中，需要耐心调整这些参数，以确保字幕的滚动效果既流畅又符合预期。

6.3.4　实现步骤

Step 01 打开Premiere软件，新建项目，将项目命名为“【案例6-3】制作片尾字幕效果”，单击“确定”按钮，完成项目的创建。

Step 02 选择“文件”→“新建”→“颜色遮罩”命令，新建一个“宽度”为1 920像素、“高度”为1 080像素、颜色为黑色的颜色遮罩，并将颜色遮罩的名称设置为“黑色”，如图6-49所示。

Step 03 将颜色遮罩添加到“时间轴”面板中，以创建序列。

Step 04 在计算机中打开“片尾字幕.txt”文档，按【Ctrl+A】组合键全选片尾字幕，按【Ctrl+C】组合键复制片尾字幕。

Step 05 选择“文字工具”，在“节目监视器”面板中单击，确定输入位置，按【Ctrl+V】组合键粘贴片尾字幕。

Step 06 选择片尾字幕所在的轨道，将其持续时间设置为1 min。

Step 07 在“基本图形”面板中，单击“居中对齐文本”按钮、设置“字体”为黑体，“字号”为45，“行距”为41，文本样式参数如图6-50所示。

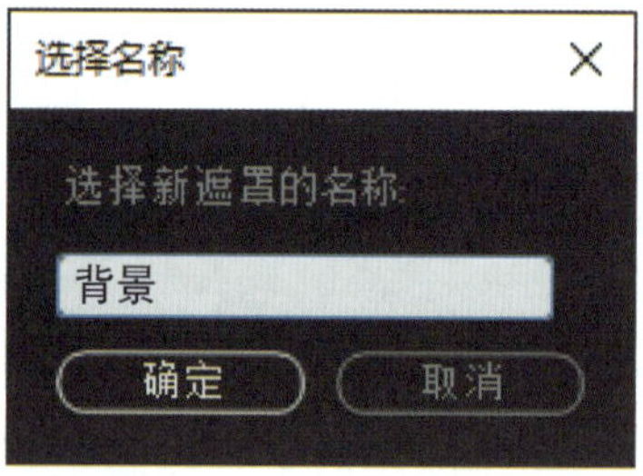

图6-49 设置颜色遮罩的名称

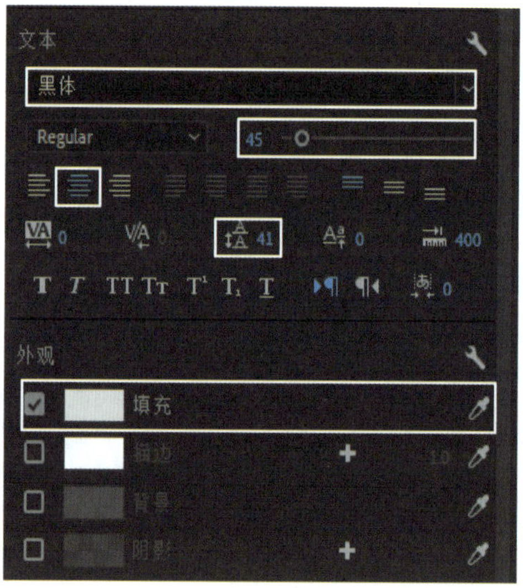

图6-50 文本样式参数

Step 08 单击“水平居中对齐”按钮，将片尾字幕水平居中对齐，片尾字幕的位置如图6-51所示。

Step 09 在“基本图形”面板中，单击图层区域中的空白处，然后勾选“滚动”复选框，设置滚动的参数，如图6-52所示。

图6-51 片尾字幕的位置

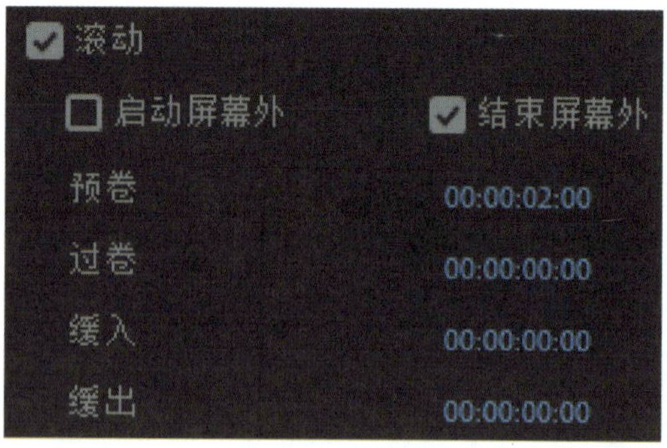

图6-52 设置滚动的参数

Step 10 按【Ctrl+S】组合键保存项目，并将项目打包至指定文件夹。

至此，片尾字幕效果制作完成。

拓展案例：为视频添加水印

通过所学知识，为视频添加水印，水印效果如图6-53所示。

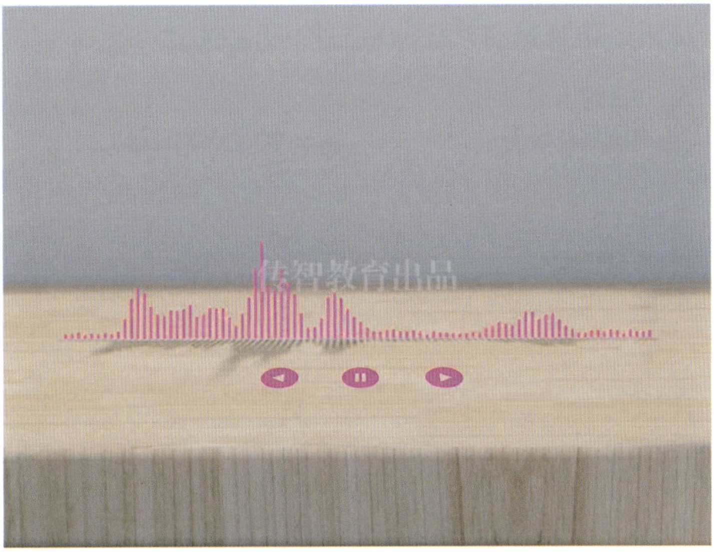

图6-53　水印效果

第7章

设置音频

学习目标

知识目标：

◎熟悉声道，能够说出声道的分类；

◎熟悉Premiere中的音频过渡，能够为音频素材应用合适的音频过渡；

◎熟悉常用的音频效果，能够根据需求应用合适的音频效果。

能力目标：

◎掌握查看、编辑音频的方法，能够查看音频波形并对音频的音量进行编辑；

◎熟悉音频剪辑混合器的使用方法，能够通过音频剪辑混合器调整音频的音量；

◎熟悉音轨混合器的使用技巧，能够调整同一音频轨道中所有音频的音量；

◎熟悉“基本声音”面板的使用技巧，能够运用面板中的预设设置音频。

素质目标：

◎在音频案例设置中展现创新思维，能够提出新颖、独特的音频创意，并将其转化为实际作品；

◎在面对音频案例设置中的问题时，能够迅速找到解决方案，并灵活应对各种突发情况。

通常情况下，每个视频都有其配套的音频。我们能够听到的所有声音都称为音频，包括噪声。声音录制下来后，无论是人声、歌声还是乐器演奏，都可以通过软件进行处理。本章将带领读者学习如何在Premiere软件中处理音频。

7.1 【案例7-1】添加背景音乐

背景音乐在多种应用场景中至关重要，它既能营造独特氛围，又能增强内容表达。本案例为一个视频作品添加背景音乐，通过学习本案例，读者能够熟悉声道的概念，掌握查看、编辑音频的方法，熟悉音频剪辑混合器的使用方法，以及巧妙应用音频过渡技巧，提升整体观看体验。

7.1.1　效果展示

本案例制作在有人说话时背景音乐的声音减弱，而无人说话时，背景音乐的声音变大效果。添加背景音乐效果截图示例如图7-1所示。

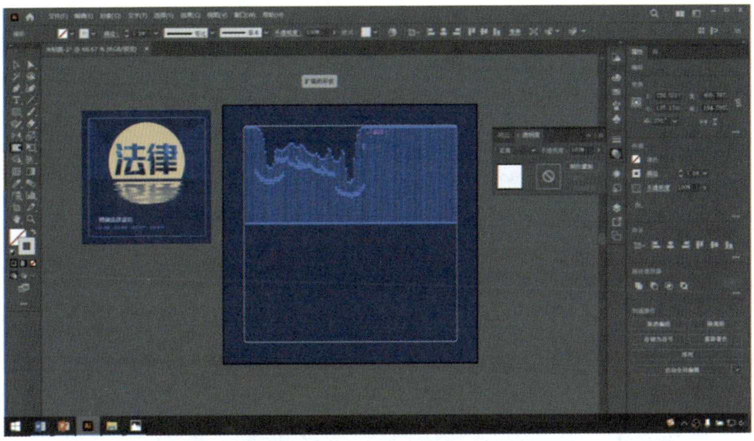

图7-1　添加背景音乐效果截图示例

视频

案例7-1
添加背景音乐

扫一扫二维码查看案例具体效果。

7.1.2　案例分析

本案例涉及一段时长约14 min的音视频素材和一段时长52 s的音频素材。为了让整部作品都有背景音乐陪伴，需要将音频片段进行复制，并确保各音频段落间过渡自然流畅。

音频素材作为背景音乐，在有人声叙述时应调低音量，以确保人声的清晰度；而在没有人声的时段，则可适当增大背景音乐的音量。在开始制作前，应先完整地听一遍视频中的音频，以便确定最佳的音量调整位置。此外，在作品收尾阶段，可以通过添加音频过渡效果平滑背景音乐的结束，避免突兀感。

7.1.3　必备知识

1. 认识声道

在录音与音频播放的过程中，首先需要理解声道的基本概念。声道作为音频信号传输的通道，通常分为左声道和右声道。这两个声道在录音和播放过程中各自承担着不同的任务。

左声道主要用于捕捉和播放来自左侧或左前方的声音。在录音过程中，如果声源位于录音设备的左侧，那么左声道将会记录下这部分声音的主要信息。同样，在播放过程中，左声道会将这些信息传输给听众的左耳，帮助听众感知声音的方向和位置。右声道与左声道相对应，是音频信号传输和播放中的另一个重要通道，两者共同构成了立体声系统的基础。

当音频通过左右两个声道同时播放时，会营造出一种立体的声音效果。这种立体声不仅提升了音质，还增强了声音的方向感，使听众能够更真实地感受到声音的空间分布。

在录制过程中，由于声音通常只从一处传出（如通过麦克风采集），因此录制的音频往往是单声道的，这意味着音频信号没有明确的左右声道之分。

不同的设备在处理单声道音频时会有不同的方式。一些设备会自动将单声道音频转换为双声道（即左右声道播放相同的声音信号），而其他设备则可能保持单声道不变。在编辑过程中，不论是单声道还是双声道音频，都不影响其在编辑轨道上的查看与编辑操作。

2. 查看音频

查看音频可以帮助用户更好地理解其特性，如声音的强弱变化。在Premiere中，可以通过观察音频的波形直观地了解音频的动态范围，即哪些部分音量较大，哪些部分音量较小。此外，还可以具体检查音频的音量数值，以便更精确地控制音频质量。下面详细介绍查看音频的方法。

（1）查看音频波形

将音频素材导入“项目”面板后，双击该音频素材，在“源”面板中即可查看音频波形，如图7-2所示。

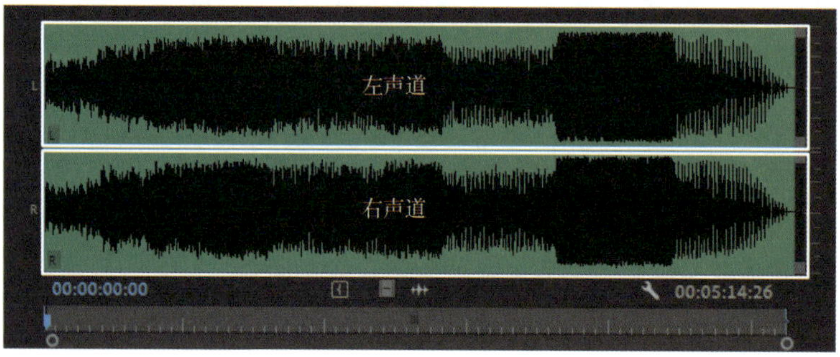

图7-2 音频波形

音频波形越高，代表音量越大。图7-2显示了两个声道：上方为左声道，下方为右声道。这表明该音频是一段立体声音频。

在“源”面板中查看音频时，可以通过拖动面板下方和右侧的缩放条来调整音频波形的显示。上下拖动可放大或缩小波形的垂直幅度，左右拖动则可调整波形的水平显示范围。

值得注意的是，当音频被添加到轨道后，其波形的显示方式会有所不同。这是因为轨道视图通常提供了更多的细节，使得即使是较低音量的部分也能更清晰地呈现出来。这样有助于更精确地编辑和调整音频，轨道中的音频波形如图7-3所示。

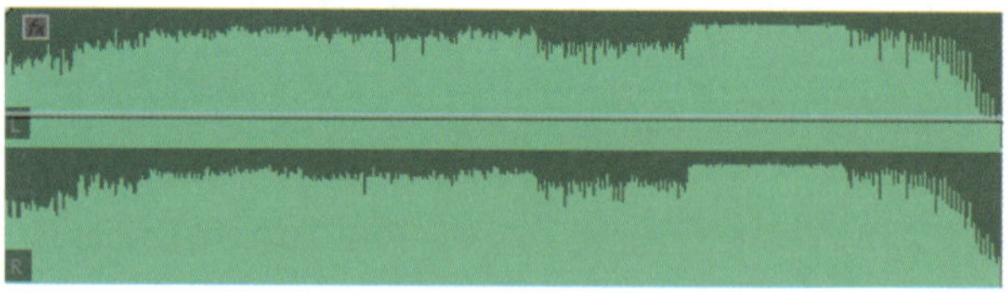

图7-3 轨道中的音频波形

（2）查看声道音量

在“源”面板或轨道上查看音频波形时，只能看到相对的音量大小，而无法看到具体的音量数值。这时，可以在“音频仪表”面板中查看。当有声音出现时，“音频仪表”面板中会显示颜色块的波动，默认表现为上下波动。颜色块波动得越高，表示对应的声道音量越大，如图7-4所示。

“音频仪表”面板中自带刻度，这些刻度表示音频素材的音量值，单位为dB（分贝）。通常情况下，主要声音的音量范围在-12~-6 dB，并且一般不应超过0 dB；次要声音在-12 dB时可能达到峰值。需要注意的是，以上数值并不是一个绝对的标准，实际应用中还要根据具体情况调整。

通过拉大“音频仪表”面板，颜色块的波动会变为左右方向，其中上方显示的是左声道，下方显示的是右声道。

3. 编辑音频

为了使不同部分的音频在整体作品中达到和谐统一的效果，避免某些部分过于突兀或过弱，从而提升听众的体验，需要对音频进行编辑。编辑音频主要是对音频的音量进行调整，下面介绍编辑音频的方法。

（1）在“效果控件”面板中编辑音频

在“时间轴”面板中选中音频素材，在“效果控件”面板中可以看到音频素材自带的属性，如图7-5所示。

图7-4　“音频仪表”面板

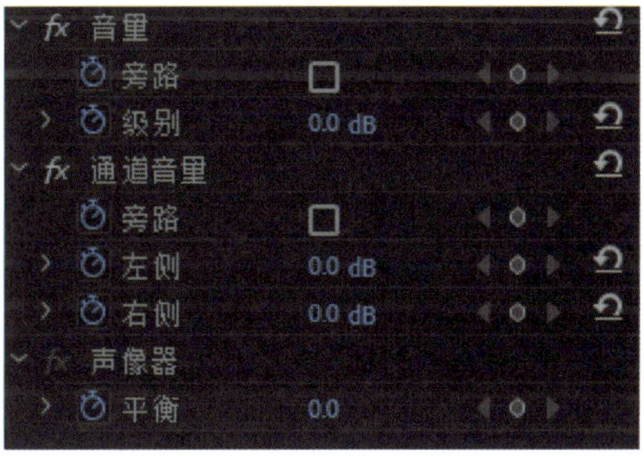

图7-5　音频素材自带的属性

音频素材自带的属性包括“音量”“通道音量”“声像器”，具体介绍如下：

- “音量”：用于调整素材的整体音量高低。其中，“旁路”功能可以清除音频上的效果，勾选“旁路”复选框后，将停用当前应用在音频上的所有效果，这一功能便于比较效果应用前后的差异。“级别”则用于调整音量的高低，向左拖动滑块会使音量降低，向右拖动滑块则会使音量提高。
- “通道音量”：用于调整音频中左声道和右声道的音量高低，向左拖动音量降低，向右拖动音量提高。
- “声像器”：可以用来调节音频信号在左声道和右声道之间的分配。通过向左拖动（负数），可以增加左声道的音量并减少右声道的音量；向右拖动（正数）则相反，增加右声道的音量并减少左声道的音量，调整“声像器”参数如图7-6所示，对应的声道音量效果如图7-7所示。

图7-6　调整“声像器”参数

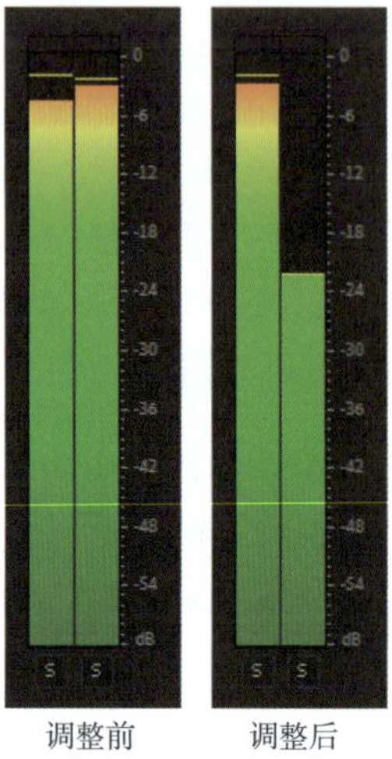

图7-7　对应的声道音量效果

另外，在“时间轴”面板中，将轨道调高后，即可看到一条线。将鼠标悬停在这条线上，当鼠标指针变成形状时，上下拖动即可调整音频的音量。向上拖动是调高音量，向下拖动是调低音量。调整音频音量效果如图7-8所示。

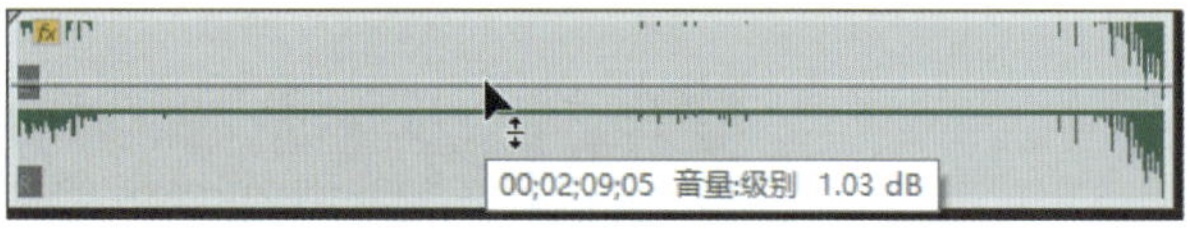

图7-8　调整音频音量效果

（2）通过选项编辑音频

通过“音频增益”对话框中的选项可以调整音频增益。与音量不同，调整音量是控制最终输出声音的响度，直接影响听众听到的声音大小；而增益则是调整信号源的强度，主要用于优化信号质量和平衡不同音轨的电平。通俗地说，音量就像调节水龙头的开关，控制水流的大小；增益更像是调节水管里的水压，确保水流出时力度正好合适。

在Premiere中，调整音频增益可以提升或降低音频的整体音量，确保声音适中，并在多音轨项目中平衡各个音轨间的音量，还可以修正录音过程中音量不足的问题，从而显著提升听觉体验。

在“时间轴”面板中选中音频素材后右击，在弹出的快捷菜单中选择“音频增益”命令，如图7-9所示。

在快捷菜单中选择“音频增益”命令后弹出“音频增益”对话框，如图7-10所示。

图7-9　选择“音频增益”命令

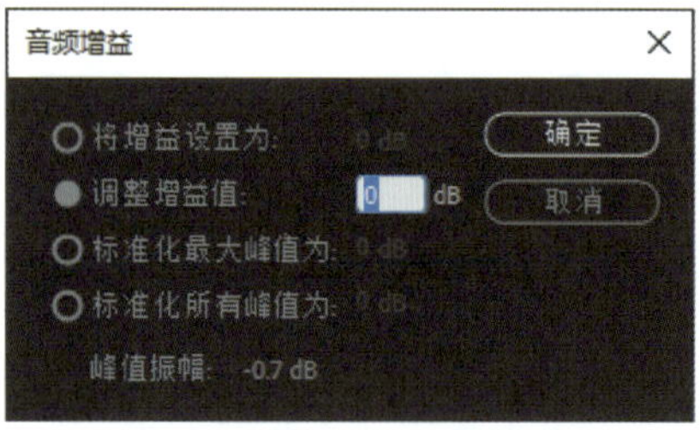

图7-10　“音频增益”对话框

“音频增益”对话框中包含“将增益设置为”“调整增益值”“标准化最大峰值为”“标准化所有峰值为”“峰值振幅”五个选项，对这几个选项的介绍具体如下：

- “将增益设置为”：用于设置音频的增益，例如，调整“将增益设置为”为8 dB，则选中音频的增益即为8 dB。在“时间轴”面板中可以查看波形的变化，调整增益前和调整增益后如图7-11和图7-12所示。

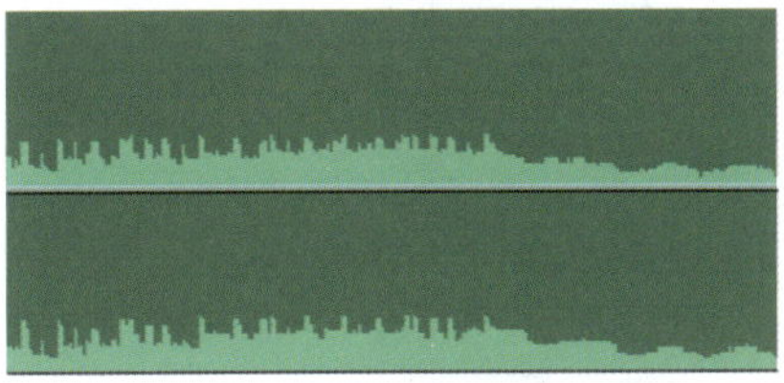

图7-11　调整增益前

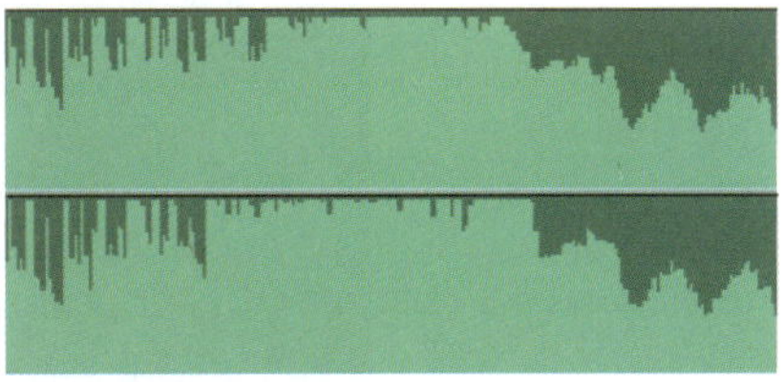

图7-12　调整增益后

- “调整增益值”：主要用于在原有基础上增加或减少增益。例如，原始增益为6 dB，在此处输入2 dB，则选中素材的新增益值将变为8 dB，调整增益效果前后对比如图7-13所示。

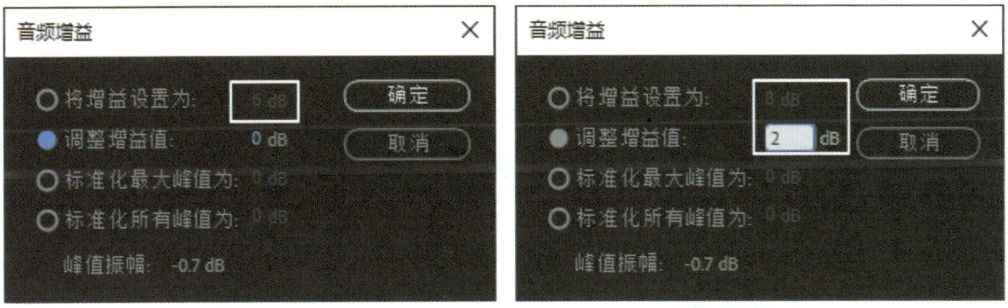

调整增益效果前　　调整增益效果后

图7-13　调整增益效果前后对比

- “标准化最大峰值为”：用于设置音频中最大峰值的音量高低。
- “标准化所有峰值为”：用于设置多个音频素材的峰值，当选中多个音频并启用该选项时，可以使这些音频的峰值统一，从而在多个音频音量不一致的情况下，实现统一的标准。
- “峰值振幅”：用于查看原有音频与标准值的偏差。音频的标准值为0 dB，如果在此选项中显示的数值为正数，则表示声音偏大；若为负数，则表示声音偏小。

4. 音频剪辑混合器

音频剪辑混合器可以直观地调整多个音频的音量，并且还可以添加和设置关键帧参数。默认情况下，“音频剪辑混合器”面板在控制区中，若意外关闭该面板，可以选择“窗口”→“音频剪辑混合器”命令（或按【Shift+9】组合键）调出“音频剪辑混合器”面板，如图7-14所示。

“音频剪辑混合器”面板中包含三个音频剪辑混合器，分别对应A1、A2和A3轨道中的音频。这是因为Premiere中有三个默认的音频轨道，每个音频剪辑混合器都与一个音频轨道相对应。在“时间轴”面板中有多少个音频轨道，“音频剪辑混合器”面板中就有相应数量的混合器。

在音频剪辑混合器中，有很多选项，如声道调整、静音轨道、独奏轨道、写关键帧等，如图7-15所示。

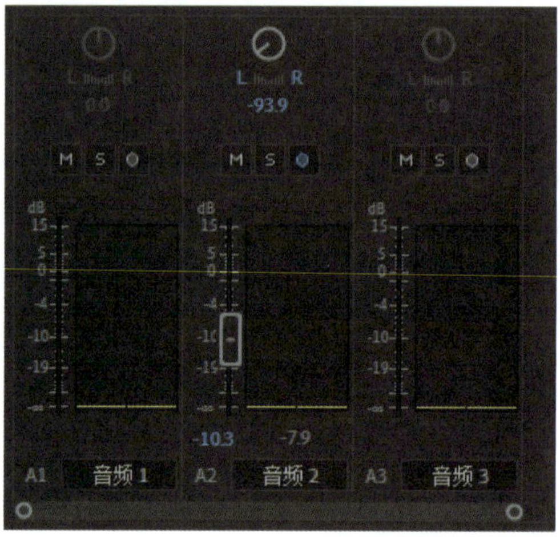

图7-14 “音频剪辑混合器”面板

接下来介绍音频剪辑混合器中各选项的功能。

- 声道调整：用于平衡左右声道音量。拖动仪表盘图标或输入-100~100可以进行调整。负数表示声音偏向左声道，0表示均衡，正数表示偏向右声道。单击“左声道”图标L（数值-100）使右声道静音，单击“右声道”图标R（数值100）使左声道静音。播放音频，观察音频剪辑混合器中的颜色块即可了解声道音量，如图7-16所示。

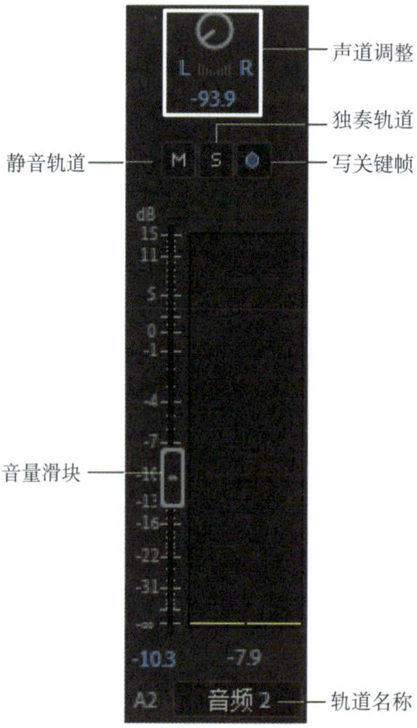

图7-15 音频剪辑混合器

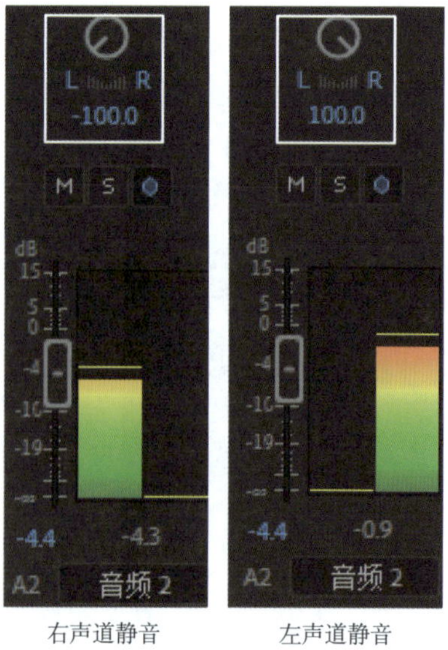

图7-16 色块显示

- 静音轨道：单击该按钮可使音频轨道中的音频静音，音频将不会被播放。同样，在“轨道控制区”内单击“静音轨道”按钮M，对应轨道中的音频也将被静音。
- 独奏轨道：与静音轨道类似，但作用是突出某一轨道的声音。当单击某个轨道的“独奏轨道”按钮时，其他轨道的声音将被静音。同样，选中某个轨道并在“轨道控制区”内单击“独奏轨道”按钮S，时间轴中其余轨道的音频将被静音。
- 写关键帧：用于设置音频关键帧，通常与“音量滑块”配合使用。在“时间轴”面板中，将音频轨道调高，在混合器中单击“写关键帧”按钮，在播放音频时，拖动音量滑块，即可写入关键帧，如图7-17所示。

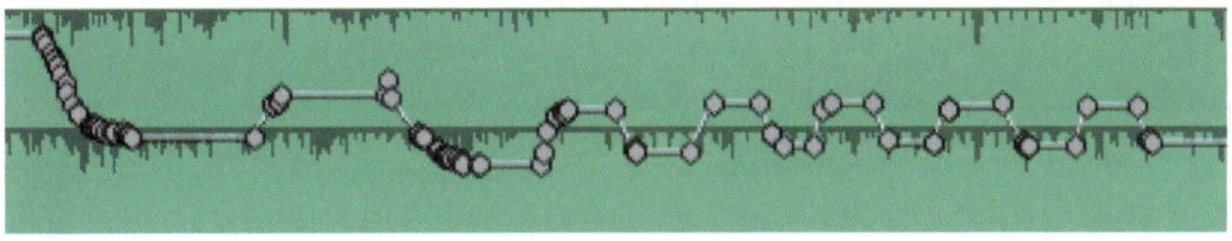

图7-17　写入关键帧

写入关键帧后，在“效果控件”面板中可以编辑关键帧。在时间轴中添加关键帧与在混合器中添加关键帧的区别是，在混合器中添加关键帧可以边播放边添加。

- 音量滑块：用于调整音频的音量，当滑块向上滑动时，音量增大；当滑块向下滑动时，音量降低。
- 轨道名称：用于显示音频轨道的名称，在名称上单击，即可更改音频轨道的名称，修改之后，“时间轴”面板中的轨道名称也随之改变。

脚下留心：

当一个音频轨道中存在多个音频素材时，时间滑块位于哪个音频素材上，混合器就会调整哪个音频。如果时间滑块处于无音频素材的区域，混合器将无法使用。

5. 音频过渡

添加音频过渡可以减少音频在开始或结束时的突兀感，其使用方法与“视频过渡”相同。在“效果”面板中，选择“音频过渡”选项，可以看到“音频过渡”文件夹，如图7-18所示。

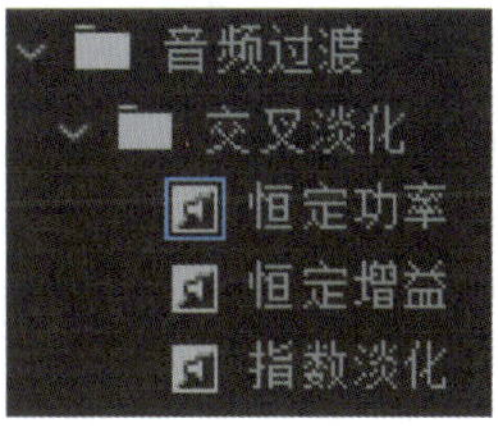

图7-18　“音频过渡”文件夹

在“音频过渡”文件夹中只有一个“交叉淡化”文件夹，其中包含三个音频过渡，即“恒定功率”“恒定增益”“指数淡化”。对这几个音频过渡的讲解如下：

- “恒定功率”：可以使音频素材的音量逐渐减弱，平滑过渡到下一个音频素材。这是默认的音频过渡效果。
- “恒定增益”：与“恒定功率”效果相反，使音频素材的音量逐渐增强，从而过渡到下一个音频。
- “指数淡化”：使音频素材以淡入淡出的方式进行过渡，通常应用于音频素材的开头或结尾。

7.1.4 实现步骤

Step 01 打开Premiere软件，新建项目，将项目命名为“【案例7-1】添加背景音乐”，单击“确定”按钮，完成项目的创建。

Step 02 选择“文件”→“导入”命令（或按【Ctrl+I】组合键），导入“法律宣传插画.mp4”音视频素材和“M7-1.mp3”音频素材到“项目”面板中。

Step 03 将“法律宣传插画.mp4”音视频素材拖动到“时间轴”面板中，创建序列。

Step 04 将“M7-1.mp3”音频素材拖动到A2轨道中，如图7-19所示。

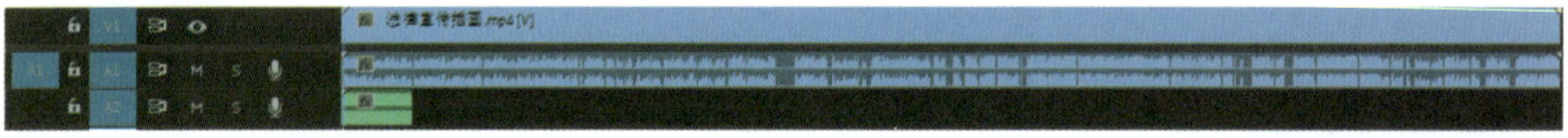

图7-19 拖动素材到轨道中

Step 05 放大时间轴，查看音频波形，选中A2轨道中的音频素材，将时间滑块定位在10帧处，按【Ctrl+K】组合键添加编辑点，删除音频素材中没有声音的片段，并删除波纹。

Step 06 将时间滑块定位在0帧处，在“音频剪辑混合器”面板中，单击“音频2”音频剪辑混合器中的“写关键帧”按钮，向上轻移音量滑块，添加关键帧。

Step 07 将时间滑块定位在第1秒20帧处，拖动音量滑块，将音量调整到-31.5，如图7-20所示。

图7-20 拖动音量滑块

Step 08 此时，在轨道上可以查看关键帧，如图7-21所示。

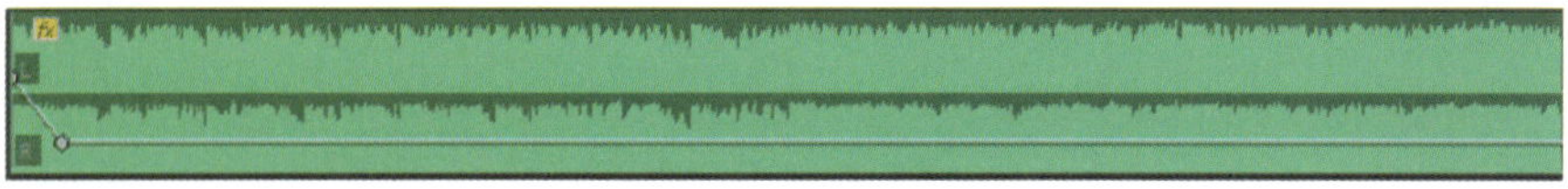

图7-21 查看关键帧

Step 09 复制A2轨道上的音频素材到51秒21帧处。

Step 10 选中A2轨道中的第二段音频素材，在“效果控件”面板中，展开“音量”，单击“级别”左侧的“切换动画”按钮，弹出“警告”对话框（见图7-22），单击“确定”按钮，删除所有关键帧。

图7-22 “警告”对话框

Step 11 在“效果控件”面板中将音量调整为-31.5。

Step 12 复制A2轨道中的第二段音频素材，继续粘贴，粘贴音频素材如图7-23所示。

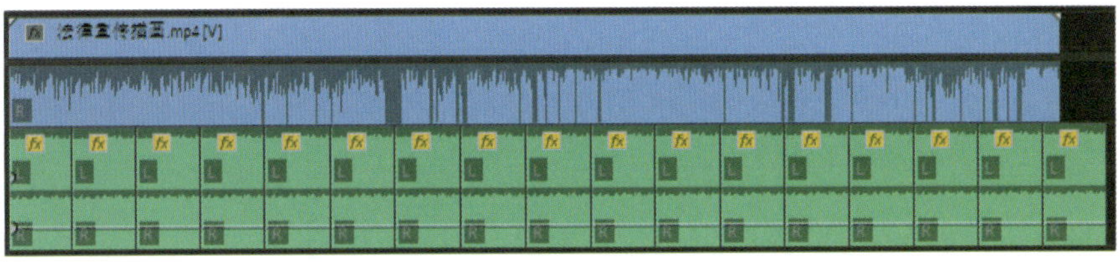

图7-23　粘贴音频素材

Step 13 将时间滑块定位在5分18帧处，选中时间滑块处的A2轨道上的音频素材，在“效果控件”面板中激活并添加“级别”关键帧。

Step 14 将时间滑块定位在5分3秒8帧处，调整“级别”为0。

Step 15 将时间滑块定位在5分14秒18帧处，选中对应的音频素材，在“效果控件”面板中激活并添加“级别”关键帧。

Step 16 将时间滑块定位在5分12秒24帧处，调整“级别”为0。

Step 17 选中最后一段音频素材，将时间滑块定位在14分2秒7帧处，按【Ctrl+K】组合键添加编辑点，删除多余片段。

Step 18 在“效果”面板中，搜索“指数淡化”音频过渡，将其应用在A2轨道中的最后一段音频素材的尾部，如图7-24所示。

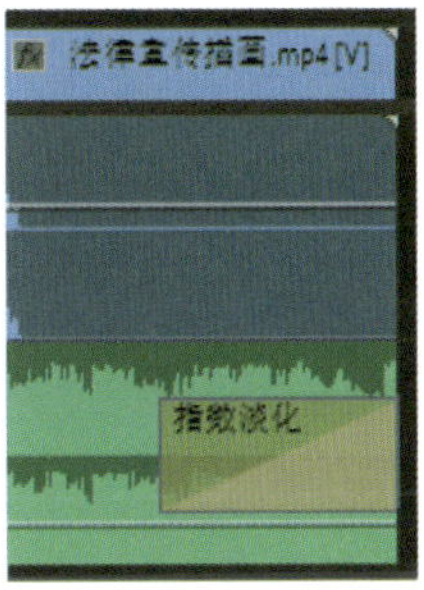

图7-24　应用音频过渡

Step 19 按【Ctrl+S】组合键保存项目，并将其打包至指定文件夹中。

至此，背景音乐添加完成。

7.2　【案例7-2】制作通话效果

在为视频配音的过程中，常常会碰到听起来仿佛是从电话中传出的声音效果，这便是人们所说的“通话效果”。在Premiere中，可以轻松地将音频处理成这种通话效果。本案例将为音频添加音频效果，以得到通话效果。通过本案例的学习，读者能够熟悉“音轨混合器”面板、常用的音频效果，以及“基本声音”面板的使用技巧。

视频

案例7-2
制作通话效果

7.2.1　效果展示

本案例模拟了在电话中唱歌的效果，为歌声匹配合适的音乐。

扫一扫二维码聆听案例具体效果。

7.2.2　案例分析

本案例精选了两个核心音频素材：一段悠扬的伴奏和一段用普通手机录制的清唱歌声，在制作的过程中需要先将这两段音频在节奏、旋律和情感表达上完美融合，确保清唱与伴奏达到和谐统一的效果。在清唱与伴奏成功匹配后，下一步是为人声部分添加独特的音频效果，以模拟电话通话时的音质，从而营造出特定的听觉氛围。

7.2.3 必备知识

1. 音轨混合器

“音轨混合器”与“音频剪辑混合器”的功能相似，音频剪辑混合器适合用于精细调整单个音频片段，而音轨混合器则更适合调整整个音频轨道中的所有音频片段，因此，通过音轨混合器设置的关键帧不会直接显示在“效果控件”面板中。若需要调整某一音频轨道上所有音频片段的整体音量时，可以使用“音轨混合器”。

在使用音轨混合器前，需要将关键帧切换到“轨道关键帧”，才能显示写入的关键帧。将音轨调高，在“轨道控制区”中，单击“显示关键帧”按钮，在弹出的菜单中选择“轨道关键帧”→“音量”命令，如图7-25所示。

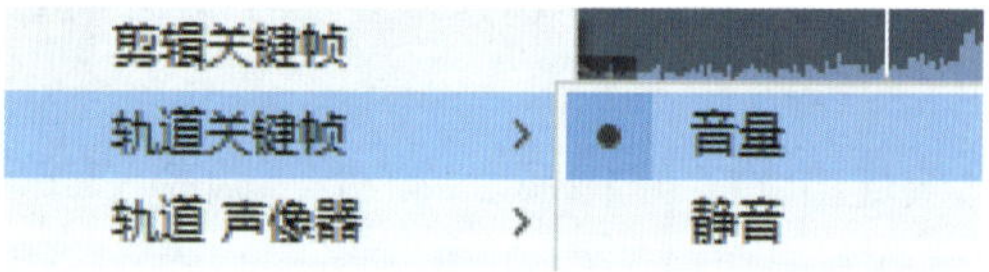

图7-25 选择“轨道关键帧”→“音量”命令

显示轨道关键帧后，才能看到通过音轨混合器设置的关键帧。选择“窗口”→“音轨混合器”命令（或按【Shift+6】组合键），打开“音轨混合器”面板，如图7-26所示。

在“音轨混合器”中可以自动写入关键帧，相较于“音频剪辑混合器”，“音轨混合器”的写入关键帧功能更加便捷。单击“自动模式”下拉按钮 读取 ，展开“自动模式”下拉菜单，如图7-27所示。

图7-26 音轨混合器

图7-27 “自动模式”下拉菜单

“自动模式”下拉菜单中包含“关”“读取”“闭锁”“触动”“写入”五种模式，对这五种模式的具体介绍如下：

- “关”：在此模式下，系统既不会读取也不会写入关键帧。如果在写入了一系列关键帧之后选择“关”模式，则这些关键帧将不会生效。
- “读取”：在此模式下，只能读取关键帧，无法写入新的关键帧。如果音频轨道中已存在关键帧，那么在播放到这些关键帧时，音量滑块会相应地上下滑动。这是系统的默认模式。
- “闭锁”：在此模式下，只有实际调整了音量滑块时，系统才会记录关键帧，当停止调整时，系统会保持最后一次调整的状态，当停止播放时，瞬间回到最初音量滑块所在的音量值，瞬间归位示例如图7-28所示。
- “触动”：同“闭锁”模式类似，区别是：当停止调整音量滑块时，系统会逐渐回到最初时间滑块所在的音量值，逐渐归位示例如图7-29所示。

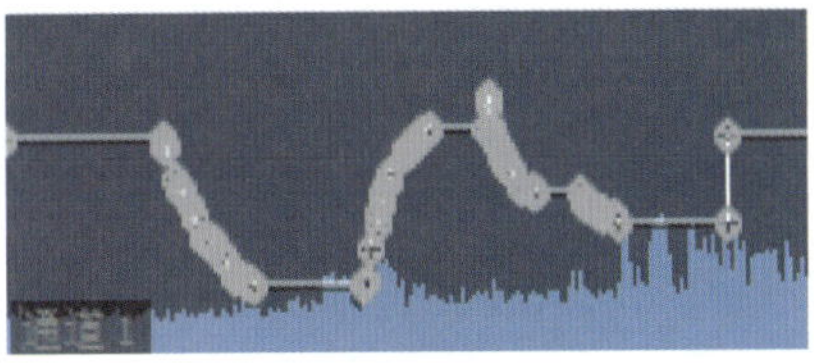

图7-28　瞬间归位示例

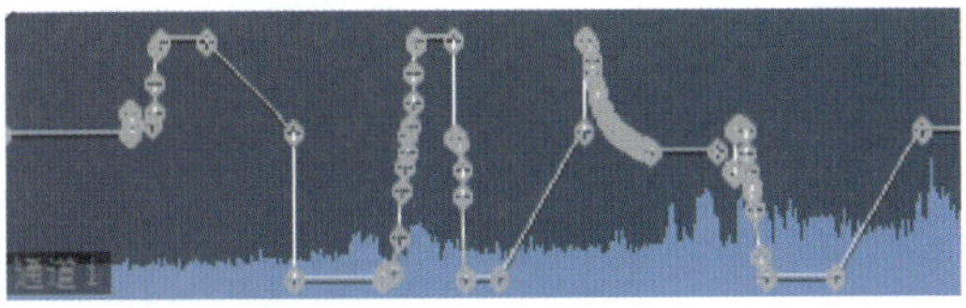

图7-29　逐渐归位示例

- 写入：在此模式下，可以自动写入关键帧。当停止写入时，模式会自动切换为“触动”。如果再次选择“写入”模式，播放时音量滑块保持不动，此时可以清除轨道上的大量关键帧，如图7-30所示。

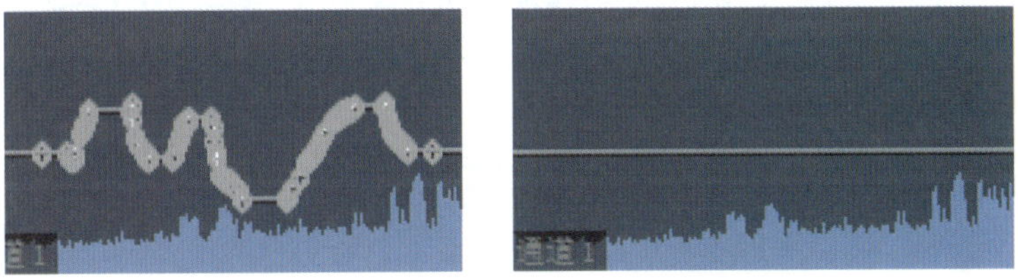

写入关键帧　　清除关键帧

图7-30　写入关键帧和清除关键帧

注意：

若想对音频素材的音量进行编辑，则需要将“轨道关键帧”切换为“剪辑关键帧”。

2. 常用的音频效果

在Premiere中，提供了多种音频效果，可以用来创建回声和和声效果，并且还能帮助去除部分噪声。使用音频效果的方法与使用视频效果相似，在“效果”面板中，展开“音频效果”文件夹，如图7-31所示。

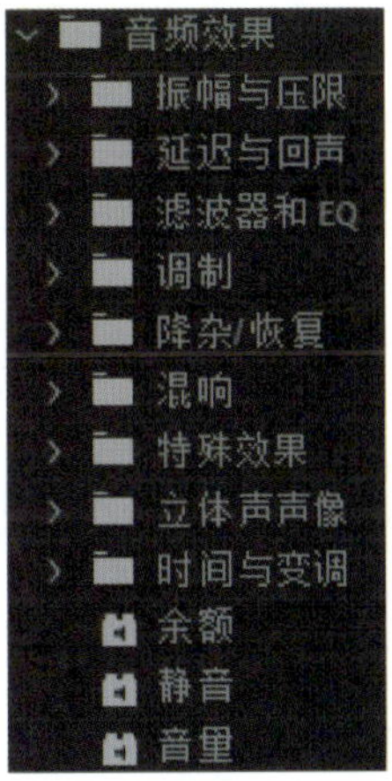

图7-31　“音频效果”文件夹

在“音频效果”文件夹中包含一系列子文件夹，在子文件夹中包含多个音频效果。常用的音频效果介绍如下：

（1）用于消除噪声的效果

在Premiere中，有多种用于消除噪声的效果，如“自适应降噪”“高通”“低通”等，具体介绍如下：

- “降噪”：用于音频的快速降噪，将它应用到音频素材上，在“效果控件”面板中可以看到“降噪”参数，如图7-32所示。

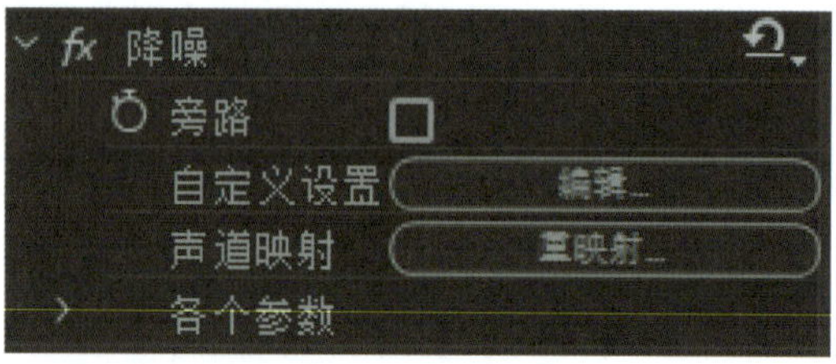

图7-32 “降噪”参数

单击“编辑”按钮，弹出“剪辑效果编辑器-降噪”对话框，如图7-33所示。

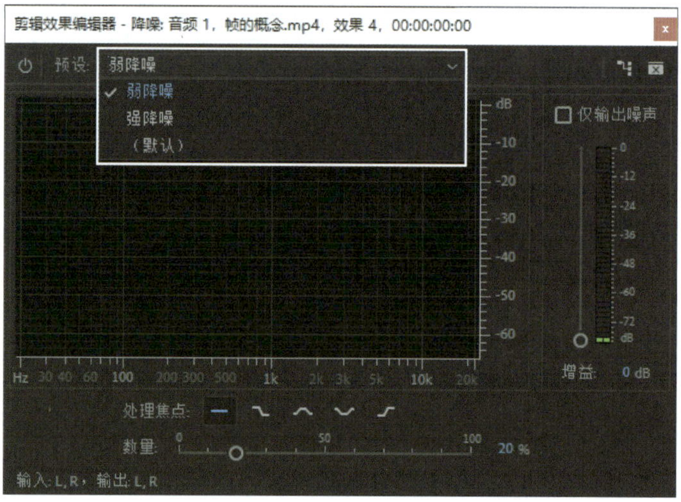

图7-33 “剪辑效果编辑器-降噪”对话框

在“剪辑效果编辑器-降噪”对话框中，单击“预设”下拉按钮，在弹出的下拉菜单中可以设置降噪方式。

- “高通”和“低通”：“高通”用于消除低于指定频率的所有频率，而“低通”用于消除高于指定频率的所有频率，将音频效果添加到音频素材上，即可在“效果控件”面板中看到相对应的参数，“高通”参数如图7-34所示。

图7-34 “高通”参数

在参数中，“切断”可以指定频率值，单位是Hz。这意味着，通过设置“高通”的切断频率为1 373.5 Hz，可以消除音频素材中低于1 373.5 Hz的所有频率。在实际应用中，“高通”和“低通”可以搭配使用。

- "带通"：用于保留指定范围内的频率，同时消除低于和高于该范围的频率。将"带通"添加到音频素材上后，在"效果控件"面板中即可看到"带通"参数，如图7-35所示。

设置"中心频率"可以指定保留频率的中心值；"Q"值则用于调整保留频率范围的宽度，Q值越高，保留的频率范围越窄，即选择的频率越精确。

- "多频段压缩器"：该效果可以对四种频段进行单独控制，还可以设置其预设效果，从而达到降噪的目的。将音频效果添加到音频素材上，在"效果控件"面板中即可看到其参数，如图7-36所示。

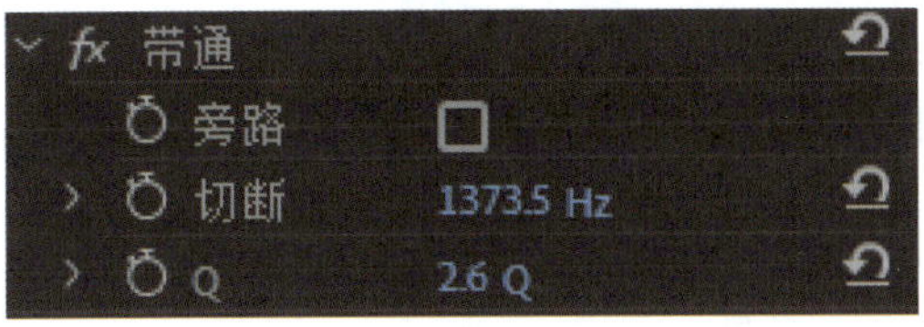

图7-35 "带通"参数

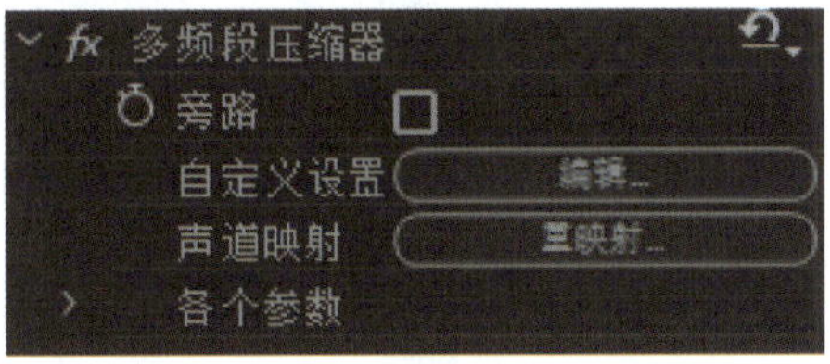

图7-36 "多频段压缩器"参数

单击"编辑"按钮，弹出"剪辑效果编辑器-多频段压缩器"对话框，在其中可以设置不同的预设效果，如图7-37所示。

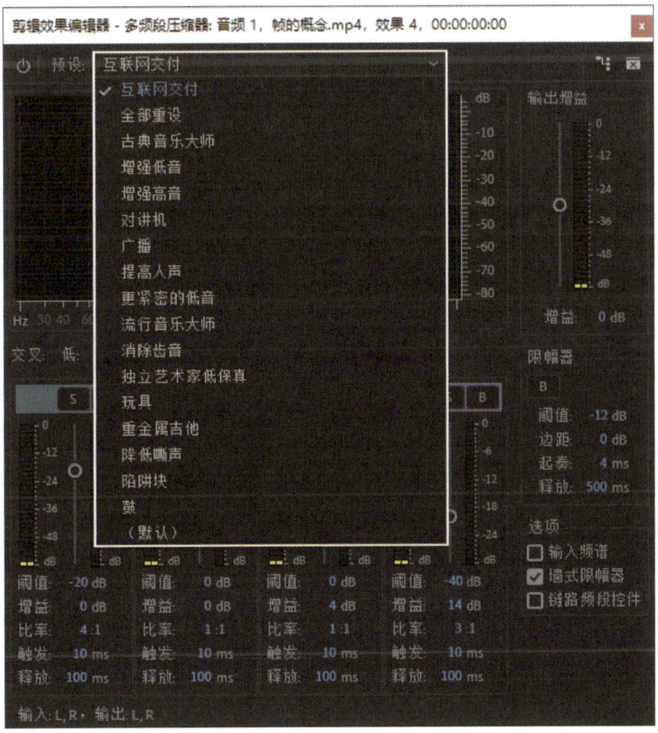

图7-37 "剪辑效果编辑器-多频段压缩器"对话框

（2）为音频添加趣味性

为音频增添趣味性，主要是通过对原始音频素材施加变声处理或融入艺术化效果实现的。在Premiere中，有多种趣味性的音频效果供选择，接下来以"音高换挡器"和"吉他套件”等音频效果为例进行介绍。

- “音高换挡器”：该效果可以为音频变声，在其参数面板中单击“编辑”按钮，弹出“剪辑效果编辑器-音高换挡器”对话框，在其中选择需要的预设即可，如图7-38所示。

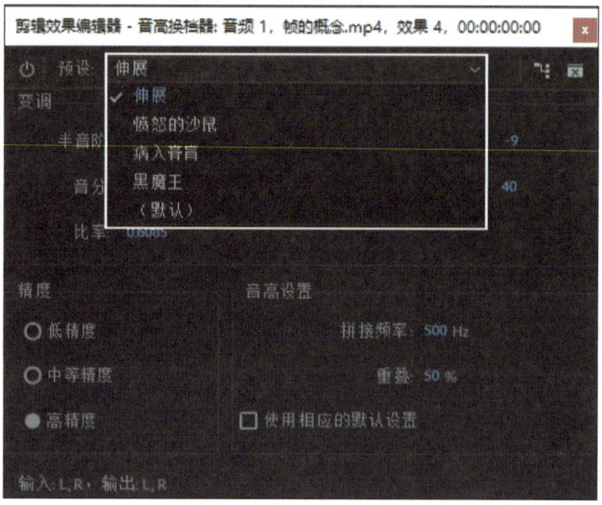

图7-38 “剪辑效果编辑器-音高换挡器”对话框

- “吉他套件”：该效果可以创造有表现力的艺术表演的一般效果，在其参数面板中单击“编辑”按钮，弹出“剪辑效果编辑器-吉他套件”对话框，在其中选择需要的预设即可，如图7-39所示。

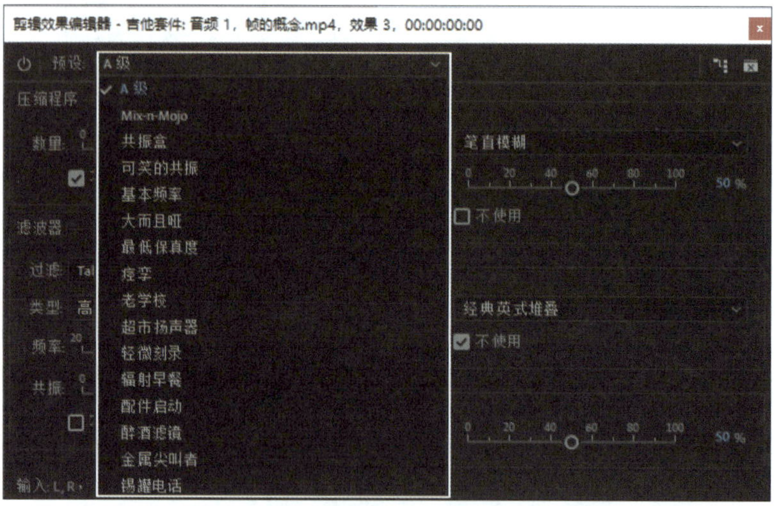

图7-39 “剪辑效果编辑器-吉他套件”对话框

- “卷积混响”和“环绕声混响”：这两者通常用于模拟在不同类型的环境中感知声音的方式，如在遥远的地方、舞台上等。当添加任意一个音频效果后，在“效果控件”面板中单击“编辑”按钮可弹出对应的对话框，例如，添加“环绕声混响”音频效果，然后在“效果控件”面板中单击“编辑”按钮，弹出“剪辑效果编辑器-环绕声混响”对话框，在其中选择合适的预设效果即可，如图7-40所示。

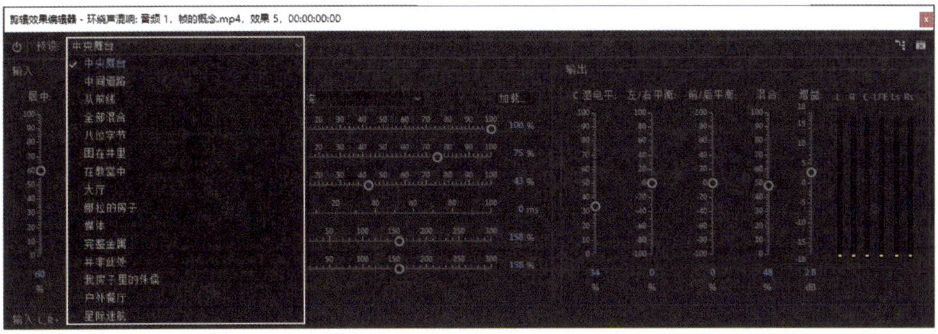

图7-40　“剪辑效果编辑器-环绕声混响”对话框

除了能够为音频素材添加音频效果外，还可以为音频轨道添加音频效果。在“音轨混合器”面板中，单击左上角的“显示/隐藏效果和发送”按钮，“音轨混合器”面板中就会增加一个添加效果的区域，如图7-41所示。

在添加效果的区域中，单击右侧的下拉按钮，即可弹出效果菜单，如图7-42所示。

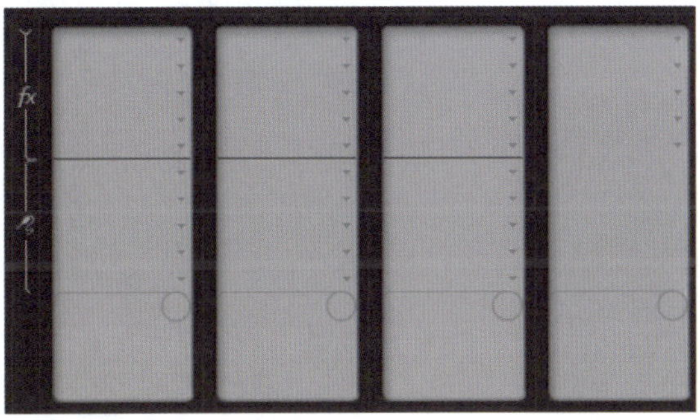

图7-41　添加效果的区域

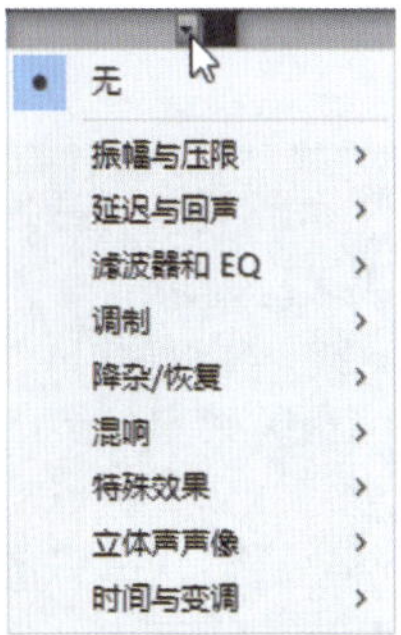

图7-42　效果菜单

选择音频效果后，该效果会被添加到对应的音频轨道中，该轨道中的所有音频素材都将应用此效果。然而，由于音频效果参数设置的局限性，在实际使用中并不推荐通过这种方式为轨道添加音频效果。

多学一招：什么是频段

频段指的是音频信号中特定的频率范围。在音频处理和技术领域，频段是用来描述声音的不同频率组成的区间。不同的频段对应着人们听到的不同类型的声波，例如，低频段通常指的是较低频率的声音，这部分声音往往给人以沉重或浑厚的感觉；而高频段则包含较高频率的声音，这部分声音通常表现为清脆或尖锐。

通常，音频频段可以大致划分为以下几部分：

- 低频段：通常指30~150 Hz频率范围。
- 中低频段：指150~500 Hz频率范围。
- 中高频段：指500~5 000 Hz频率范围。
- 高频段：指5 000~20 000 Hz频率范围。

在音频工程中，了解和控制不同的频段对于改善音质、减少噪声和提升音频体验至关重要。

3. “基本声音”面板

在“基本声音”面板中可以快速为音频素材应用Premiere预设的效果，如通话中、在大型房间中等。选中音频素材后，选择“窗口”→“基本声音”命令，调出“基本声音”面板，如图7-43所示。

在“基本声音”面板中，单击“预设”下拉按钮，展开下拉菜单，如图7-44所示。

“预设”下拉菜单中包含“对话”“音乐”“SFX”“环境”四个命令，每个命令下均涵盖了多种预设，当选择某一命令后，即会展开一个子菜单，里面陈列着各种预设。一旦选定某个预设，界面下方将即时呈现与该预设效果紧密相关的详细参数，能够直观地了解并调整各项设置。例如，选择“对话”→“从电话”命令，展开“从电话”预设参数，如图7-45所示。

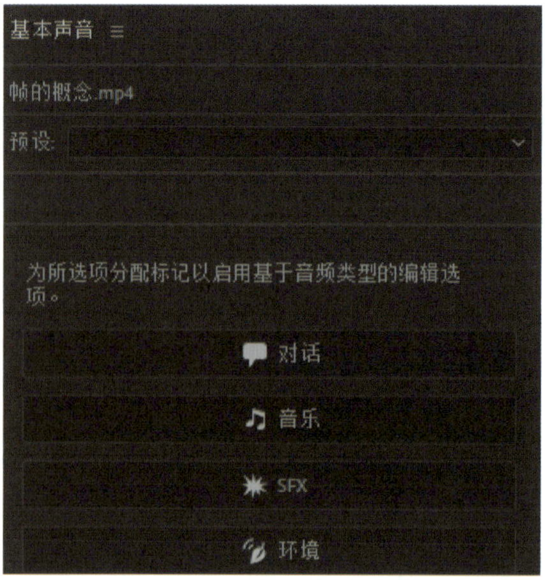

图7-43 “基本声音”面板

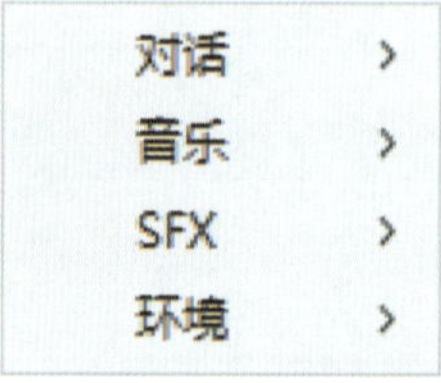

图7-44 “预设”下拉菜单

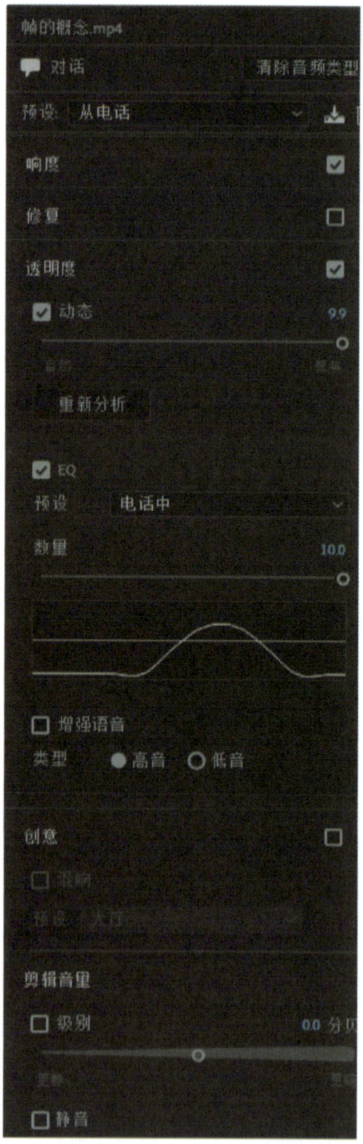

图7-45 “从电话”预设参数

针对每个预设参数，可以根据实际需求，一边聆听效果，一边进行精细的微调操作。

7.2.4 实现步骤

Step 01 打开Premiere软件，新建项目，将项目命名为“【案例7-2】制作通话效果”，单击“确定”按钮，完成项目的创建。

Step 02 选择“文件”→“导入”命令（或按【Ctrl+I】组合键），导入“M7-2-1.mp3”和“M7-2-2.mp3”音频素材到“项目”面板中。

Step 03 将“M7-2-2. mp3”音频素材拖动到“时间轴”面板中，创建序列。

Step 04 再将“M7-2-2.mp3”音频素材添加到A2轨道中。

Step 05 将“M7-2-1. mp3”音频素材添加到A1轨道中，添加音频素材如图7-46所示。

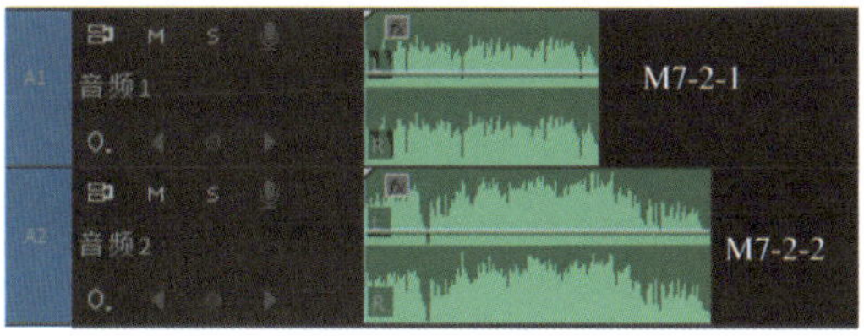

图7-46 添加音频素材

Step 06 将轨道调高、调长，以方便查看素材。

Step 07 将A1轨道调成静音，聆听A2轨道上的音频，将时间滑块定位在27秒23帧处，按【M】键添加序列标记。

Step 08 选中A1轨道上的音频，将时间滑块定位在第22帧处，按【Ctrl+K】组合键添加编辑点，并删除没有波形的片段。

Step 09 使用“选择工具”，将A1轨道上的素材与序列标记对齐，如图7-47所示。

Step 10 选择“窗口”→“基本声音”命令，调出“基本声音”面板。

Step 11 取消A1轨道的静音，选中A1轨道上的素材，在“基本声音”面板中单击“预设”下拉按钮，在下拉菜单中选择“对话”→“从电话”命令。

Step 12 按【Ctrl+S】组合键保存项目，并将项目文件打包到指定文件夹。

至此，通话效果制作完成。

拓展案例：制作留声机效果

通过设置音频效果，制作留声机效果，如图7-48所示。

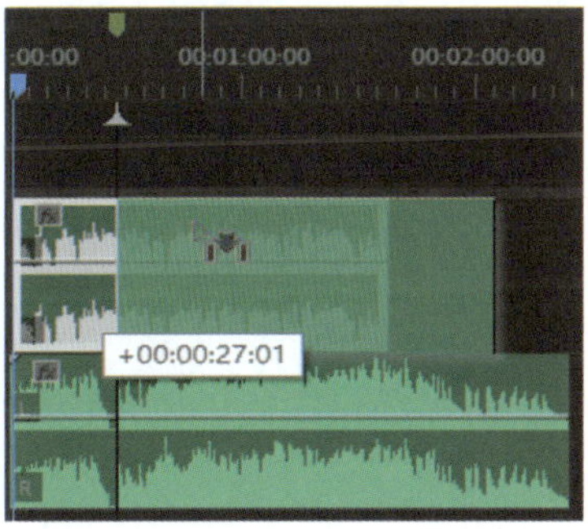

图7-47 移动A1轨道上的素材

图7-48 留声机效果

第8章 导出影片

学习目标

知识目标：

◎熟悉导出选项功能，能够正确设置导出选项。

能力目标：

◎掌握导出单帧图像的方法，能够制作帧定格效果；

◎熟悉可导出的图像格式，能够说出不同图像格式的特点；

◎熟悉预览影片的方法，能够预览影片；

◎掌握导出的方法，能够快速导出音频和视频；

◎掌握导出静态序列的方法，能够将序列中的每一帧导出至指定文件夹。

素质目标：

◎培养具备高度的质量控制意识，能够确保导出的影片符合项目要求和行业标准；

◎面对不同的导出需求和环境变化，能够灵活调整策略，展现创新能力。

当视频与音频素材的编辑工作圆满完成后，接下来的关键步骤就是将精心编辑的项目导出为一部完整的影片。在Premiere中，不仅可以导出单帧画面、音频或视频，还能将整个项目作为一个整体进行导出。本章将带领读者，熟练运用Premiere的导出功能，将编辑完成的项目转化为高质量的最终影片。

8.1 【案例8-1】制作拍摄照片效果

导出单帧图像可以制作帧定格效果，帧定格效果是指一段视频素材在播放到某一个时间点停止，本案例将制作一个帧定格的效果，通过本案例的学习，读者能够了解Premiere中可导出的常用图像格式、导出单帧等知识点，并能够掌握如何制作拍摄照片效果。

8.1.1 效果展示

在视频播放过程中，画面会呈现出独特的拍照效果。当执行拍照动作的那一刹那，伴随着清脆悦耳的“咔嚓”声，画面即刻静止，完美定格于某一精彩瞬间，拍摄照片效果截图示例如图8-1所示。

图8-1 拍摄照片效果截图示例

视频

案例8-1
制作拍摄照片效果

扫一扫二维码查看案例效果。

8.1.2 案例分析

本案例共包含三个视频素材、两个音频素材和一个图像素材，本案例可分成调整素材和添加音频两部分来制作。

1. 调整素材

在制作这部分内容时，为了保持效果的一致性，需要将三个视频素材调整为相同的时长，并从中选取相同位置的那一帧作为“拍出来的照片”。在获取这些“照片”后，需要将照片下方的背景设置为模糊状态，以突出主体。

2. 添加音频

为了达到更好的效果，本案例为视频部分配上了背景音乐，并在“拍照”的瞬间加入了“咔嚓”的拍照声效，画面在那一刻定格。

8.1.3 必备知识

1. 导出单帧图像

导出单帧图像是指从视频中提取特定一帧的画面，并将其保存为独立的静态图像文件。这种图像可以用来创建帧定格效果，即把视频中的某一瞬间固定下来，作为静止的画面展示。

将时间滑块定位在需要作为图像素材的那一帧的位置，在“节目监视器”面板中单击“导出帧”按钮（或按【Ctrl+Shift+E】组合键），弹出“导出帧”对话框，如图8-2所示。

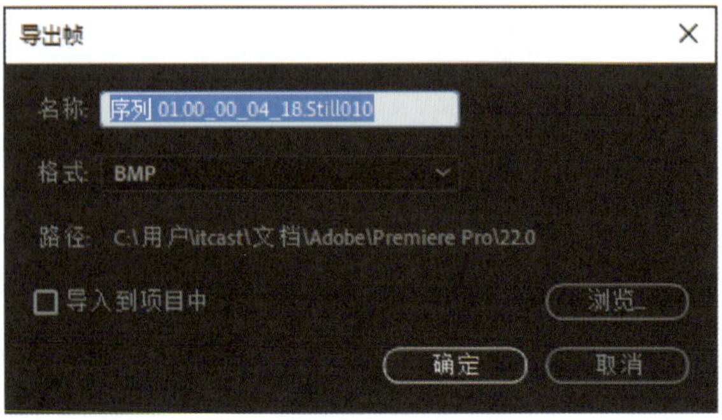

图8-2 “导出帧”对话框

在“导出帧”对话框中，可以设置图像的名称、格式和保存位置。完成设置后，单击“确定”按钮，时间滑块所在位置的单帧图像就会被保存到指定的文件夹内。另外，如果在对话框中勾选“导入到项目中”复选框，该图像将会同时添加到当前项目中，以便后续作为素材使用。

选中视频素材，将时间滑块定位在指定的位置后右击，在弹出的快捷菜单中选择“添加帧定格”命令，如图8-3所示。

此时，在时间滑块所在的位置添加了一个编辑点，编辑点之后的视频画面将显示为所选定帧的静态图像，如图8-4所示。

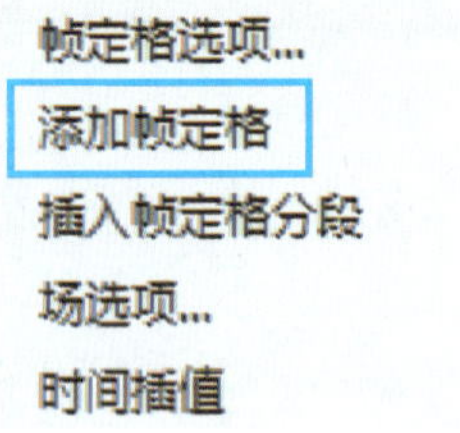

图8-3 选择“添加帧定格”命令

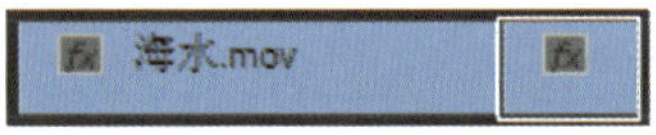

图8-4 静态图像

2. 可导出的图像格式

在Premiere中可以导出多种图像格式，以满足不同的需求和用途。下面对常用的图像格式进行讲解。

（1）BMP格式

BMP格式是DOS和Windows平台上常用的一种图像格式。BMP格式支持1~24位的颜色深度，可用的颜色模式包括RGB、索引颜色、灰度等，但不支持Alpha通道。BMP格式的特点在于包含丰富的图像信息，并且几乎不进行压缩，因此图像质量得以保持，但这也意味着文件会占用较大的磁盘空间。

（2）JPEG格式

JPEG格式是一种有损压缩的图像格式，不支持Alpha通道及透明度。其最大的特点是文件体积较小，能够实现高倍率的压缩，因此在注重文件大小的应用领域中被广泛采用。

（3）GIF格式

GIF是一种采用无损压缩技术的图像格式，它通过使用有限的颜色调色板（最多可包含256种颜色）来缩减文件大小，而非牺牲图像质量。这意味着，尽管GIF文件相较于未压缩的同等像素数据格式体积更小，但其图像质量依然保持无损状态。此外，GIF格式还具备透明度和动画支持的特性，这使得它特别适合于网络环境下的传输与应用，成为网页设计中常用的图像格式之一。

（4）TIFF格式

TIFF格式用于在不同的应用程序和计算机平台之间交换文件。它是一种通用的位图文件格式，几乎所有的绘图、图像编辑和页面布局应用程序都支持该格式。

（5）PNG格式

PNG格式是一种专为网页设计的无损压缩图像格式，它融合了GIF和JPEG格式的诸多优势。PNG不仅实现了图像的无损压缩，使文件体积更加小巧，同时还支持透明背景和Alpha通道，为图像设计提供了更高的灵活性和表现力。

3. 预览影片

预览影片是编辑素材时不可或缺的检查环节。在“节目监视器”面板中预览影片时，若设备配置较低，可能会出现卡顿或跳跃现象。为了有效解决这一问题，生成预览影片是一个明智的选择。具体操作步骤如下：首先，在“时间轴”面板中选择相应的序列，然后选择“序列”→“渲染工作区域内的效果”命令（或按【Enter】键）。随后，系统弹出“渲染”对话框，显示渲染进度并开始渲染过程，如图8-5所示。

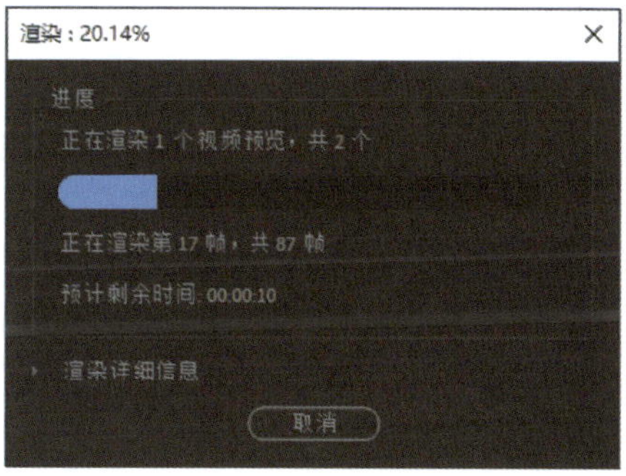

图8-5 “渲染”对话框

稍等片刻，待渲染完成后，即可流畅地预览影片。

8.1.4 实现步骤

1. 调整素材

Step 01 打开Premiere软件，新建项目，将项目命名为“【案例8-1】制作拍摄照片效果”，单击“确定”按钮，完成项目的创建。

Step 02 选择“文件”→“新建”→“序列”命令（或按【Ctrl+N】组合键），新建序列，序列参数如图8-6所示。

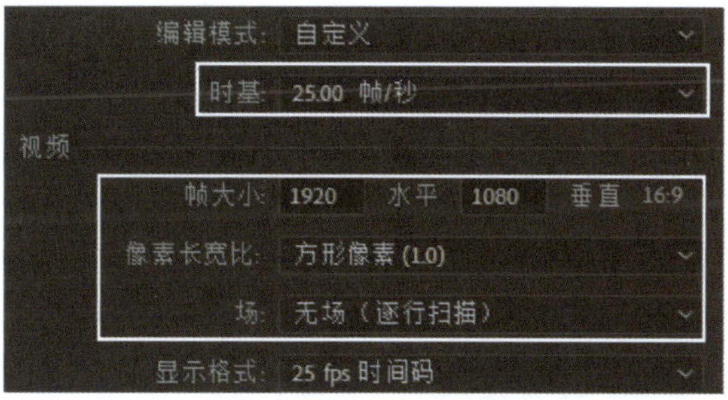

图8-6 新建序列

Step 03 选择“文件”→“导入”命令（或按【Ctrl+I】组合键），导入“天空.mp4”“牛.MOV”“海水.mov”视频素材，“M20-1.mp3”“M20-2.mp3”音频素材和“取景框.png”图像素材到“项目”面板中，如图8-7所示。

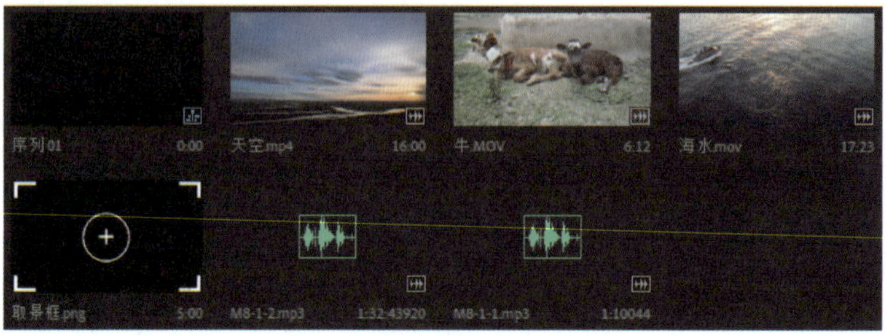

图8-7　导入素材到“项目”面板中

Step 04 依次将“天空.mp4”“海水.mov”“牛.MOV”视频素材中的视频部分添加到V1轨道中，并将它们的持续时间均设置为5 s，如图8-8所示。

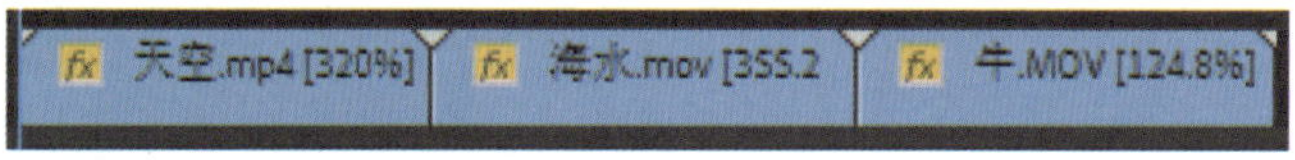

图8-8　设置持续时间

Step 05 将时间滑块定位在4秒15帧处，单击“节目监视器”面板中的“导出帧”按钮，弹出“导出帧”对话框，设置名称为“天空静态帧”，并且勾选“导入到项目中”复选框，如图8-9所示。

Step 06 将“天空静态帧”添加到V2轨道中时间滑块所在的位置，将其与天空所在素材尾部编辑点处对齐，如图8-10所示。

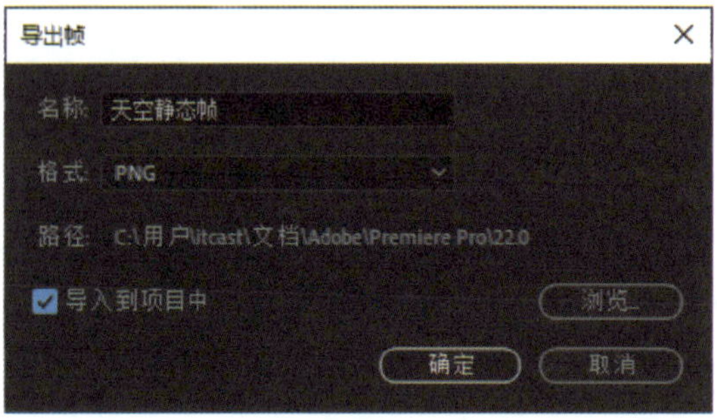

图8-9　“导出帧”对话框

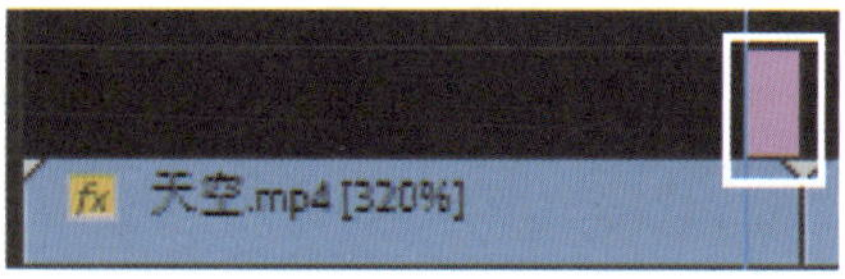

图8-10　添加静态帧到V2轨道中

Step 07 选择“矩形工具”，绘制一个矩形，在“基本图形”面板中设置矩形参数，如图8-11所示，矩形如图8-12所示。

Step 08 此时，矩形会被放置在V3轨道上，将V3轨道上与V2轨道上素材的尾部对齐，如图8-13所示。

Step 09 选中V3轨道中与V2轨道中的素材后右击，在弹出的快捷菜单中选择“嵌套”命令，弹出“嵌套序列名称”对话框，设置名称为“天空嵌套”，如图8-14所示。

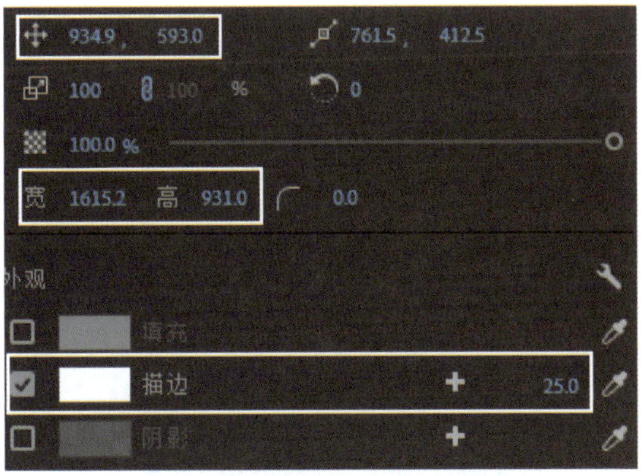

图8-11 矩形参数

图8-12 矩形

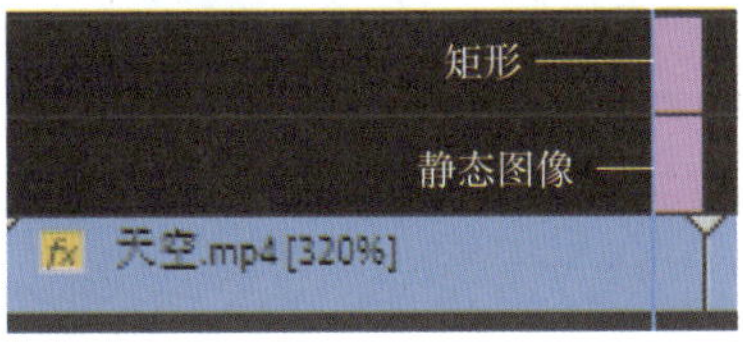

图8-13 尾部对齐

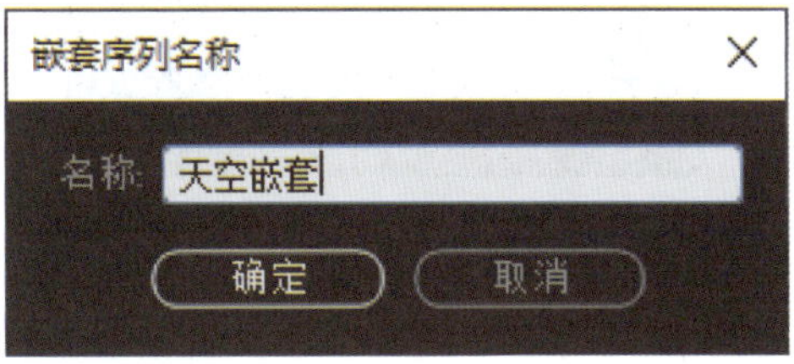

图8-14 “嵌套序列名称”对话框

Step 10 双击“天空嵌套”，切换到“天空嵌套”序列，在“效果控件”面板中设置V2轨道中的静态图像的尺寸比例为85%。

Step 11 切换到主剪辑，选中V2轨道中的“天空嵌套”，在“效果控件”面板中分别单击“缩放”和“旋转”左侧的“切换动画”按钮激活并添加关键帧。

Step 12 将时间滑块定位在4秒22帧的位置，设置“缩放”为80，“旋转”为-8°，效果如图8-15所示。

图8-15 设置运动参数

Step 13 将“取景框.png”图像素材保留5帧的片段，然后添加到“天空嵌套”的前面，如图8-16所示。

Step 14 将时间滑块定位在“取景框.png”和“天空嵌套”中间衔接处，选中V1轨道中的素材，按【Ctrl+K】组合键添加编辑点，如图8-17所示。

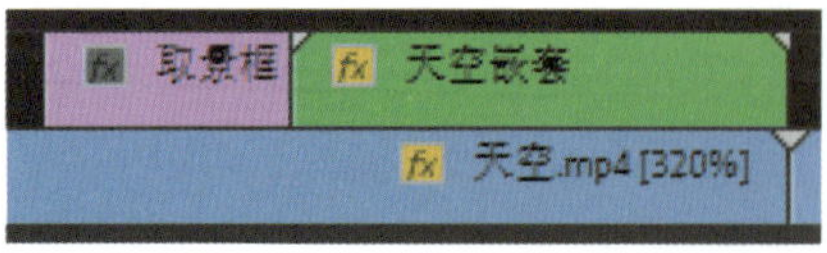

图8-16　添加“取景框”素材

图8-17　添加编辑点1

Step 15 选中“天空.mp4”的第二个片段，为其添加“快速模糊”效果，设置“模糊度”为50，取消勾选“重复边缘像素”复选框，参数设置如图8-18所示，模糊效果如图8-19所示。

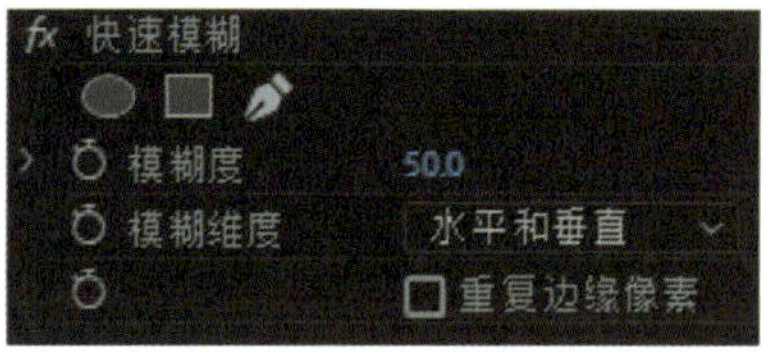

图8-18　参数设置

图8-19　模糊效果

Step 16 选中“海水.mov”视频素材，将其缩放为帧大小。将时间滑块定位在9秒15帧的位置，单击“导出帧”按钮，将静止帧导入到“项目”面板中，并命名为“海水静态帧”。

Step 17 将“海水静态帧”添加到时间滑块后面，并与“海水.mov”视频素材对齐。

Step 18 切换到“天空嵌套”序列中，复制矩形素材。

Step 19 将矩形粘贴到主剪辑的V3轨道中，如图8-20所示。

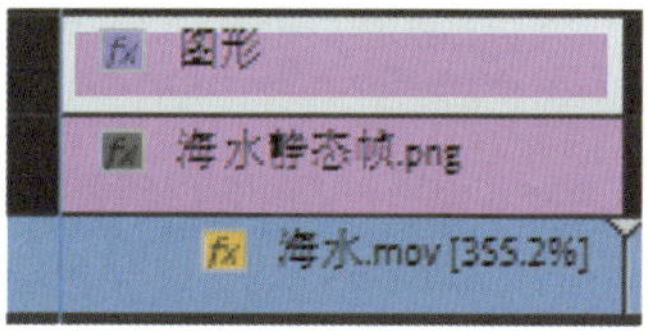

图8-20　粘贴矩形

Step 20 将图形和静态帧图像嵌套为序列，并设置序列名称为海水嵌套，复制V2轨道中的“取景框.png”将其放置在“海水嵌套”前面，如图8-21所示。

图8-21　复制取景框

Step 21 复制“天空嵌套”的属性，将其粘贴到“海水嵌套”上。

Step 22 双击“海水嵌套”进入“海水嵌套”序列中，设置V2轨道中的静态图像的缩放比例为85%。

Step 23 将时间滑块定位在“取景框.png”和“海水嵌套”中间衔接处，选中V1轨道中的海水素材，按【Ctrl+K】组合键添加编辑点，如图8-22所示。

Step 24 将“天空.mp4”第二个片段的属性复制粘贴到“海水.mov”第二个片段上，得到效果如图8-23所示。

图8-22　添加编辑点2

图8-23　模糊效果

Step 25 按照Step15~Step23的方法，设置“牛.MOV”视频素材的拍照效果。

2. 添加音频

Step 01 将“M8-1-1.mp3”音频素材添加到A1轨道上，删除没有波形显示的素材片段，如图8-24所示。

Step 02 将裁剪好的音频素材放在“天空”的尾部编辑点处，如图8-25所示。

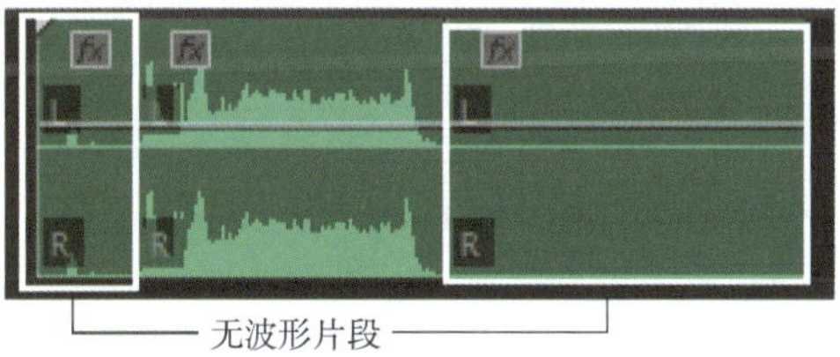

图8-24　删除无波形片段

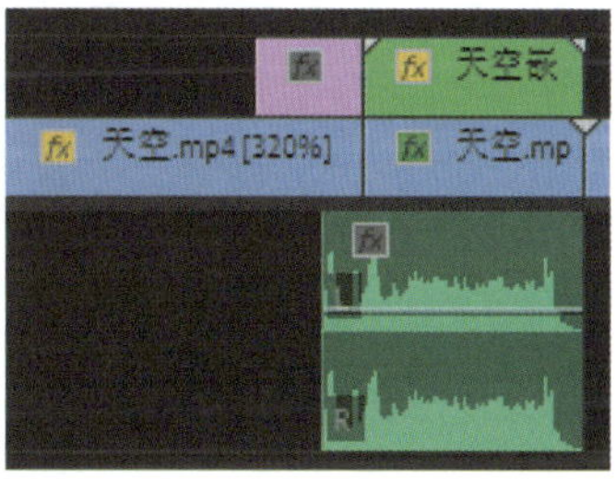

图8-25　添加音频到所需位置

Step 03 复制两次音频，将其分别放在“海水”和“牛”的尾部编辑点处，如图8-26所示。

Step 04 将“M8-1-2.mp3”音频素材添加到A2轨道上，删除多余片段，如图8-27所示。

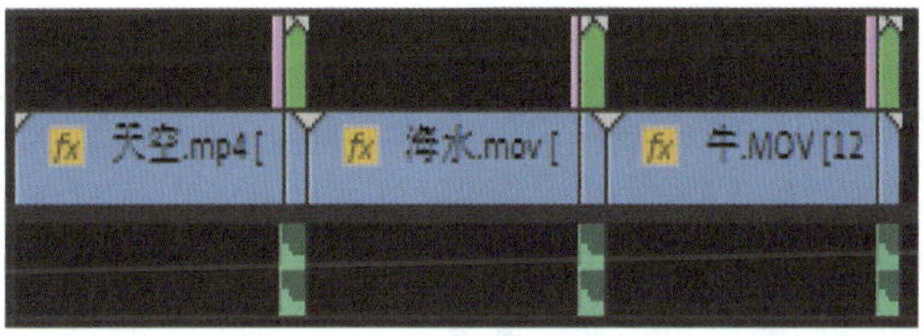

图8-26　复制音频

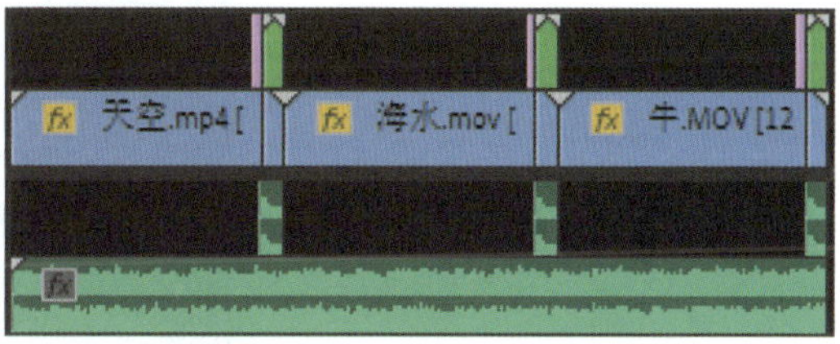

图8-27　删除多余片段

Step 05 按【Ctrl+S】组合键保存项目，并打包项目文件。

Step 06 选中“时间轴”面板，按【Ctrl+M】组合键，打开“导出”面板，在面板中设置导出参数，如图8-28所示。

图8-28 设置导出参数

至此，拍摄照片效果制作完成。

8.2 【案例8-2】导出作品

编辑项目的主要目的是得到最终的作品，本案例专注于展示如何从一个精心制作并已完成的作品中，精准地导出需要的特定部分，并将其转换为符合要求的指定格式，通过本案例的学习，读者能够掌握导出作品的方法。

8.2.1 效果展示

一段移除广告的教程视频正常播放，教程视频截图示例如图8-29所示。

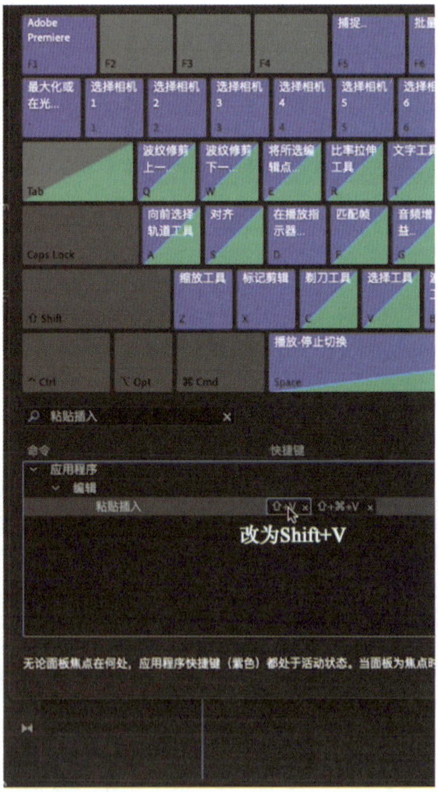

图8-29 教程视频截图示例

视频

案例8-2 导出作品

扫一扫二维码查看案例效果。

8.2.2　案例分析

本案例涵盖了一个音视频素材的处理过程。在制作之初，首先要将该音视频素材置于视频播放软件中，以便详细查看其各项信息，包括比特率、编码格式等关键参数。这些信息对于后续导出时设置合理的参数至关重要，能够确保导出作品的质量与原始素材相匹配。

接下来，根据自己的需求，从视频中挑选出所需的片段进行导出。在导出环节，选择当前广泛应用的H.264编码格式。鉴于原素材的比特率高达2 899 kbit/s[①]，在“导出设置”对话框中设置比特率时，需要参照原素材的比特率进行适当换算，以确保导出作品既保持高质量又不会过大，从而便于分享和存储。

8.2.3　必备知识

1. 导出媒体

选中“时间轴”面板，选择“文件”→“导出”→“媒体”命令（或按【Ctrl+M】组合键），打开“导出”面板，如图8-30所示。

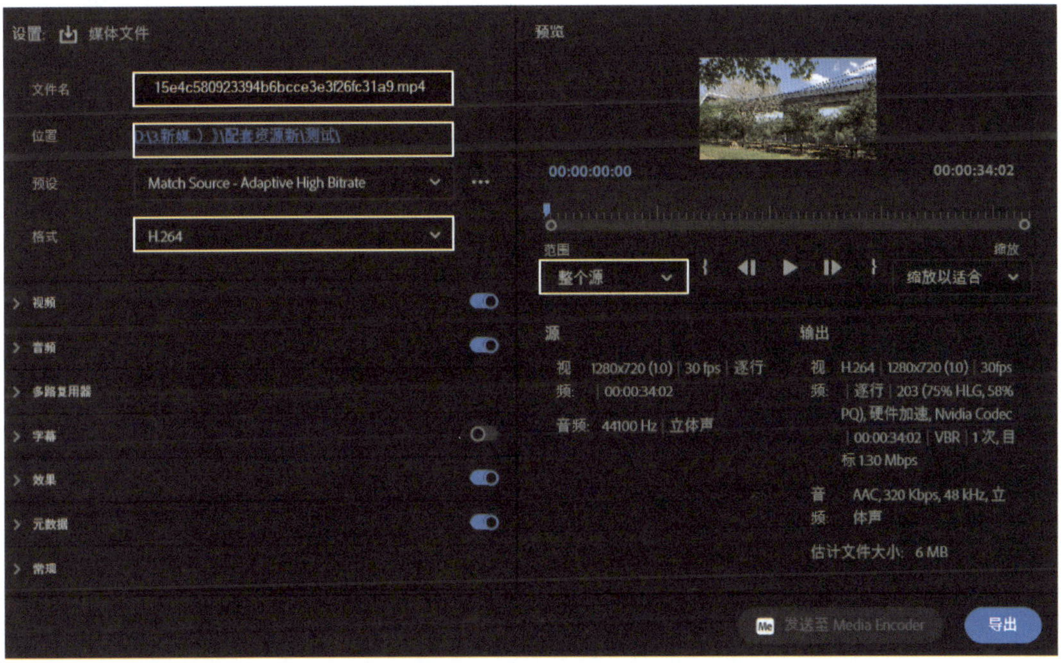

图8-30　“导出”面板

在“导出”面板中，可以设置导出作品的名称、位置和格式。完成设置后，单击“导出”按钮，弹出“编码 序列”对话框，显示导出进度，如图8-31所示。

在导出完成之前，无法继续使用Premiere软件编辑项目。请耐心等待片刻，选中的序列将以指定格式导出。如果只想导出部分片段，可以单击“指定导出范围”下拉按钮

，并在弹出的菜单中选择“源入点/出点”命令，如图8-32所示。

① 比特率的单位是 bit/s，软件上显示为 bps。1 Mbit/s=1 024 kbit/s。

图8-31 “编码 序列”对话框

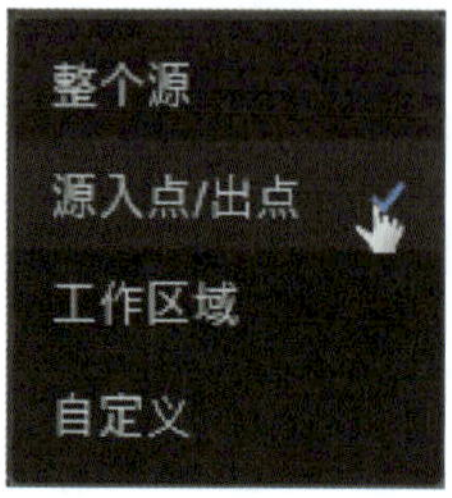

图8-32 选择“源入点/出点”命令

此时，视频中被标记为入点和出点之间的片段将被导出。

2. 设置导出选项

当在Premiere中完成作品的编辑进行导出时，首先需要设置导出选项，包括视频的尺寸、比特率；以及音频的编码等，将这些设置完成后，才能使导出的影片与自己所期望的标准相匹配。在设置导出选项时，通常会设置视频和音频选项，下面介绍导出设置方法。

（1）设置视频选项

在Premiere中导出视频时，需要在“导出”面板中设置格式为视频格式，如“H.264”“AVI”等。选择合适的格式后，还需要设置一些其他选项，在“导出”面板中单击“视频”左侧的按钮，展开视频设置区域，如图8-33所示。

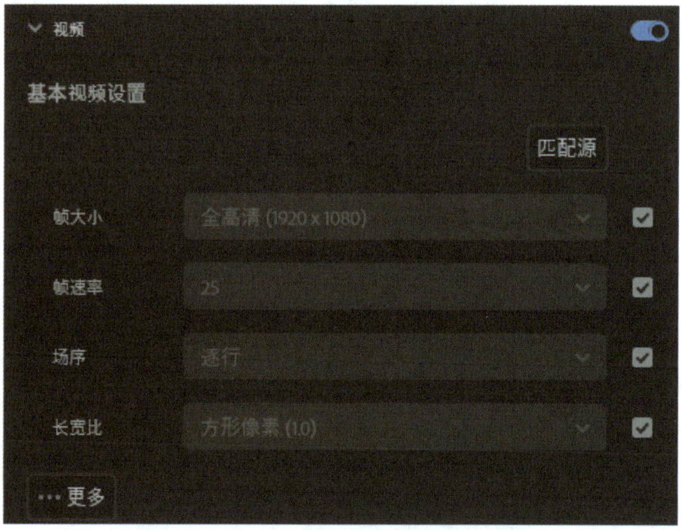

图8-33 视频设置区域

在视频设置区域内，包含多个设置区，默认情况下显示的是“基本视频设置”区，其中包括“帧大小”“帧速率”等选项。通过这些选项，能够调整作品的尺寸、帧速率及场顺序等参数。通常，各项参数默认为灰色且不可编辑；若需更改特定参数，只需单击该参数右侧的复选标记以解锁相应的设置项，如图8-34所示，此时便可自由调整所需选项。

图8-34 解锁对应的参数

这些选项通常不作修改，建议与序列保持一致。单击“更多”按钮可展开全部视频设置选项，其中常用的设置区包括“比特率设置”“高级设置”，具体介绍如下：

- 比特率设置区域：比特率又称码率，是调控导出项目画质与大小的关键参数。当比特率提升时，画质随之变得更加清晰细腻，但相应地，导出的项目文件的占用空间也会增大；反之，降低比特率虽会导致画质有所下降，却能显著减小导出文件的占用空间。在实际操作中，可借助播放软件查看素材的详细属性，如图8-35所示。

在素材的详细属性中包含了比特率的具体数值。这一信息为我们提供了依据，使得在导出时能够有针对性地调整比特率，以满足特定的需求。

在比特率设置区域，可以选择“比特率编码”，单击“比特率编码”下拉按钮，下拉列表中有“CBR”“VBR，1次”“VBR，2次”，三种编码方式，如图8-36所示。

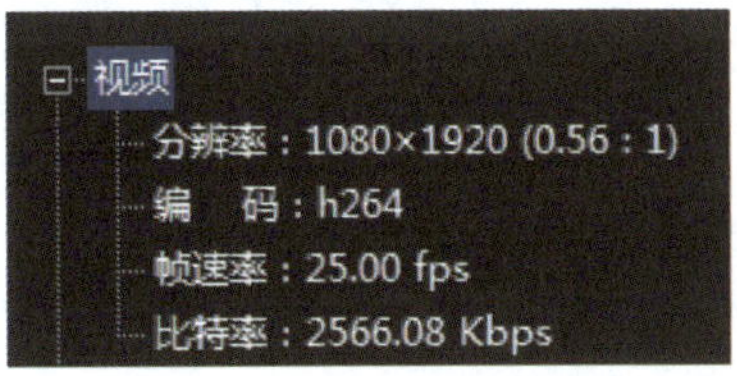

图8-35　素材的详细属性

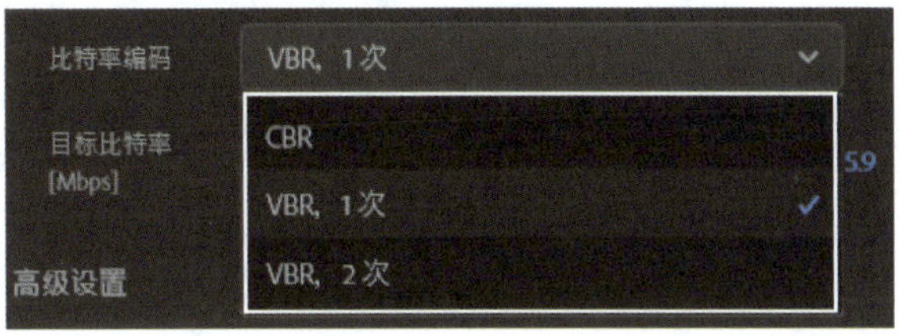

图8-36　比特率的三种编码方式

在“CBR”“VBR，1次”“VBR，2次”三种编码方式中，VBR（可变比特率编码）因其灵活性而最为常用。CBR（恒定比特率编码）虽然稳定，但VBR能够根据视频内容的复杂度动态调整比特率，从而在包含复杂画面和特效的项目中实现更高的画质。

在VBR的两种应用——“VBR，1次”与“VBR，2次”中，前者更为普遍。尽管“VBR，2次”能带来比“VBR，1次”更精细的画质提升，但这种提升在肉眼观察下并不显著，同时它也需要更长的处理时间和更大的存储空间。因此，在权衡画质提升与资源消耗后，“VBR，1次”成为更受欢迎的选择。

选择“VBR，1次”选项后，下方存在一个“目标比特率”选项，如图8-37所示。

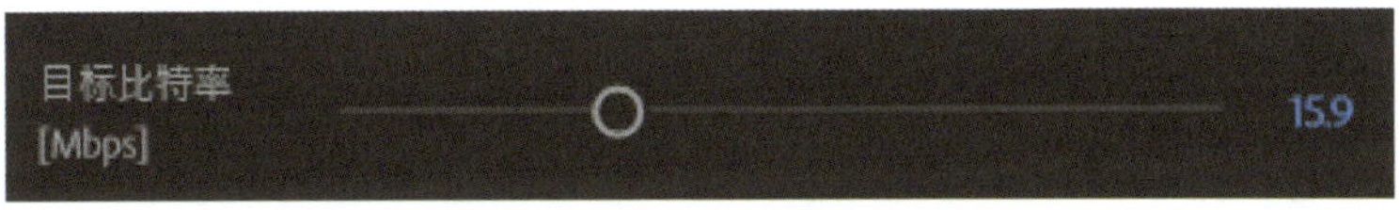

图8-37　目标比特率

在Premiere中比特率的单位是Mbit/s，而观察图8-35所示的原素材详细信息时可以发现比特率的单位是kbit/s，因此要想预估最终导出后的文件的比特率，可以用“目标比特率”后面的数值乘以1 024。如将“目标比特率”设置为0.2，那么导出的文件比特率应该在204.8 kbit/s左右。

- 高级设置区域：在“高级设置”区域中只有一个“关键帧距离”选项，用于设置视频的关键帧距离，如图8-38所示。

图8-38　关键帧距离

在观看视频的过程中，人们常常会进行快进或后退操作，而此时的移动并非逐帧进行，而是一段一段地进行移动。这时，就需要对关键帧的距离进行相应的设置。不过，在大多数情况下，使用默认设置即可，无须进行额外调整。

（2）设置音频选项

在Premiere中导出音频时，需要在“导出”面板将格式设置为音频格式，如“AAC音频”“MP3”等。选择合适的格式后，经常需要设置一些选项，在“导出”面板中单击“音频”左侧的按钮，展开音频设置区域，值得注意的是，不同的音频格式所对应的设置区域中的选项不同，如“AAC音频”和“MP3”格式所对应的设置区域如图8-39所示。

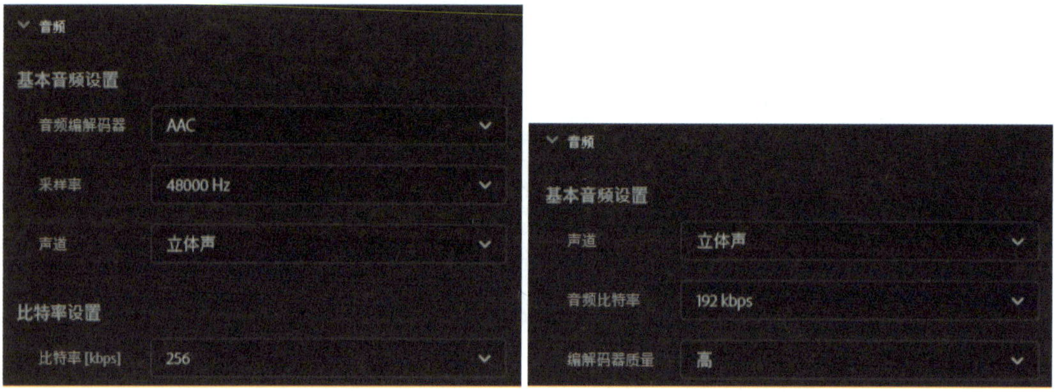

“AAC音频”对应的设置区域　　“MP3”对应的设置区域

图8-39　“AAC音频”和“MP3”格式所对应的设置区域

在音频设置区域，可以对音频的编码方式、采样率等参数进行配置。通常情况下，使用默认设置即可满足大部分需求，因此这些设置更多是作为知识点了解即可。

注意：

①在导出项目时，若视频时长较长，预估的文件大小往往不够精确。一旦导出的视频文件过大，就需要借助压缩软件进行压缩处理。

②如果原始素材的比特率已经达到一个指定的数值，那么在导出时，继续提高比特率并不会使画质得到进一步提升，反而只会增加文件的大小。

3. 导出静态序列

导出静态序列是将视频中的每一帧逐一转换并保存为独立的静态图像文件。在“导出”面板中选择指定的图像格式后，即可导出静态序列。导出后的图像通常会配备自动编号，极大地方便了后续的图像管理与识别工作，自动编号的静态图像示例如图8-40所示。

图8-40　自动编号的静态图像示例

在“导出设置”对话框中选择所需的图像格式，如图8-41所示。

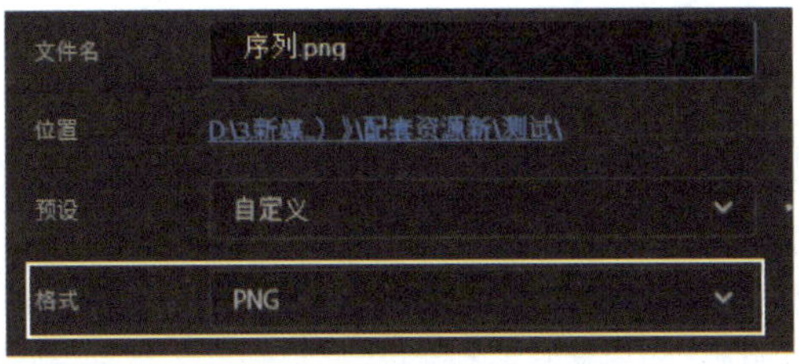

图8-41　选择所需的图像格式

完成设置后，单击“导出设置”对话框底部的“导出”按钮，即可将序列中的每一帧画面导出到指定的位置。

8.2.4　实现步骤

Step 01 打开Premiere软件，新建项目，将项目命名为“【案例8-2】导出作品”，单击“确定”按钮，完成项目的创建。

Step 02 选择“文件”→“导入”命令（或按【Ctrl+I】组合键），导入“项目成片.mp4”音视频素材，添加到“项目”面板中。

Step 03 将“项目成片.mp4”拖动到“时间轴”面板中以创建序列。

Step 04 在3秒16帧的位置添加入点，53秒21帧的位置添加出点，如图8-42所示。

Step 05 选中“时间轴”面板，选择“文件”→“导出”→“媒体”命令（或按【Ctrl+M】组合键），弹出“导出设置”对话框，在其中设置格式为H.264，如图8-43所示。

图8-42　添加入点和出点

图8-43　设置格式为H.264

Step 06 单击“导出名称”后的参数，设置名称为“项目成片_导出.mp4”，并为文件选择目标位置。

Step 07 在设置区域设置“目标比特率”为2，如图8-44所示。

Step 08 在“范围”下拉列表中，设置导出范围为“源入点/出点”，如图8-45所示。

图8-44　设置目标比特率

图8-45　设置导出范围

Step 09 单击“导出”按钮，当完成导出后，按【Ctrl+S】组合键保存项目，并打包项目文件。

至此，作品导出完成。

拓展案例：制作帧定格效果

请根据帧定格的相关知识，制作帧定格效果，其截图示例如图8-46所示。

图8-46　帧定格效果截图示例

第9章 获取视频素材

学习目标

知识目标：

◎了解“景别”，能够说出不同景别的区别；

◎熟悉运镜技巧，能够说出常用的运镜手法；

◎了解拍摄设备的分类，能够说出常用拍摄设备的特点；

◎了解置景布光的重要性，能够说出置景布光的作用。

能力目标：

◎熟悉文案的编写技巧，能够编写合适的台词和分镜脚本；

◎掌握构图方法，能够运用合理的构图拍摄作品；

◎掌握对焦设置的方法，能够对焦所拍摄的物体；

◎掌握曝光调节的方法，能够在拍摄时调整曝光；

◎掌握剪辑技法，能够在拍摄时正确应用剪辑技法。

素质目标：

◎鼓励尝试不同的拍摄手法和风格，勇于打破常规，不断探索新的创作领域和技术手段；

◎培养在拍摄过程中保持耐心、面对困难坚持不懈的态度，直到创作出满意的作品。

当着手创作一个具有鲜明主题的作品时，首先便是搜集并整理作品所需的原始素材，随后利用这些素材进行精心编辑。本章旨在引导读者深入探索几个关键环节：理解景别的运用、熟悉拍摄所需的设备、掌握分镜脚本的编写步骤，以及在实拍中常用的构图技巧和镜头运动方式。此外，还介绍了一些基础的剪辑技法，为读者在后期的编辑工作中打下坚实的基础。

9.1 【案例9-1】制作春天主题的分镜脚本

在拍摄项目正式拉开序幕之前，首先要细致策划并编制分镜脚本，旨在保障整个拍摄流程既条理清晰又紧密围绕核心主题展开。本案例聚焦于创作一个以绚烂春天为核心的分镜脚本，旨在通过这一实践，让读者不仅深入理解各类景别（如远景、中景、近景、特写等）的巧妙运用，还能全面掌握文案编写的精髓与技巧，实现技能与灵感的双重提升。

9.1.1 效果展示

分镜脚本见表9-1。

表9-1 春天来了分镜脚本

时长：

主题方向：拍摄春天气息

镜头号	景别	运镜	内　容	画面参考
1	近景	定机位	俯视拍摄腿脚运动	
2	全景	推	沿着小路方向向前推进	
3	特写	推	先大致拍摄，再拍摄花的特写镜头	
4	特写	推	先大致拍摄，再拍摄花的特写镜头	
5	中景	竖摇	镜头随着建筑标题竖摇	
6	中景	横摇	进入广场，看到闲逛的人和开花的树	

续表

镜头号	景别	运镜	内　　容	画面参考
7	远景	横摇	镜头随着一片迎春花海进行横移	
8	特写	定机位	开门的动作	
9	特写	推	小蜜蜂采蜜	
10	特写	定机位	强劲的春风	
11	中景	推	一棵花已经凋谢的树	
12	近景	推	凋零的花，已经可以看到果子了	
13	特写	对准主体无运景手法进行拍摄	一棵快结果的树，竟然还有一朵如此美丽的杏花	
14	全景	推	这棵小树的小芽好像刚出生的宝宝	
15	全景	定机位	刚冒芽的小草	

9.1.2 案例分析

在制作分镜脚本之前，首先要明确主题与逻辑框架。一旦这些核心要素确定无误，便可以着手为各个镜头分配序号，并依据序号逐一填充详细内容。此外，提前实地考察拍摄场地至关重要，这不仅能深入了解场地环境，还能初步确定拍摄的主体、适用的运镜技巧以及所需捕捉的景别。踩点期间，记得拍摄一些照片，这些照片将作为“画面参考”的重要素材。

分镜脚本的编制是一个由粗到细的过程。首先，构建出整体的大纲框架，随后逐步细化，将抽象的构思转化为具体的内容模块，并逐一填充至框架之内。这样，一个完整且细致的分镜脚本便逐渐成形。

9.1.3 必备知识

1. 认识景别

景别指的是因摄像机与拍摄对象间距离的不同，导致拍摄对象在取景框内呈现出来的范围差异，这是创作者表达思想情感的重要手段之一。如同人们在日常生活中观察事物时，会依据内心的需求调整观看方式——或是靠近细察，或是抬眼远眺，或是纵观全局，又或是聚焦于某一特定细节。因此，呈现在屏幕上的图像会随着这些不同的观察方式而产生大小变化。

通常情况下，景别可以大致划分为五大类型，按摄像机与拍摄对象之间由远及近的距离顺序排列分别为：远景、全景、中景、近景以及特写。对于以人为拍摄主体的情况，这五类景别之间的关系可参照图9-1来理解，具体介绍如下。

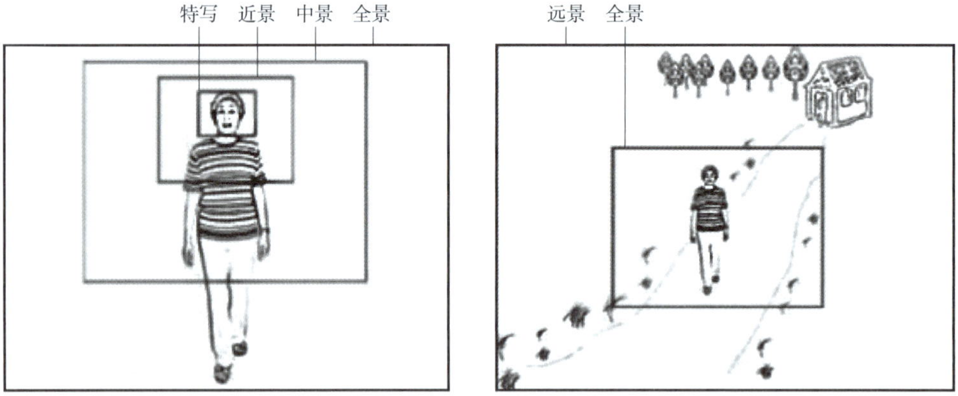

图9-1 各景别关系图

(1) 远景和全景

根据图9-1可以看到，远景和全景是两种相对的拍摄手法。其中，远景是指拍摄远距离的人物或场景，旨在展现广阔的背景空间或营造某种环境氛围；而全景则是完整地展示人物从头到脚的整体形象。

在远景镜头中，重点在于展现人物活动的外部环境或营造整体的氛围感，而不是细节动作的表现。因此，在此类镜头中，人物通常不会占据画面的中心位置，其大小一般不超过画面高度的一半。此外，由于远景画面包含的元素较多，为了使观众能够充分感知并理解画面中的信息，拍摄时长通常不应少于10 s。

相比之下，全景镜头主要用于客观地展示人物的整体外观。在构图时，除了关注人物本身之外，还应注意其周围的环境因素，确保环境与主体之间形成和谐统一的整体效果。

（2）中景

中景通常是指摄取人物膝盖至腰部以上（或胸部以上，具体范围可能因拍摄风格和需要而异）的画面。这种取景方式既能较为清晰地展现人物的表情细节，又能够较好地捕捉和表现人物的形体动作，从而在叙事和表达情感上起到重要作用。

（3）近景

近景是摄取人物胸部以上，尤其是面部为主的画面。这种取景方式常被用来细致地刻画人物的面部神态和情绪变化，通过聚焦人物的面部表情，将观众的目光直接引向人物的内心世界，从而产生强烈的视觉和情感共鸣。因此，近景是一种将人物形象和情感直接推向观众眼前，增强叙事张力和情感表达的景别。

（4）特写

特写镜头通常是摄取人物面部或某个特定细节的画面，在特写镜头中，被摄对象的某一局部（如面部、眼睛、手部等）被极度放大，几乎完全占据画面，从而排除了多余的环境背景，使观众的注意力高度集中于这一细节上。相比近景，特写镜头更加贴近观众，能够深入揭示被摄对象的内在情感或特征，产生强烈的视觉冲击力和情感共鸣。因此，特写是一种极具表现力和感染力的镜头语言。

以上这些景别不仅适用于拍摄人物，同样的原理也可以应用于拍摄其他主体，如动物、植物、建筑等。在拍摄时，通过调整取景范围，可以定位出不同的景别来突出或强调主体的某个部分或整体。

2. 运镜

运动镜头往往比静止镜头更能顺应人的视觉习惯，为拍摄作品增添动感与活力。在拍摄过程中，通过镜头的运动，可以创作出更加引人入胜的视觉作品。这种镜头的运动方式，称为“运镜”。运镜技巧丰富多样，主要包括推、拉、摇、移、转五种基本形式，下面逐一对这五种运镜方式进行详细解析。

（1）“推”和“拉”

“推”是由远及近或从整体到局部的过程，例如，将人眼比作摄像机，在看一个物体时，先看物品的整体，再走进查看物品的细节，这个由远及近、从整体到局部的过程就是“推”的效果，如图9-2和图9-3所示。

“拉”恰好与“推”相反，是由近及远、由局部到整体的过程。在拍摄“推”“拉”镜头效果时，为了防止镜头抖动，可以采取“弓步”的姿势，如图9-4所示。

如果直接手持手机（或其他拍摄设备）进行移动，由于手臂是主要受力点，拍摄的视频可能会出现明显的抖动。而采用“弓步”姿势时，手持设备保持相对静止，通过腿部的移动带动整个身体前进或后退，这样手臂不会受到额外的力量，从而有效地减少拍摄过程中的抖动，使镜头更加平稳流畅。

图9-2　由远及近

图9-3　从整体到局部

图9-4　弓步

（2）“移”和“摇”

“移”和“摇”这两种运镜技巧主要用于捕捉和展示整体环境。“移”指的是拍摄者通过自身的移动（如步行、跑动或下蹲等），而手持手机（或其他拍摄设备）保持相对稳定，镜头始终保持水平或特定的角度，以此来实现镜头的平移或垂直移动，这种技巧能够让观众感受到场景的宽广和深度，增强视觉冲击力。“移”运镜技巧如图9-5所示。

而“摇”是指拍摄者保持固定位置，通过手持设备（如相机或手机）的主动移动来捕捉画面，这种动作模拟了人的点头与摇头动作，具体效果如图9-6所示。

在拍摄“移”或“摇”的镜头时，拍摄者可以灵活选择多种移动方式：既可以进行平移（左右移）或横摇（左右摇），也可以实施升降（上下移）或竖摇（上下摇）。

人移动，手机不动

图9-5　“移”运镜技巧

人不动，手机移动

图9-6　“摇”运镜技巧

平移和横摇的效果类似，升降和竖摇的效果类似，都是展示全貌，但“移”的视线角度是固定的，而“摇”的视线角度是扩展的。拍摄物体时，“移”和“摇”没有优劣之分，区别就是呈现角度不同，如图9-7和图9-8所示。

图9-7　利用“移”拍摄底部

图9-8　利用“摇”拍摄底部

在拍摄大场景时，“摇”能比“移”更快地展示环境。值得一提的是，在使用“摇”的运镜方法进行拍摄时，可以在镜头的开始和结束位置停留几秒，再开始摇，这样拍摄出来的作品会更加稳定，观看性和实用性也较强。在摇的过程中，起点称为“起幅”，终点称为“落幅”。在后期制作时，“起幅”和“落幅”可以当作静止画面进行使用。

（3）转

“转”的运镜手法具有较强的视觉冲击力，可大致分为“镜头转”和“摇移转”两类。其中，“镜头转”是指镜头旋转，在一个平面中进行旋转，如图9-9所示。拍摄的效果截图如图9-10所示。

图9-9 镜头转

图9-10 镜头转效果

使用该运镜手法可以打破稳定性，赋予主体运动感与活跃感。

“摇移转”是“摇”和“移”的组合运镜，图9-11所示为“摇移转”的俯视图。

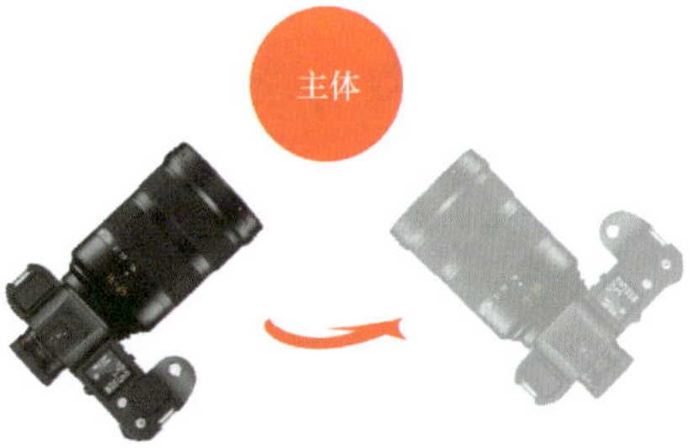

图9-11 “摇移转”运镜的俯视图

使用“摇移转”运镜手法进行拍摄时，镜头视角一直定位在主体上。使用“摇移转”运镜手法可以呈现主体的更多角度，使作品有观察审视的意味，运镜效果如图9-12所示。

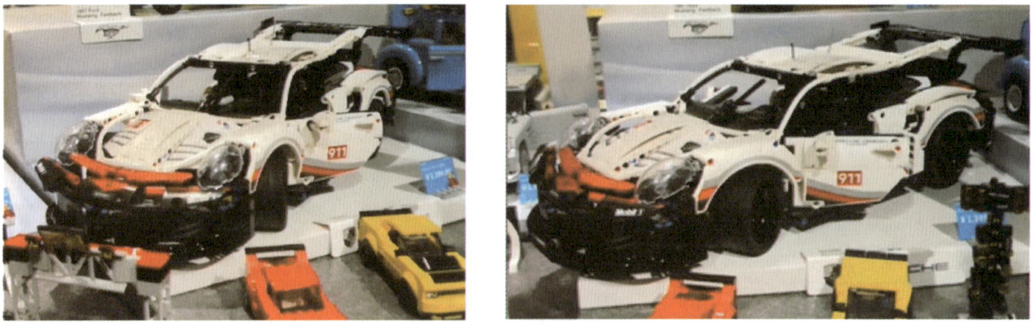

图9-12 “摇转移”运镜效果

“摇移转”运镜手法在常规情况下，其旋转角度通常不会达到360°。然而，当采用这种手法并围绕某一中心点旋转360° 时，该动作称为“环绕”。“环绕”可以视为“摇移转”运镜手法中的一种特殊形式，同时它也可以作为一种独立的运镜技巧来使用。在使用“环绕”运镜手法拍摄时，能够全方位展示主体的全貌，为观众带来独特的视觉体验。为了确保拍摄作品的稳定性，拍摄过程中往往需要借助稳定器材，如三脚架、稳定器等，这样可以有效地避免画面抖动，提升作品的观赏效果。

值得一提的是，当手持相机固定在某一位置进行拍摄，不运用任何动态运镜技巧时，这种拍摄手法称为“定机位”。在这种拍摄手法下，相机的位置和角度保持不变，有助于捕捉静态场景或特定瞬间的细节，为观众提供稳定且集中的视觉焦点。

多学一招：环绕拍摄小技巧

若要全方位展示主体的风貌，可以巧妙地利用自转转盘这一工具。只需将主体稳妥地放置在转盘上，然后精心选择拍摄角度，并将拍摄设备固定在适当的位置上进行拍摄。这样，随着转盘的匀速旋转，就能轻松捕捉到主体各个角度的精彩瞬间，为观众呈现一个完整而立体的视觉体验。

3. 文案

文案是通过文字来展现已经规划好的创意策略。在摄影领域，文案通常涵盖台词、分镜脚本等核心内容，同时也包括拍摄的地点选择、行程安排、运镜技巧等指导性内容。它是整个拍摄过程的基础和基准，只有明确了文案，拍摄工作才能有条不紊地进行。

在拍摄之前，务必制订好详细的拍摄文案，并严格按照文案执行拍摄计划。切记，没有充分准备的文案，就不要轻易开始拍摄工作。在确定拍摄地点后，制作分镜脚本和编写台词成为接下来最重要的任务。具体介绍如下：

（1）台词

台词是构成剧本的基石，是剧本不可或缺的重要元素。没有台词，剧本就失去了其核心的表达方式，进而无法进行有效的拍摄及后期编辑。在制作台词时，应遵循以下原则：

- 提炼关键词：在撰写台词时，用词应精简明了，以便在拍摄时更快速地找到表达的重点，同时在后期剪辑和配音时也更为便捷。因此，在完成草稿后，应仔细检查并删除不必要的细节，使用更简洁有力的词语，直接击中要点。
- 引人注意：台词应能引发观众的共鸣，使他们感到与自己息息相关。善于运用第一人称“我”和第二人称“你”，可以增强台词的代入感和吸引力。例如，某个公众号的标题文案：“我为什么辞掉稳定的工作？为什么我们要这么拼？是的，我更喜欢努力的自己。你不是迷茫，你只是浮躁。”这样的表述很容易吸引读者的注意力，促使他们点击阅读。同样地，在摄影中撰写台词或配音时，也应遵循这一原则。

台词示例如下：

为了领略北京的宫廷韵味，我特意踏上了前往故宫的旅程

还未踏入宫门，那威严的午门已让我心生敬畏
我怀揣着敬仰的心情，步入了这紫禁城的深邃
宫殿内的装饰，与故宫的飞檐斗拱交相辉映，尽显中华文化的博大精深
我深感，这趟旅程选择得恰到好处
这里的每一块展品，虽非实物大小，却都价值连城
我故作从容地浏览着那些精美的文物复制品
有古董瓷器，有皇家书画，有精致玉器，有华丽服饰，有珍稀摆件，有历史兵器
我恨不得将它们一一收入囊中
然而，当我瞥见自己的钱包，才猛然记起自己曾许下的理性消费之誓
望着这些展品背后工作人员忙碌的身影
我感受到了他们对文化传承的执着与热情，内心充满了充实与欣慰
那一件件精美的展品，如同一个个历史的超级英雄，它们静静地诉说着往昔的辉煌与沧桑
对于像我这样的文化爱好者而言，亲手体验一次传统文化的复刻，无疑是一次难得的机遇
对于真正热爱文化的人来说
这份投入与追求，正是他们朴实无华且充满热情的生活写照

（2）分镜脚本

分镜脚本是包含视频制作所需详细信息的底本，是摄影师拍摄和剪辑师进行后期剪辑的重要依据，也是影片创作过程中必不可少的前期准备。分镜脚本通常包含“镜头号”“运镜”“景别”“时长”“内容”“画面参考”等要素。具体要素介绍如下：

- “镜头号”：是镜头的顺序标识，根据镜头在影片中出现的先后顺序进行编号。拍摄时虽不必严格按照编号顺序进行，但后期编辑时则需按照编号顺序确保影片的连贯性。
- “运镜”和“景别”：是指拍摄时运用的运镜手法和景别。例如推、拉等运镜手法和近景、中景等景别。
- “时长”：是指镜头在影片中实际持续的时间长度，是后期编辑时需要遵守的。
- “内容”：是指镜头所要拍摄的具体画面内容，包括人物动作、场景布置、道具使用等，是影片叙事和视觉表达的核心部分。
- “画面参考”：是拍摄前为摄影师提供的视觉参考，可以是拍摄场地的实际照片、设计草图或已有的样片截图等，用于帮助摄影师更好地理解和还原导演的创作意图。

在制作分镜脚本时，通常采用表格形式整理和展示各个镜头的详细信息，这些表格既可以使用Excel等电子表格软件来制作，也可以使用Word等文字处理软件进行制作。一个典型的分镜脚本表格通常包含镜头号、景别、时长、运镜、内容、画面参考、备注等列，见表9-2。

表9-2 故宫游玩部分脚本

时长：90 s
主题：故宫游玩

镜头号	景别	时长/s	运镜	内　容	画面参考	备注
1	全景	7	竖摇	镜头沿着故宫博物院展开		无
2	远景	3	推	展品陈列有序		无
3	特写	4	摇移转	围绕展品进行拍摄		无
⋮	⋮	⋮	⋮	⋮	⋮	⋮

在拥有样片作为参考的情况下，可以依据样片中的具体镜头来细致填充分镜脚本的各项内容，为拍摄工作提供一个清晰的蓝图。拍摄任务结束后，进一步根据实际拍摄所得的素材，对分镜脚本进行细致的梳理和完善，确保其能够精准无误、详尽全面地指导后期的剪辑工作，为视频制作奠定坚实的基础。

注意：

在编写分镜脚本时，创作者拥有充分的灵活性，不必拘泥于上述示例的格式。若某些内容在脚本中不适合或不存在，可以省略，不在表格中专门展现。

9.1.4 实现步骤

Step 01 打开Word软件，写好标题、主题等内容后，再绘制一个5列的表格（行数任意，填写一行添加一行即可），包含的内容分别是镜头号、景别、运镜、画面内容和画面参考，见表9-3。

表9-3 分镜脚本框架

时长：
主题：春游记

镜头号	景　别	运　镜	内　容	画面参考
1				
2				

Step 02 第一个拍摄的是人走路的视频，为拍摄做铺垫，若自己一个人拍摄可俯视拍摄腿脚运动，距离较近，因此在景别处填写近景，因为手机没有进行任何运转，因此“运镜”栏填写“定机位”。

Step 03 整合景别和运镜可得出画面内容，在“内容”栏填写“俯视拍摄腿脚运动”，见表9-4。

表9-4 镜头一

镜头号	景 别	运 镜	内 容	画面参考
1	近景	定机位	俯视拍摄腿脚运动	

Step 04 第二个就可以对场地进行拍摄了，在“镜头号”栏填写“2”，第二段素材要拍摄建筑，建筑物是主体，因此拍摄的景别为全景，边走边进行拍摄，建筑从整体到局部进行展示，因此在“运镜”栏填写“推”。

Step 05 整合景别和运镜可以得出画面拍摄内容，在“内容”栏填写“沿着小路方向向前推进”，见表9-5。

表9-5 镜头二

镜头号	景 别	运 镜	内 容	画面参考
2	全景	推	沿着小路向前推进	

Step 06 第三个要拍摄一个开满花的树，因此使用“推”的运镜手法拍摄花的细节，因此“景别”栏填写“特写”。整合景别和运镜可得出拍摄内容为“先大致拍摄，再拍摄花的特写镜头”，见表9-6。

表9-6 镜头三

镜头号	景 别	运 镜	内 容	画面参考
3	特写	推	先大致拍摄，再拍摄花的特写镜头	

Step 07 第四个要拍摄的是一个小的绿化植物，采用推的运镜手法拍摄特写镜头，在分镜脚本中填写相应的内容即可，见表9-7。

表9-7 镜头四

镜头号	景 别	运 镜	内 容	画面参考
4	特写	推	先大致拍摄，再拍摄花的特写镜头	

Step 08 第五个拍摄的场地是小广场，为了展示亭子的文字和亭子部分内容，这里用摇的运镜手法对中景进行拍摄，在分镜脚本中填写相应的内容，见表9-8。

表9-8　镜头五

镜头号	景　别	运　镜	内　容	画面参考
5	中景	摇	镜头随着建筑标题竖摇	

Step 09 按照Step01~Step08的方法，制作剩余的分镜脚本。

9.2 【案例9-2】拍摄春天主题的素材

在创作过程中，常常会遇到难以找到理想素材的情况，这时就需要自己动手拍摄所需的材料。一旦确定了拍摄脚本，便可以正式开始拍摄工作。在此案例中，选用了一部手机作为拍摄工具，在一个住宅区内捕捉镜头。整个拍摄活动以“春天”为主题，力求通过镜头传达出春天的生机与气息。

9.2.1 效果展示

春天到了，花、草、树、木一切复苏。拍摄的部分素材截图如图9-13至图9-15所示。

图9-13　素材1

图9-14　素材2

图9-15　素材3

9.2.2 案例分析

后期制作往往需要多个素材拼接，在拍摄时，可以根据脚本多拍一些镜头，为后期剪辑做好充足的准备。

春天是大自然苏醒的时节，阳光明媚，气温回暖，花朵绽放，草地转绿，广场上有许多出来活动的老人和孩童。在拍摄时，可以着重选取这些充满生机的元素，并注重构图与曝光的处理。此外，适当地运用运镜技巧也能为作品增色不少。如果遇到理想的拍摄对象但周围环境不尽如人意的情况，如图9-16所示，可以通过简单布置来改善背景环境，使其更加和谐美观，如图9-17所示的效果。

图9-16 嘈杂的环境

图9-17 调整好的环境

9.2.3 必备知识

1. 拍摄设备分类

随着技术的不断进步，用于拍摄素材的设备种类日益丰富。目前常用的拍摄设备主要有专业摄像机、数码相机和智能手机。下面分别介绍这几类设备的特点。

（1）专业摄像机

通常情况下，在新闻采访或活动记录等场合会使用专业摄像机。这类设备支持SD卡存储，具备大容量电池，能够实现连续2小时以上的不间断拍摄，并拥有良好的散热性能。专业摄像机还配备了光圈、快门、白平衡调节和变焦等视频拍摄中常见的快捷功能。然而，这类设备往往价格较高，且体积较大。专业摄像机示例如图9-18所示。

图9-18 专业级摄像机示例

（2）数码相机

数码相机可以分为单反相机、微单相机（无反相机）、卡片相机等多种类型。目前较为流行的是单反相机和微单相机，如图9-19所示。

单反相机　　微单相机

图9-19 单反相机和微单相机

单反相机最大的优势之一就是其可更换镜头的设计，这让它能够适应各种拍摄需求，从而获得更佳的拍摄效果。相较于专业摄像机，单反相机通常体积更小、质量更小，便于携带。同时，现代的无反相机也在很大程度上继承了这一优点，成为许多摄影师的选择。

（3）手机

手机已成为人们日常生活中不可或缺的多功能设备。随着技术的进步，现代智能手机已经能够拍摄高达4K分辨率的视频。尽管其功能性和专业性可能不及专业相机或数码相机，但对于日常记录来说，手机摄影已经能够基本满足需求。得益于手机的小巧、轻便及易携带等特点，它在一定程度上已经成为视频拍摄的有效工具。

2. 构图

优秀的摄影作品通常具有明确的主体，或是占据主导地位的主体。照片显得平淡、不吸引人的一个常见原因就是缺乏中心，没有突出的主体及关注点。因此，在拍摄时，往往需要考虑构图。构图是摄影过程中贯穿始终的基本技能，指的是如何巧妙地将人物、景色和物体安排在画面中，以达到最佳布局的方法，在整个作品中发挥着至关重要的作用。下面介绍几种常见的构图方法。

（1）三分法

三分法是摄影中常用的一种构图技巧，又称井字构图法。这种方法是将画面的水平和垂直方向各自分成三等分，从而形成四个交点，这些交点称为“兴趣点”，每条分隔线称为“三分线”，通常情况下，可以在这些兴趣点上安排主体；如果主体是一条线，则可以沿着三分线进行布置。三分法图示如图9-20所示。

图9-20　三分法图示

在进行构图时，并非一定要将拍摄主体置于兴趣点上，也可以将其放置在接近这些兴趣点的位置。特别是对于动态场景，可以让运动物体朝向兴趣点的方向行进，这样可以增加照片的动感与张力。图9-20中的小船便是朝着某个兴趣点航行的。

三分法构图中的四个兴趣点能够引导观众的视线，使画面看起来平衡且舒适，这种方法也比较容易掌握。但在实际应用中仍有一些细节容易被忽视。例如，在拍摄人脸时，应当考虑将人脸置于哪个兴趣点上。如果不灵活运用，可能导致作品不尽如人意。如图9-21所示，由于人脸朝向左侧并且位于左侧的兴趣点及三分线上，这使得人脸前方的空间显得较为局促，从而使整体画面显得压抑。相比之下，将人物置于右侧的兴趣点和三分线上会更为适宜，如图9-22所示。

图9-21 错误的构图

图9-22 正确的构图

（2）对称构图

对称构图具有平衡、稳定的特点，通常用来表现具有庄严感的对象，如对称的建筑或倒影。对称构图大致可分为左右对称和上下对称两类。左右对称构图非常适合拍摄建筑物，不论是现代还是古代的建筑，都能展现出一种对称的美感，使得画面充满稳定感，如图9-23所示。

上下对称又称垂直对称，常见于利用水面倒影的场景，并且通常将画面分为上下两部分。这种构图手法在生活中十分常见，如图9-24所示。

图9-23 左右对称

图9-24 上下对称

（3）对角线构图

对角线构图常常能够增强画面的动态感，对角线构图指的是将画面中的线条沿着对角方向展布，对角线构图示例如图9-25所示。需要注意的是，这些线条既可以是直线，也可以是曲线、折线或是物体的边缘，只要它们的整体延伸方向接近画面对角线即可视为对角线构图。图9-26所示为曲线对角线构图。

图9-25 对角线构图示例

图9-26 曲线对角线构图示例

（4）框架构图

框架构图能够帮助聚焦视线并突出主体，如图9-27所示。

图9-27　框架构图示例1

拍摄时，仔细观察周围环境，可以发现许多适合作为框架的元素，如门窗、栏杆、树丛或墙上开口等。此外，自然现象如雨雪、烟雾甚至光影效果，也能起到框架的作用。如图9-28所示，一面镜子被用作框架，从而使位于中心的主体更加显眼。

需要注意的是，在选择“框架”时，应确保框架不会喧宾夺主。框架构图的核心在于用框架来衬托主体，如果框架过于突出，则会影响画面的整体效果。

（5）填充构图

填充构图是指将主体充满画面，以此增强视觉冲击力，采用这种构图方式可以有效地引导观众聚焦于主体，避免受到画面中其他元素的干扰，并且能够让观众更加清晰地观察到主体的细节，填充构图示例如图9-29所示。

图9-28　框架构图示例2

图9-29　填充构图示例

（6）前景构图

在摄影或绘画中，位于主体前方的景物称为“前景”。合理的前景运用不仅能够平衡画面的视觉重心，还能有效地拉伸画面的纵向深度，丰富整体内容，并有助于营造特定的氛围。对比图9-30与图9-31，前者没有使用前景元素，因此整个画面的焦点集中在远处的小岛上；而在图9-31中，加入了前景中的狗和木条作为焦点，这样不仅吸引了观者的注意力，同时也使得画面具有层次感，进一步强化了视觉效果，最终视线才会延伸到背景中的小岛。通过这种构图手法，整体画面显得更加生动和立体。

图9-30　无前景

图9-31　添加前景

值得一提的是，在拍摄的过程中，可以同时使用多种构图方法，使画面更加趋于完美，图9-32所示为框架构图和对称构图结合拍摄出的画面。

图9-32　框架构图和对称构图结合

3. 对焦设置

对焦又称聚焦，指的是将镜头的清晰点设置在某个特定物体上作为画面的主要焦点。通过对焦，可以让焦点上的物体显得比画面中其他未对焦的部分更加清晰。图9-33展示了当玩偶对焦状态下的效果，而图9-34则展示了玩偶未对焦的效果。

图9-33　玩偶对焦的效果

图9-34　玩偶未对焦的效果

在日常观看视频时，观众能够轻易辨认出哪个是当前想要突出的主体，这正是由于对焦技术的应用，使得主要信息得以凸显。

在使用手机拍摄时，在手机屏中的主体物上长按，即可出现一个方形的边框，即焦点框，如图9-35所示（每部手机的焦点框不一致）。

图9-35　焦点框

在手机的屏幕中，手指点击哪里，焦点框就会出现在哪里，镜头也会随之对焦在哪里。

4. 曝光调节

曝光调节主要用于调整画面的整体亮度。虽然Premiere可以调节画面的曝光度，但这会额外增加后期处理的工作量，从而在一定程度上影响工作效率。此外，随着技术的进步，现今绝大多数摄影设备都能够自动调节曝光。然而，当画面出现曝光过度或曝光不足的情况时，仍然需要手动调整曝光。图9-36展示了曝光过度的画面，图9-37展示了曝光不足的画面，而图9-38则展示了正常曝光的画面。

图9-36　曝光过度

图9-37　曝光不足

图9-38　正常曝光

在使用手机拍摄时，在焦点框的右侧会出现一个太阳图标，如图9-39所示（每部手机的图标均不一致）。

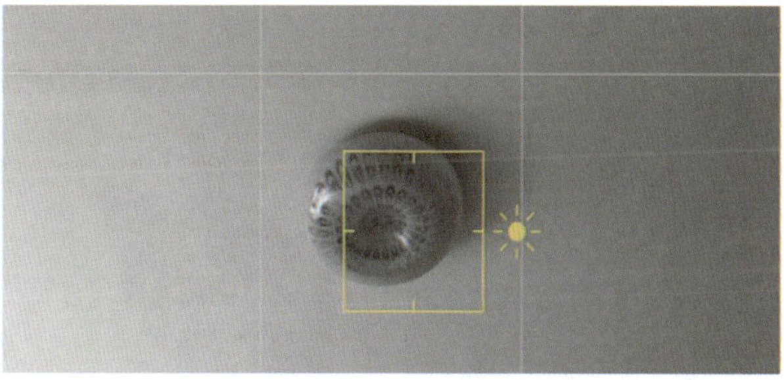

图9-39　太阳图标

当太阳图标出现时，可以通过上下滑动来调整曝光程度。如果画面曝光过度，应向下拖动以减少曝光；而若画面曝光不足，则应向上拖动以增加曝光，直至画面的曝光达到理想状态。减少曝光与增加曝光的效果分别如图9-40和图9-41所示。

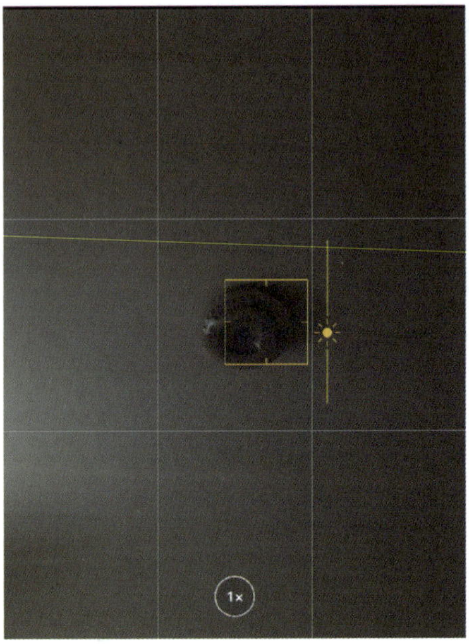

图9-40 减少曝光示例

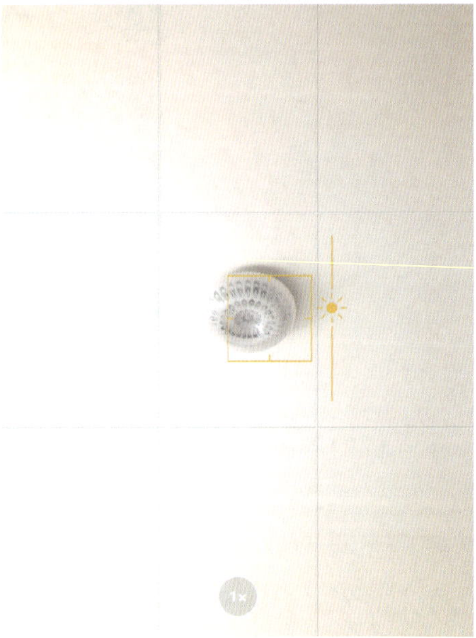

图9-41 添加曝光示例

5. 置景与布光

置景与布光是提升摄影作品质量的关键艺术手法，通过精心设计拍摄环境，可以使作品更加美观且层次分明。所谓置景，就是在拍摄前搭建或选择合适的场景，如古装剧中精致的宫殿建筑、春节联欢晚会上绚丽的舞台布景等，置景示例如图9-42所示。而布光则涉及在自然光的基础上，利用人工光源塑造画面氛围，例如，在影楼摄影中使用的专业灯具，或是外景拍摄时为了强化视觉效果而设置的强光源，布光示例如图9-43所示。

6. 剪辑技法

剪辑不仅仅是剪掉不理想的片段，更是将保留下来的片段按照一定顺序和方式进行编排，以创造出连贯且有影响力的故事叙述。在剪辑过程中，运用一些特定的技术和方法能够提升影片的质量。例如，制作分镜、剪辑句式、剪辑规律，遵循这些剪辑技法能够使作品更加流畅和专业。

图9-42 置景示例

图9-43 布光示例

（1）制作分镜

分镜，即分解镜头，是影片拍摄和剪辑的重要依据，它通过规划场景、镜头切换和节奏等要素，使画面传达的内容更加清晰、有序，并能有效营造氛围。在漫画中，分镜同样扮演着至关重要的角色，它通过不同的画面布局、大小、形状和角度等元素，引导读者视线、增强故事叙述的连贯性和节奏感。漫画示例如图9-44所示。

该漫画截图通过巧妙的分镜设计，成功地将一个复杂的场景分解为多个清晰易懂的局部画面，分解镜头示例如图9-45所示。

图9-44　漫画示例

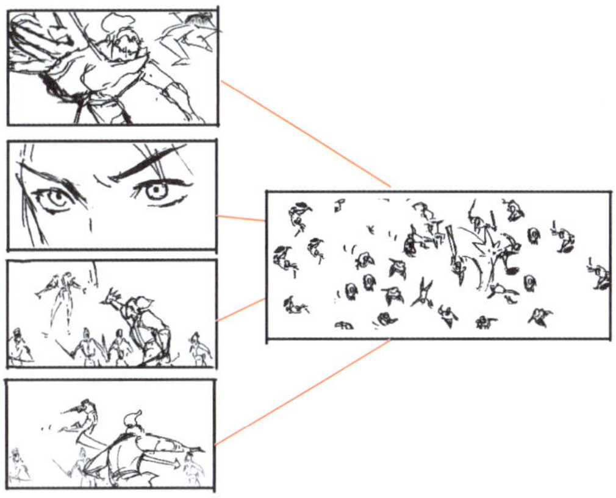

图9-45　分解镜头示例

每个分解镜头都承载着特定的信息和情感，共同推动故事情节的发展。这种分镜技巧不仅提升了漫画的可读性和观赏性，还展现了创作者高超的艺术功底和叙事能力。

在将漫画制作成动漫时，不同的剪辑师可能会按照不同的顺序进行编辑，漫画分解示例如图9-46所示，将其制作成连续的动漫后，动漫效果如图9-47所示。

在拍摄过程中，可以先确定整体场景和构图，然后再将整体分解为多个局部进行细致拍摄，以便在后期制作时能够灵活地制作分镜头。为了拍摄出高质量的分镜头，可以遵循以下三种原则。

1　2　3　4　5

图9-46　漫画分解

1　2　3　4　5

图9-47　动漫效果

- 阅读原则：在拍摄时，可以按照从上至下、从左至右的顺序进行拍摄，这种顺序符合大多数人的阅读习惯，有助于观众更顺畅地理解和接受画面信息。例如，在拍摄一个复杂的场景时，可以先拍摄全景，再逐步拍摄各个局部细节。

- 形状原则：在拍摄时，可以从整体到局部，再从局部回到整体进行拍摄。这种方式有助于突出画面中的重点元素，并引导观众的视线在整体与局部之间自由切换。例如，在拍摄一个建筑物时，可以先拍摄其整体外观，再逐步拍摄其各个部分，最后再回到整体进行拍摄。
- 重要性原则：在拍摄时，可以根据角色的重要性来安排拍摄顺序。通常，可以先拍摄主角或重要的角色，再拍摄配角或次要角色。这种方式有助于突出主角的地位和重要性，使观众更容易理解和记住故事情节。例如，在拍摄一部电影时，可以先拍摄主角的特写镜头，再拍摄配角或背景镜头。

通过以上三种原则的运用，可以拍摄出更加有序、连贯和引人入胜的分镜头画面。

（2）剪辑句式

剪辑句式是指镜头之间连接和过渡的方式，适用于两个或以上镜头的组合。镜头的拼接应当遵循生活逻辑和思维逻辑，以确保通过镜头的组合完成叙述逻辑。如果镜头的连接不符合逻辑，观众可能会感到困惑，难以理解影片的内容。剪辑句式通常包括前进式句式和累计式句式，具体解释如下：

- 前进式句式：前进式句式可以贯穿整个作品，有效地叙述作品想要传达的故事。在制作过程中，可以将这种句式理解为类似于人行走的方式，即从宏观到微观，从整体到局部。具体来说，这可以表现为由外到内的视角转变（见图9-48），由远及近的距离变化（见图9-49），以及从环境到细节的关注点转移（见图9-50）。在拍摄时，遵循这种句式的逻辑进行镜头安排，不仅可以帮助构建连贯的叙事流程，还可以减少后期剪辑的工作量。
- 累计式句式：累计式句式可以突出某个主题，经常是配合解说，用一组相似的主体来反映一个主题，这种相似的主体通过镜头的积累、形式上的统一，会更具有说服力，类似于文章中的排比句，累计式句式拍摄效果示例如图9-51所示。

图9-48　由外到内

图9-49　由远到近

图9-50　从环境到细节

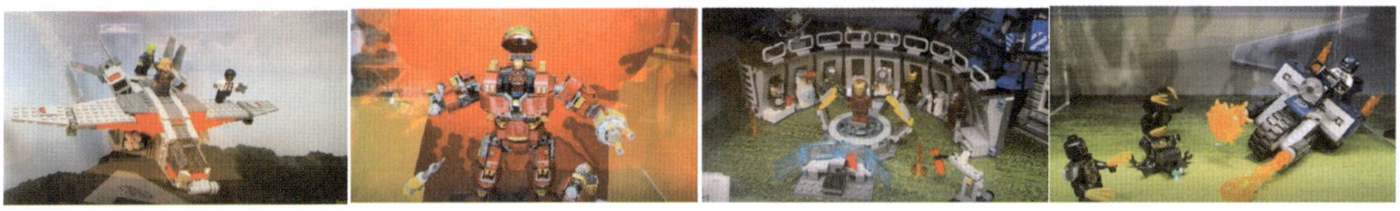

图9-51　累计式句式拍摄效果示例

（3）剪辑规律

在剪辑过程中，要遵循人的视觉习惯，合理运用“动接动”和“静接静”的规律，以增强作品的流畅性和清晰度。“动接动”指的是将运动镜头与运动镜头相连；“静接静”则是将静止镜头与静止镜头相连。对于“静接静”，只需简单地将镜头连接起来，通常没有特殊的要求；而对于“动接动”，则需要遵循以下几个原则。

- 可以连续“推”或连续“拉”，不可以做“推”“拉”镜头的衔接。连续“推”是前进，连续“拉”是后退，没有人会前后摇摆，所以“推”“拉”衔接不符合人的视觉规律。
- 可以横摇接竖摇，不可以连续横摇或者连续竖摇。人一般会连续从左看到右或从上看到下，但不会连续两次从左看到右或从上看到下，因此连续横摇和连续竖摇不符合人的视觉规律。
- 可以连续平移，不能连续升降。人在连续平移的时候没有空间限制，而升降是有空间限制的。
- “转”通常和其他运动镜头组合使用，不能连续使用。

值得一提的是，如果要动静相接，需要利用“落幅”（运动镜头终结的画面）由动变静，再接静止的画面，当然，在剪辑时，并不一定要遵循这些规律，还可以为两段素材添加转场来打破这种规律。

9.2.4　实现步骤

Step 01 在手机中依次选择“设置”→“相机”→“网格”命令，打开网格线，如图9-52所示。

Step 02 打开相机，将主体放置在左侧的三分线上，如图9-53所示，在主体上点击指定的位置对焦后，点击拍摄按钮进行拍摄。

图9-52　打开网格线

Step 03 手持手机向前移动，在移动的时候注意保持步伐，以免镜头抖动厉害，在拍到需要聚焦的位置再次对焦，得到效果如图9-54所示。一段素材拍摄完毕。

图9-53 将主体放置在三分线上

图9-54 再次对焦

Step 04 寻找景点，利用“前进式句式”进行拍摄，从广场外开始进入，如图9-55和图9-56所示。此时，点击停止拍摄按钮，完成第二个素材的拍摄。

图9-55 广场外

图9-56 进入广场

Step 05 进入广场后，利用“摇”的运镜手法，观察广场上的情况。在拍摄的开始和结尾均停留5秒，如图9-57和图9-58所示，完成第三个素材的拍摄。

图9-57 起幅

图9-58 落幅

Step 06 为了更好地表现春天，需要单独拍摄素材，为后面的剪辑做准备，如图9-59至图9-62所示。

图9-59　素材1

图9-60　素材2

图9-61　素材3

图9-62　素材4

本案例包含更多素材，此处不做更多展示，详细信息可在配套资源中查看源文件。

拓展案例：制作一个分镜脚本并进行拍摄

请根据构图、运镜等相关知识，自拟主题，制作一个分镜脚本并拍摄相关的视频素材。

第10章

综合案例——春游记

学习目标

知识目标：

◎了解项目的制作流程，能够说出项目制作时的基本流程。

能力目标：

◎掌握项目的制作技巧，能够独立完成项目的制作。

素质目标：

◎培养将所学知识迅速转化为实际行动的能力，确保理论与实践无缝对接，形成良性循环；

◎培养在制作项目时进行反思的习惯，识别自身不足，并制定改进措施，实现自我提升。

在完成脚本撰写与拍摄工作后，接下来至关重要的一步是对已拍摄的素材进行精心剪辑。本章旨在运用第1至8章所累积的知识与技能，制作一部充满趣味的“春游记”短片，同时，也引导读者逐步走进项目的制作流程，体验从素材到成品的完整旅程。

10.1 项目的制作流程

通常情况下，短视频或影片的创作遵循着一套严谨且条理清晰的流程，该流程主要包括以下几个核心步骤：确定选题、周密策划、实地拍摄及后期制作。下面详细介绍每个环节的工作。

1. 确定选题

选题，即选定一个拍摄的主题，是影片创作旅程的起点。缺乏明确的主题，拍摄内容易显得零散无序，进而给后期剪辑及成片质量带来不利影响。在确定选题时，拍摄者可基于个人兴趣，如生活日常、动物观察等自由发挥。面对选择困难时，不妨从甲方需求、目标受众偏好、自身专长、当前热门话题及节日氛围等维度出发，寻找灵感。本书的综合项目便是围绕“春天”这一充满生机与希望的主题展开，旨在捕捉春日的美好瞬间。

2. 周密策划

策划，作为拍摄与后期剪辑前的关键筹备阶段，涵盖了深入的分析与详尽的准备工作，确保摄影师与剪辑师在选择时能精准定位影片主题与风格，做到有的放矢。策划过程中，需明确拍摄风格、精选参考样片以供参考，并据此产出细致的分镜脚本。这一脚本不仅是拍摄时的行动指南，也是后期剪辑时保持影片连贯性与一致性的重要依据，确保整个创作流程紧密围绕影片的核心意图展开。

3. 实地拍摄

在拍摄工作启动之前，精心挑选合适的拍摄设备至关重要。实拍过程中，需细心运用恰当的运镜技巧与构图原则，以确保画面既流畅又富有美感。依据分镜脚本的详细规划，建议多角度、多场景地拍摄充足镜头素材，这样做能够有效预防后期剪辑时因个别镜头质量不达标而引发的烦琐问题，确保制作过程顺畅无阻。

4. 后期制作

后期制作阶段，主要是利用Premiere对前期拍摄的素材进行精细修整。这一过程中，需遵循分镜脚本的逻辑顺序进行剪辑，同时巧妙融入字幕、音频、视频效果以及转场动画等元素，进一步丰富影片的视觉与听觉体验，使其内容更加饱满，叙事更为引人入胜，从而达到提升影片整体品质的目的。

10.2 效果展示

春天气息的展示视频，同时伴有卡点效果，春游记视频效果截图如图10-1所示。

图10-1 春游记视频效果截图

扫一扫二维码查看案例具体效果。

视频

综合案例
——春游记

10.3 案例分析

在制作本案例时，可以按照一定的逻辑顺序进行制作，具体介绍如下：

1. 导入素材

即将案例所需的所有素材统一导入Premiere的项目面板中。这些素材包括第9章拍摄的视频文件，以及其他必要的图像、音频等资料。需要注意的是，使用手机拍摄的音视频素材可能会因编码格式差异，在某些情况下无法在Premiere中顺利播放。遇到此类问题时，只需将这些无法播放的音视频素材导入“格式工厂”软件进行格式转换，即可轻松解决兼容性问题，确保后续编辑工作的顺利进行。

2. 添加音频

添加音频能显著提升影片的整体氛围与感染力。本案例精心挑选了两段音频：一段用作片头的动感卡点音乐；另一段则贯穿全片作为背景音乐，持续营造影片氛围。

在设置片头卡点音乐时，特别选取了一段波形起伏与节奏紧密配合的音频片段，确保卡点效果既精准又富有力量。选取音频如图10-2所示。

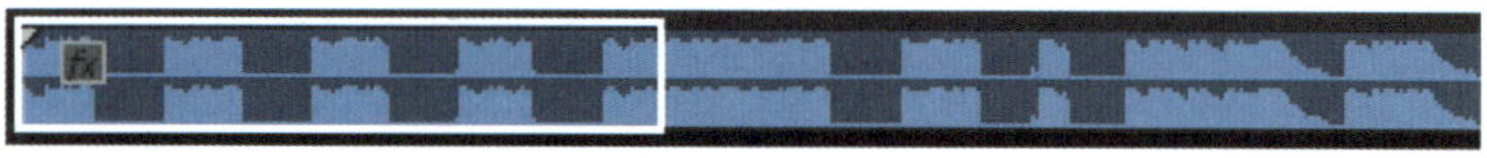

图10-2 选取音频

对于背景音乐的选用，巧妙地截取了其前半部分，以保持影片的紧凑与连贯。

为精准配合后续视频素材的添加，实现卡点效果，在音频波形显著的位置添加了标记。但在初步播放时，发现卡点音乐的音量过高，与背景音乐不够和谐。因此，需要对卡点音乐的音量进行适当调整，确保两段音频和谐融合，共同为影片带来完美的听觉享受。

3. 编辑素材

此部分虽为本项目的难点所在，但处理起来并不复杂，可以清晰地划分为片头、内容、片尾三大板块。为了更好地理解，可以将其结构比作“总-分-总”的叙述方式：首先以片头作为开篇总述，接着是详细展开的内容部分，最后以片尾作为总结收尾。下面逐一深入剖析这三个组成部分。

（1）片头

片头分为两部分。第一部分相当于电影的开场，旨在营造出一种引人入胜的氛围。根据设计，这部分首先呈现一段蓝天白云的视频素材，随后，标题文字缓缓浮现，片头效果如图10-3所示。

片头的第二部分则致力于迅速传递出春天的气息。这部分通过快速切换包含春季元素的画面来实现。在堆叠这些素材时，需确保每一段视频的出现都精确地与背景音乐的节奏点相吻合，以创造出流畅的卡点效果。此外，为了保持视觉上的和谐统一，应选用相同景别的视频片段进行快速切换展示。

（2）内容

内容部分应按照镜头编号的顺序进行编排，从中挑选出符合预期构图和参考样片的视频片段。同时，需要注意每个选定片段中标记的位置，并确保任何一段素材的长度都不超过第二个标记。

（3）片尾

片尾的设计同样分为两部分。第一部分为分屏展示，宛如一幅大型画卷上镶嵌着9幅细腻的小视频同步展示，如图10-4所示。

图10-3 片头效果

图10-4 同步展示

为达成此效果，需将9段视频素材分别置于不同视频轨道的相同时间段，并确保它们的播放时长严格一致。这些素材既可以从已编辑好的内容区域直接复制而来，也可重新添加，本案例中选择了前者，以保持内容的连贯性和一致性。

第二部分则如同一场华丽演出的优雅谢幕，由一幅图像素材与一段字幕共同构成。

4. 添加字幕

为了增强片尾的氛围，本案例中加入了一个滚动字幕。字幕从屏幕外开始进入，最终停留在画面的中央位置，因此需要设置关键帧，使字幕停在中央位置。

5. 添加视频效果

本案例中有三个地方需要添加视频效果：一是片头和片尾带有绿幕背景的图像素材；二是片尾采用分屏展示的9段视频素材。对于片头的图像素材，需要设置“不透明度”关键帧以实现文字逐渐显现的效果；而对于片尾分屏展示的9段视频素材，则需应用一致的运动效果，如缩放和平移，并通过设置关键帧实现。

在配置分屏展示画面的运动效果时，可以先为一段素材定义所需的动画，然后将此动画效果复制并粘贴到其余8个素材片段上，最后对所有素材的具体位置进行微调以确保它们准确无误地排列。

如果要在同一个画面上均匀分布9段视频素材，就需要计算这些素材的尺寸。以将素材缩小至其原始大小的30%为例，假设整个画面是100%显示的话，那么中间剩余的空间总和将是10%，具体布局如图10-5所示。

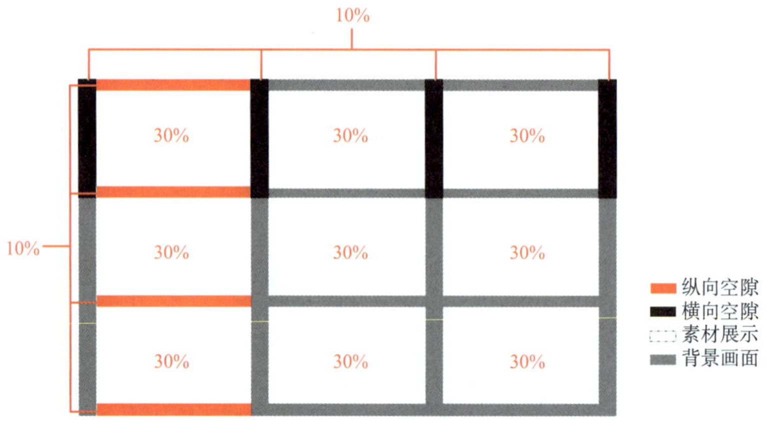

图10-5　具体布局

由图10-5可得出，横向间隙为27像素，纵向间隙为48像素，素材大小为576×324像素，因此在设置这9个素材片段的最终位置时，可根据上述数值计算得出。

6. 为视频和音频添加过渡

过渡能够显著提升影片的观赏性。在本案例中，不仅要为视频素材添加视频过渡，还需要为音频添加相应的视频过渡。在选择视频过渡时，应当遵循一定的剪辑原则，在“效果”面板中可以找到更为吸引人的摇摄效果。在实际应用音频过渡时，除了遵守剪辑规则之外，对于没有明显运动轨迹的素材，可以根据创意需求自由选择合适的视频过渡。

为了让音频的进出更为平滑自然，需要为其添加音频过渡。本案例中有两段音频，对于卡点音乐，在其开头和结尾分别应用“指数淡化”音频过渡，以此让音乐的启停更加柔和。同样地，为背景音乐的结尾部分添加“指数淡化”音频过渡，并调整其持续时间，使得在画面接近尾声时，声音逐渐减弱。

7. 导出项目

在导出项目时，关键步骤是设置比特率。考虑到原始视频素材的比特率为4 606 kbit/s，即约4.4 Mbit/s（即4 606除以1 024），可以将“目标比特率”设置为5。这样可以确保输出的视频质量与源素材的质量保持一致。

10.4　实现步骤

1. 导入素材

Step 01 打开Premiere软件，新建项目，将项目命名为“【综合案例】春游记”，单击“确定”按钮，完成项目的创建。

Step 02 按【Ctrl+N】组合键，弹出“新建序列”对话框，在对话框中设置参数，如图10-6所示。

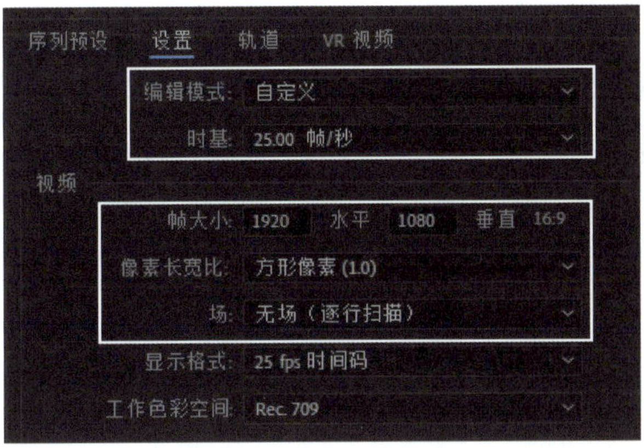

图10-6　“新建序列”对话框

Step 03 选择“文件”→“导入”命令（或按【Ctrl+I】组合键），导入“蓝天白云.mp4”“MZ-1.mp4”视频素材、“MZ-2.mp3”音频素材和“春游记.png”图像素材，以及“拍摄”素材文件夹到“项目”面板中，如图10-7所示。

图10-7　导入素材文件

2. 添加音频

Step 01 将“MZ-1.mp4”音视频素材的音频部分添加到A1轨道的4秒8帧的位置，删除9秒7帧后的音频片段，在波形较高的位置前面添加标记，如图10-8所示。

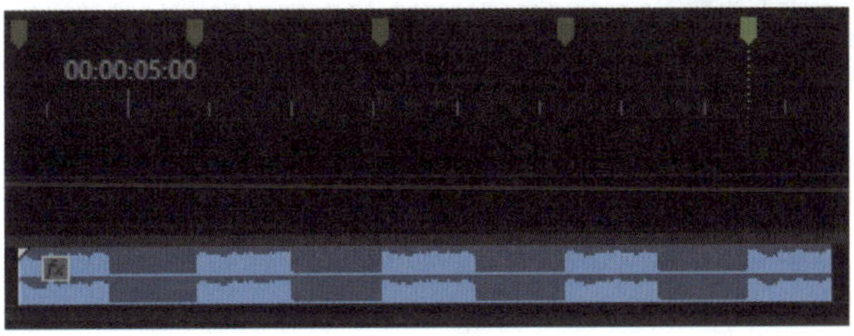

图10-8　添加标记

Step 02 将“MZ-2.mp3”音频素材添加到A2轨道中，删除1分22秒后面的音频片段。

Step 03 播放音频，在图10-9所示的位置添加标记。

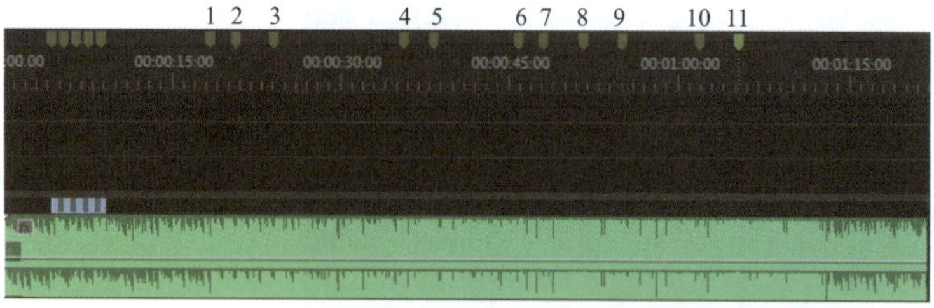

1	00;00:18:09	2	00:00:20:15
3	00:00:24:03	4	00:00:35:16
5	00:00:38:08	6	00:00:45:21
7	00:00:48:03	8	00:00:51:14
9	00:00:55:00	10	00:01:01:21
11	00:01:05:07		

图10-9　删除多余的音频片段

Step 04 将时间滑块定位在A1轨道的素材上，在“音频剪辑混合器”面板中，将其音量设置为-10，如图10-10所示。

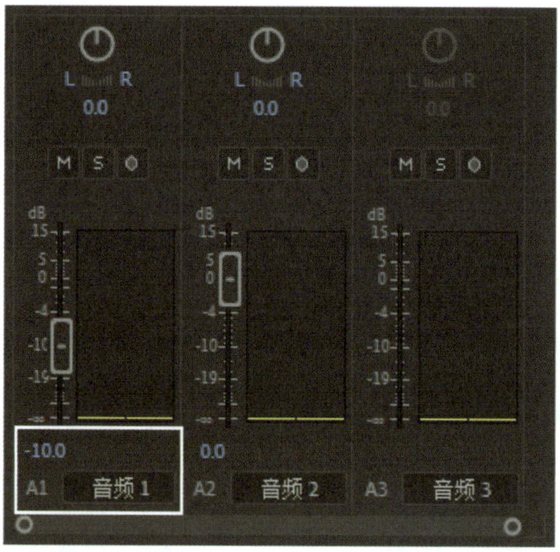

图10-10　设置A1轨道上素材的音量

3. 编辑素材

Step 01 将“蓝天白云.mp4”视频素材添加到V1轨道中，并设置其速度为740%。

Step 02 将“春游记.png”图像素材添加到V2轨道的1秒8帧的位置，并设置图像素材的持续时间为3 s，如图10-11所示。

图10-11　修改素材的持续时间

Step 03 将“桃花.mp4”音视频素材的32秒9帧至33秒12帧素材片段的视频部分，添加到V1轨道中，使头部编辑点与第一个标记对应，如图10-12所示。

Step 04 将“杏花2.mp4”音视频素材的8秒8帧至9秒9帧素材片段的视频部分，添加到V1轨道中。使头部编辑点与第二个标记对应。

Step 05 将“小草.mp4”音视频素材的8秒3帧至9秒5帧素材片段的视频部分，添加到V1轨道中。

Step 06 按照Step 03~Step 05的方法，选取“绿植.mp4”音视频素材的10秒6帧至11秒9帧和“迎春花3.mp4”音视频素材的45秒21帧至46秒14帧的素材片段的视频部分，添加到V1轨道中，如图10-13所示。

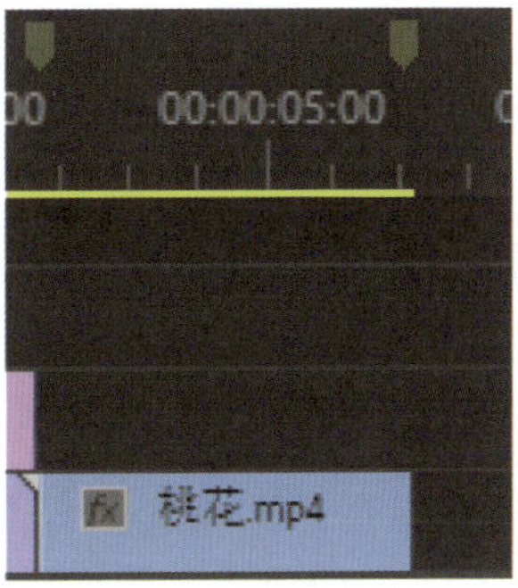

图10-12　编辑点和标记相对应

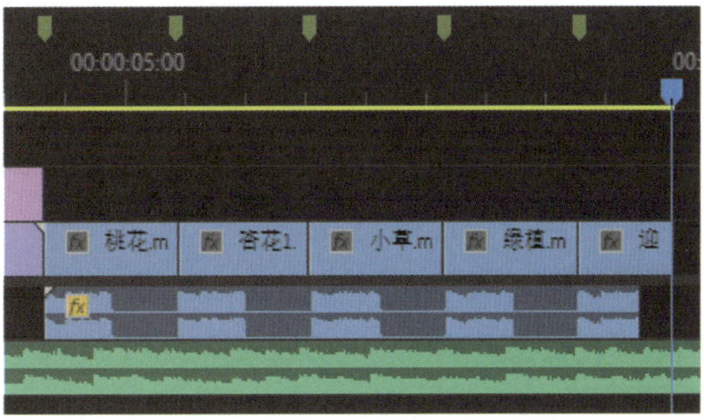

图10-13　添加素材片段到V1轨道中

Step 07 选中“绿植.mp4”，将其旋转角度设置为-90，调整前后如图10-14所示。

调整前　　调整后

图10-14　调整素材旋转角度

Step 08 将“走路.mp4”音视频素材添加到V1轨道中，将11秒13帧后面的素材片段删除，并将剩余的素材片段的速度设置为150%，如图10-15所示。然后删除素材中的音频部分。

Step 09 将“建筑1.mp4”音视频素材中的视频部分添加到V1轨道中，删除18秒9帧后面的素材片段。

Step 10 将“粉色迎春花.mp4”音视频素材的13秒21帧至16秒1帧之间视频部分的素材片段添加到V1轨道中，使其处于两个标记之间，如图10-16所示。

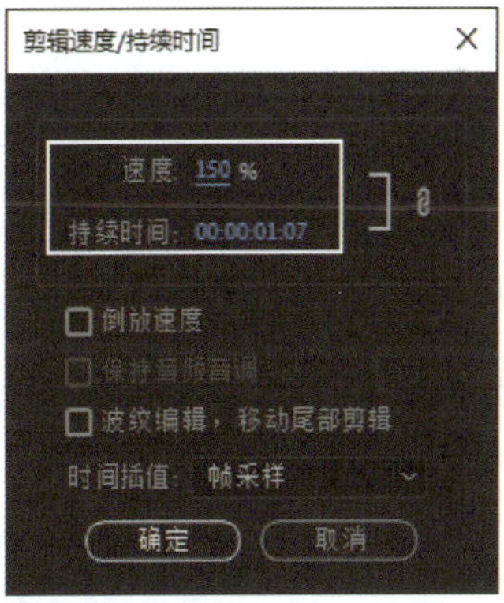

图10-15　设置速度为150%

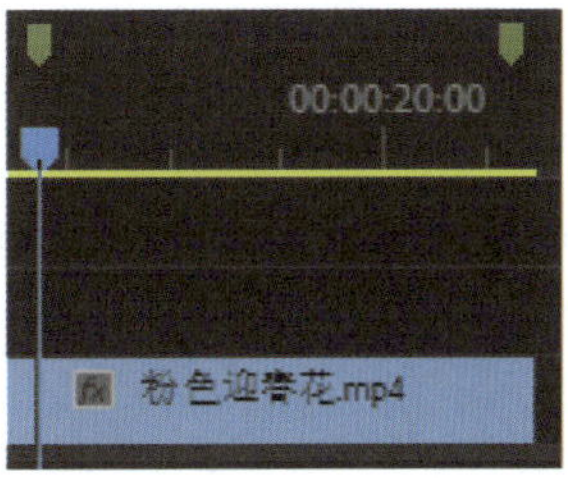

图10-16　处于两个标记之间

Step 11 清除“绿植.mp4”音视频素材中的入点和出点，将其视频部分添加到V1轨道中，删除24秒6帧后面的素材片段，使其处于两个标记之间。

Step 12 按照Step 07的方法，调整“绿植.mp4”视频素材的旋转角度。

Step 13 将“建筑2.mp4”音视频素材中的视频部分添加到V1轨道中，删除28秒11帧后面的素材片段，将素材片段的速度调整为150%

Step 14 将“建筑2-1.mp4”音视频素材中的视频部分添加到V1轨道中，删除35秒16帧后面的素材片段。

Step 15 将“迎春花1.mp4”音视频素材中的视频部分添加到V1轨道中，删除41秒2帧后面的素材片段，将素材片段的速度调整为200%。

Step 16 将“迎春花2.mp4”音视频素材的视频部分添加到V1轨道中，删除44秒13帧后面的素材片段，将素材片段的速度调整为166%。

Step 17 将“迎春花3.mp4”音视频素材的44秒10帧至48秒4帧之间的视频部分添加到V1轨道中。

Step 18 复制V1轨道中的“桃花.mp4”至45秒21帧的位置。

Step 19 使用“选择工具”拖动素材片段尾部编辑点，使素材片段的时长为4 s，使用“比率拉伸工具”调整素材片段的持续时间为2秒7帧。

Step 20 继续将“杏花1.mp4”音视频素材的视频部分添加到V1轨道中，并使用“选择工具”拖动素材片段尾部编辑点，使素材片段的时长为3秒11帧。

Step 21 复制V1轨道中的“杏花2.mp4”至51秒14帧的位置，并使用“选择工具”拖动素材片段尾部编辑点，使素材片段的时长为4秒8帧，使用“比率拉伸工具”调整素材片段的持续时间为3秒11帧。

Step 22 将“杏花1.mp4”音视频素材的20秒22帧至27秒17帧之间的视频部分添加到V1轨道中。

Step 23 将“刚发芽的小树.mp4”音视频素材的视频部分添加到V1轨道中，删除1分12秒21帧前面的素材片段及波纹。

Step 24 复制V1轨道中的“小草.mp4”至1分5秒8帧的位置，并使用“选择工具”拖动素材片段尾部编辑点，使素材片段的时长为3秒10帧。

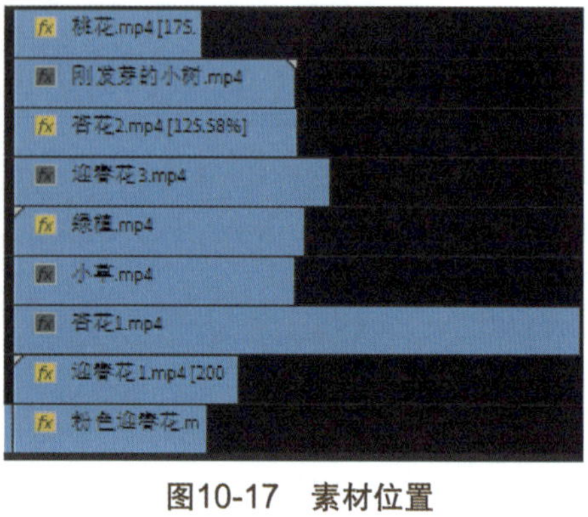

图10-17　素材位置

Step 25 依次复制“粉色迎春花”“迎春花1”“杏花1”“小草”“绿植”“迎春花3”“杏花2”“刚发芽的小树”“桃花”9个视频素材的片段，添加到V1~V9轨道中，素材位置如图10-17所示。

Step 26 选中Step 25中的所有素材，将它们的持续时间均调整为2秒18帧，如图10-18所示。

Step 27 将“春游记.png”图像素材添加到V1轨道中，图像和视频素材编辑完成，最终如图10-19所示。

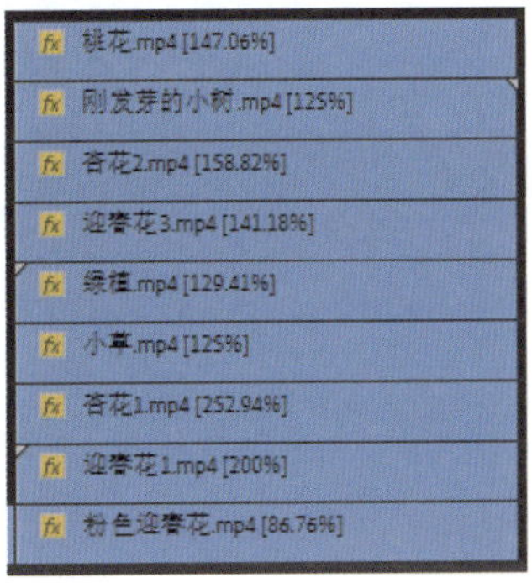

图10-18　设置素材的持续时间

图10-19　轨道上的素材

4. 添加字幕

Step 01 将时间滑块定位在1分15秒17帧处，选择“文字工具”，输入文字“路虽远，行者将至”。

Step 02 在“基本图形”面板中设置“字体”为微软雅黑，文字如图10-20所示。

5. 添加视频效果

Step 01 将时间滑块定位在第0帧处，选中“蓝天白云.mp4”视频素材，为其添加“裁剪”效果，在“效果控件”面板中分别开启顶部和底部的关键帧，并设置数值为50%，如图10-21所示。

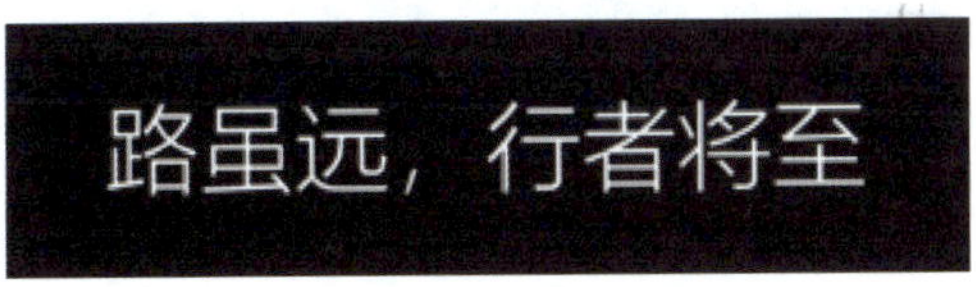

图10-20　文字

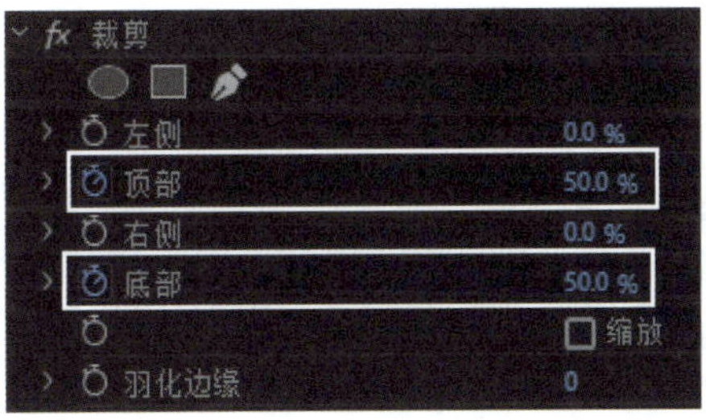

图10-21　设置裁剪关键帧1

Step 02 将时间滑块定位在第3秒处，设置“顶部”和“底部”数值均为0%，如图10-22所示。

Step 03 选中“春游记.png”图像素材，为其添加“颜色键”效果，在“效果控件”面板中，设置“颜色键”参数，如图10-23所示。去除背景颜色如图10-24所示。

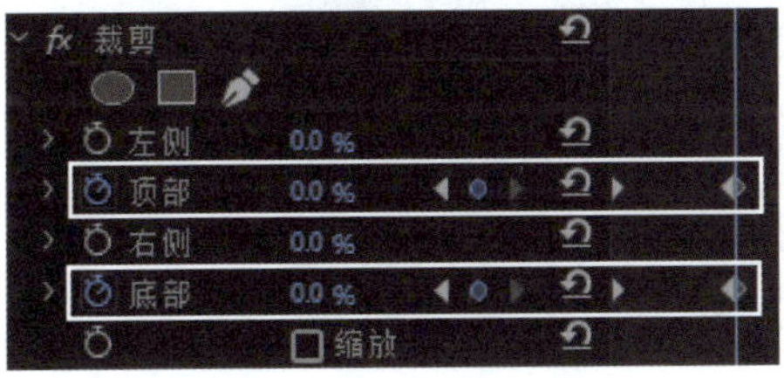

图10-22　设置裁剪关键帧2

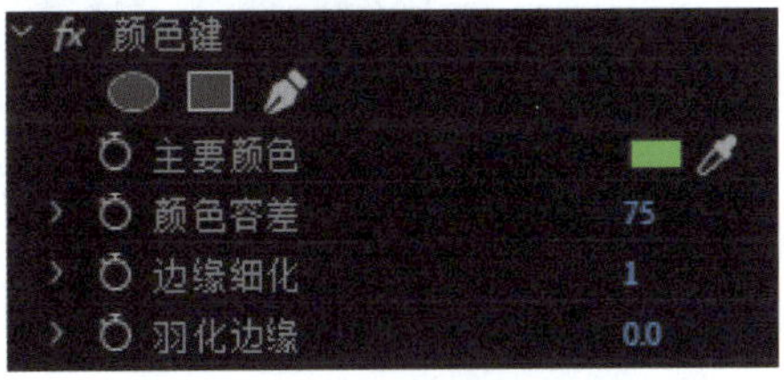

图10-23　设置“颜色键”参数

不透明　　　　透明

图10-24　去除背景颜色

Step 04 设置“春游记.png”图像素材的“缩放”为65。

Step 05 将时间滑块定位在1秒8帧处，选中V2轨道中的“春游记.png”图像素材，在“效果控件”面板中激活并添加“不透明度”关键帧，并设置数值为0%，在3秒15帧的位置添加关键帧，并设置数值为100%。

Step 06 将“春游记.png”图像素材和“蓝天白云.mp4”视频素材嵌套为序列，并设置序列名称为“标题”，嵌套序列如图10-25所示。

Step 07 将时间滑块定位在1分8秒17帧处，隐藏V2~V9轨道中的素材。选择V1轨道中的“粉色迎春花.mp4”素材，在“效果控件”面板中激活添加“缩放”的关键帧，在1分9秒9帧的位置再次添加关键帧，设置数值为30%。

Step 08 激活并添加“位置”关键帧。

Step 09 将时间滑块定位在1分10秒处，设置x轴和y轴数值依次为338和190，如图10-26所示。得到的画面效果如图10-27所示。

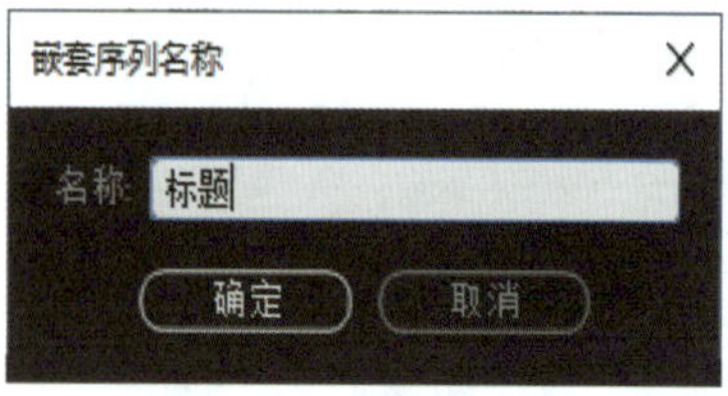

图10-25　嵌套序列

图10-26　设置关键帧

图10-27　设置素材位置1

Step 10 显示V2轨道，复制“粉色迎春花.mp4”素材的运动属性，将其粘贴到V2轨道的“迎春花1.mp4”视频素材上，将时间滑块定位1秒10帧处，将*x*轴数值修改为1 576，如图10-28所示。

Step 11 显示V3轨道，再将“粉色迎春花.mp4”素材的运动属性粘贴到V3轨道的素材中，并将“位置”第二个关键帧的*y*轴数值修改为892，如图10-29所示。

图10-28 设置素材位置2

图10-29 调整素材位置3

Step 12 按照Step 05~Step 08的方法，设置V5~V8轨道中视频素材的位置及缩放，如图10-30所示。

图10-30 调整素材位置及缩放

Step 13 将中间两个纵向的视频素材的旋转角度设置为-90，如图10-31所示。

图10-31 调整素材的旋转角度

Step 14 显示V9轨道，复制V8轨道中素材的运动属性，将其粘贴到V9轨道的素材中，清除“位置”参数中的所有关键帧，并单击“重置参数”按钮，清除位置参数，达到默认的居中效果，如图10-32所示。

图10-32 清除“位置”关键帧

Step 15 选中1分8秒17帧至1分11秒10帧时间段的素材片段，如图10-33所示，将其嵌套为序列，并设置嵌套序列的名称为“展示画面”，序列如图10-34所示。

图10-33 选中素材

图10-34 序列

Step 16 选中后面的“春游记.png”图像素材，为其添加“超级键”效果，将其背景改为透明。

Step 17 将时间滑块定位在“春游记.png”图像素材头部编辑点的位置，激活“缩放”关键帧，在1分13秒6帧的位置添加关键帧，并设置数值为30。

Step 18 在1分13秒6帧处，激活“不透明度”关键帧。

Step 19 在1分16秒10帧处，设置“不透明度”为0%。

Step 20 选中字幕素材，在1分20秒处，激活“位置”关键帧。

Step 21 在1分16秒10帧处，设置“位置”的y轴为1 130。

Step 22 在1分20秒处，激活“不透明度”关键帧。

Step 23 在1分21秒10帧处，设置“不透明度”为0%。

Step 24 选中V1轨道中的所有视频素材（不包括嵌套序列素材），在“效果”面板中，搜索“变形稳定器”效果后双击，为选中的视频素材应用“变形稳定器”效果。

Step 25 删除设置过持续时间的素材中的“变形稳定器”效果。

6. 为视频和音频添加过渡

Step 01 在“效果”面板中搜索“VR漏光”，将“VR漏光”视频过渡添加到V1轨道中第一段与第二段视频素材的中间，如图10-35所示。

图10-35　添加过渡1

Step 02 选中视频过渡，在“效果控件”面板中，设置对齐方式为“中心切入”，如图10-36所示。

Step 03 在“效果”面板中搜索“VR光线”，将“VR光线”视频过渡添加到V1轨道中第二段与第三段视频素材的中间，如图10-37所示。然后设置视频过渡的持续时间为10帧。

图10-36　中心切入

图10-37　添加过渡2

Step 04 选中“VR光线”视频过渡，按【Ctrl+C】组合键复制，然后分别粘贴到第三、第四段，第四、第五段，第五、第六段之间的编辑点处，如图10-38所示。

图10-38　复制过渡

Step 05 在“建筑2.mp4”和“建筑2-1.mp4”视频素材的衔接处添加“双侧平推门”视频过渡，选中视频过渡，在“效果控件”面板中设置效果参数，如图10-39所示。

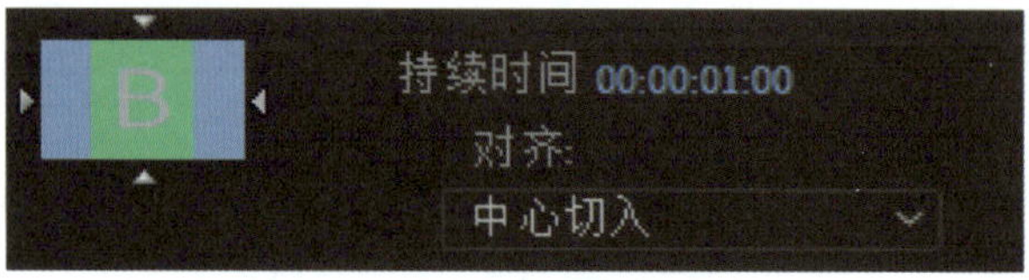

图10-39 设置效果参数2

Step 06 为A1轨道中音频的编辑点处均添加“指数淡化”音频过渡，设置其持续时间为10帧。

Step 07 为A2轨道中的素材的尾部编辑点处添加“指数淡化”音频过渡，并设置持续时间为4 s。

7. 导出项目

Step 01 按【Ctrl+S】组合键保存项目。

Step 02 按【Ctrl+M】组合键，弹出“导出设置”对话框，在其中设置格式为H.264，如图10-40所示。

图10-40 设置格式为H.264

Step 03 选择存储位置，并设置“比特率编码”为“VBR，1次”，设置“目标比特率”为5，如图10-41所示。单击“导出”按钮，导出项目。

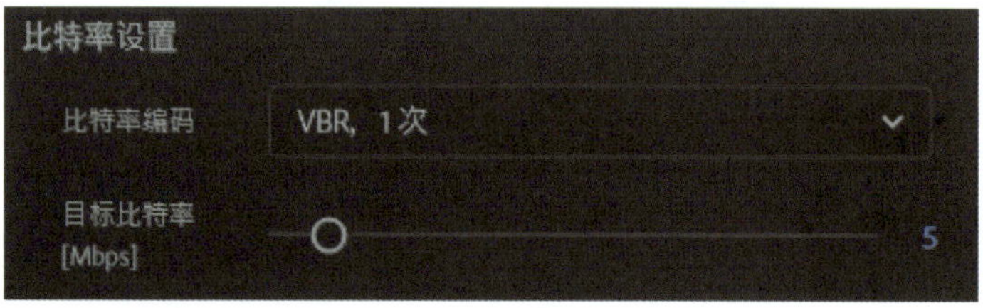

图10-41 设置比特率

Step 04 选择“文件”→“项目管理”命令，弹出“项目管理器”对话框，在其中设置保存位置后单击“确定”按钮，将项目及其用到的素材统一打包到指定文件夹内。

拓展案例：制作项目成片

参照本章项目的实现过程，利用第9章拍摄的视频素材制作一个项目成片。